国家自然科学基金项目（71602042）资助

技术生态位网络协同演化模式：原理、仿真与决策模型

裘　希　侯　永　张露露　著

科　学　出　版　社
北　京

内 容 简 介

本书按照“原理—仿真—决策模型”的脉络展开研究：分别梳理战略生态位管理和创新网络的研究脉络，充分界定技术生态位网络及其演化内涵，在演化的宏观、中观、微观维度基础上划分并描述协同演化模式，提出相关演化路径假设；分别运用智能体模型仿真方法和社会网络分析方法对协同演化路径的假设进行科学检验；运用Arthur模型、逾渗模型提供技术生态位网络在技术锁定与解锁方面的决策和低碳技术扩散选择决策，并在网络结构参数分析的基础上以黑龙江省新能源汽车产业为例进行技术生态位综合发展决策分析。本书研究期望能够为深入探索技术生态位理论及拓宽技术生态位理论在我国新兴技术产业创新实践中的应用提供有益借鉴。

本书可供创新管理领域的研究人员、高校师生及政府有关部门的决策人员参考使用。

图书在版编目（CIP）数据

技术生态位网络协同演化模式：原理、仿真与决策模型 / 袭希，侯永，张露露著. —北京：科学出版社，2021.5

ISBN 978-7-03-068723-4

Ⅰ. ①技… Ⅱ. ①袭… ②侯… ③张… Ⅲ. ①科学技术-关系-生态环境-研究-中国 Ⅳ. ①G301 ②X171.1

中国版本图书馆 CIP 数据核字（2021）第 081525 号

责任编辑：杭 玫 / 责任校对：贾娜娜
责任印制：张 伟 / 封面设计：无极书装

科 学 出 版 社 出版
北京东黄城根北街 16 号
邮政编码：100717
http://www.sciencep.com
北京厚诚则铭印刷科技有限公司 印刷
科学出版社发行 各地新华书店经销
*
2021 年 5 月第 一 版 开本：720 × 1000 B5
2022 年 3 月第二次印刷 印张：14
字数：282 000
定价：126.00 元
（如有印装质量问题，我社负责调换）

前　　言

关于我国软科学发展的一份报告中提到：过去大规模、大配送的技术经济范式已被可循环、可持续和绿色的技术经济范式取代，技术创新的动力结构将发生彻底变革，因此需构建若干合理维度以综合分析变革的进程，而不是线性地预测技术的发展方向，以顺应《产业结构调整指导目录（2019 年本）》坚持绿色发展理念，鼓励发展绿色、安全生产技术、产品和工艺，使绿色发展融入产业转型升级全过程，促进工业由高消耗、高污染、高排放向绿色、低碳、循环方向发展的指导要求。由此，如何发展新兴技术，有效促进新兴技术产业的技术创新过程成为技术创新领域研究成果应用的新方向。

技术生态位（technological niches）理论是荷兰学者在技术创新领域的最新研究成果，也是 SNM（strategic niche management，战略生态位管理）框架下的重要内容。技术生态位理论主张将新技术置于“空间”中进行保护（Hommels et al.，2007），以欧洲学者为代表的一些国外学者多运用该理论研究新能源产业（如风能、核能、生物质气能等）技术的演化问题，并在分析相关技术创新演化的过程中取得了初步的研究成果（Verbong and Geels，2010；Lopolito et al.，2011a，2013），已被证明能够有效指导新兴技术产业技术创新的演化过程。研究显示，由于创新驱动层次（宏观、中观、微观）的差异，不同产业、不同地区技术创新的协同演化模式与模式中的路径各不相同，对各协同演化模式分别进行机制分析和典型案例验证具有重要的实践指导意义（Geels and Schot，2007）。

由于信息化将许多过去无法沟通的个体紧密相连，网络成为目前最普遍的一种社会结构。复杂网络就是系统科学的一种前沿研究理论，从 20 世纪 90 年代发展至今已成为现代科学的主导范式（Hafferty and Castellani，2009）。Abraham 和 Ledolter（2009）认为，复杂网络是未来研究的趋势和最有效的方法，其研究方兴未艾。作为复杂网络的研究工具之一，智能体模型仿真（agent-based modeling and simulation，ABMS）以能动个体为研究对象，界定智能体属性和规则并观测群体涌现现象，是一种研究复杂非线性的有效模型，能够通过复杂网络量化模糊世界，对事物的发展进行创新式的模拟和预测。本书致力于结合复杂网络理论和智能体模型仿真方法分析技术创新系统（technological innovation system，TIS）的动态发展过程，在 TIS 演化机制描述的基础上，在各演化模式中界定智能体规则，构建智能体仿真模型，借鉴复杂网络特定参数观测演化的仿真过程。进一步地，本书的研究尝试增加政策干预参数，采用仿真模型创造性地进行对策分析，提出促进 TIS 动态发展的相关对策，能够作为有效的研究范式和研究模型为技术创新研究提供有益借鉴。

综上所述，在我国传统能源向新能源转化的社会—技术背景中，在当前信息化不断发展的前提下，基于技术生态位理论，运用复杂网络理论等新研究范式，通过智能体模型仿真的分析方法，系统、深入地研究当前突破空间限制的 TIS 演化模式，科学、可行地提出相关对策和建议，对我国新形势下创新机遇的把握、技术的持续进步和新兴技术产业的发展具有重要的实践和理论意义。

本书的研究期望达到以下目的：①拓展技术生态位理论在我国新兴技术创新实践中的应用。本书将扩展国外学者的已有成果，分析技术生态位视角下 TIS 演化模式的动态特征，充分拓展技术生态位理论在我国产业实践中的应用，促进我国传统技术向新技术的变迁，寻求新兴技术的健康发展路径。②在网络视角下深入探讨新形势下技术创新协同演化的模式。本书进一步阐述技术创新的协同演化和网络理论结合研究的必然性，充分结合技术生态位理论构建协同演化模式划分的维度，并深入分析协同演化各模式的动态特征，以在网络尤其是复杂网络观点中丰富技术创新协同演化模式研究的体系与内容。③实现理论模型指导下的智能体仿真模拟，基于仿真模型的研究结果提出发展新兴技术的决策方案。本书运用技术生态位网络协同演化的维度构建智能体仿真模型，进行演化模式的仿真模拟，同时加入特殊干预参数，科学设计适合新兴产业发展的决策模型，为各模式的良性演化提供相应的决策建议。

本书采用三个方面的研究方法。其一，权威学者路径、权威机构路径和权威期刊路径。追踪 Lopolito、Geels 等相关著名学者的研究成果，查询 E-cis（Einhoven Center for Innovation Studies，埃因霍芬创新研究中心）、圣塔菲研究所等相关著名机构的前沿课题，关注 *Research Policy*、中国软科学等相关国内外重要期刊的最新研究。本书综合采用 CiteSpace 软件，分别深入探寻 SNM 理论和创新网络方面的发展脉络和未来方向，为本书在技术生态位网络的界定、复杂特征的描述和智能体模型的构建等方面的研究奠定理论基础。其二，智能体仿真模拟。本书大量采用智能体仿真模拟的模型，在已有的 SKIN（simulating knowledge dynamics in innovation networks，创新网络知识动态仿真）模型、小世界模型和巨元组模型上进行整合与设计，整体仿真过程的设计基础源于 Lopolito 等（2013）的研究及经典的 Arthur（1989）模型，并在部分仿真模型中加入逾渗模型和社会学研究相结合的思想。运用 NetLogo 仿真软件配合统计分析软件，结合复杂网络参数进行各模式下协同演化模式指标的模拟和综合分析，并利用管理理论和实际产业情况对仿真模型进行修正和优化。其三，实地调研和社会网络分析。选择新能源汽车产业作为代表性新兴产业，以黑龙江省为调研对象，对典型的企业和相关部门进行实地调研，在案例中选择产业中核心企业与研究机构进行重点调研。实地调研通过问卷调查、专家访谈的方式进行。分析结果作为实证分析依据，运用社会网络分析的方法描述技术生态位网络结构，在 Gephi、Ucinet 软件中计算网络参数，识别网络主题，对其协同演化模式进行定量分析。

本书对技术生态位协同演化模式的研究在“原理—仿真—决策模型”的脉络上展开。本书的第一篇包括第一章至第四章内容，阐述并明晰本书的关键概念——技术生态位、创新网络的研究脉络，运用 CiteSpace 的文献计量方法软件对该两种理论进行综合研究梳理，这在国内研究中为首次进行，意在为国内学者开展相关研究提供理论铺垫和方向指引；在原理部分，本书深入阐述以技术生态位为基础的创新网络内涵，并结合国外相关研究提出技术生态位的维度划分标准，重新构架技术生态位中的协同演化模式。

本书的第二篇包括第五章至第八章内容，研究的主要思路以“假设—检验”为主线，针对 Lopolito 等（2013）仿真模型的设计缺陷提供改进方案，对第一篇提出的四种协同演化模式[转变（transformation）模式、去结盟与再结盟（de-alignment & re-alignment）模式、替代（substitution）模式和重组（reconfiguration）模式]分别进行仿真模型检验，得到关于四种模式的重要推论，该推论对新兴产业技术变迁实践具有重要的指导作用。

本书第三篇集中于对技术生态位网络协同演化模式中的相关问题进行进一步的说明。首先，基于横向考虑，针对去结盟与再结盟模式及替代模式中，不同技术体制竞争的问题进行进一步的仿真分析，从整体市场的帕累托效应出发讨论最优的技术体制竞争情况，在整体层面为市场技术管理者提供决策依据；其次，基于纵向考虑，参照逾渗模型分析技术体制在市场中的扩散机理，创造性地在逾渗模型中输入实际产业统计量计算处理后的参数，对我国新能源汽车产业的扩散效果进行估计，并在市场基础、定价区间和补贴政策等方面提供决策依据；最后，为了达到技术生态位管理内容和实践相融合并指导管理问题的目标，本书对黑龙江省新能源汽车产业进行市场调研，以实际数据构建技术生态位网络，识别协同演化模式，并在协同演化模式下根据理论提出假设，通过计算网络参数进行验证。

本书的研究框架如图 0-1 所示。

本书的研究体现了以下五个方面的创新与贡献：其一，引入前沿的技术生态位思想，进行协同演化模式的深入探索，创造性地强调技术生态位、复杂网络和协同演化相融合的必然性，以及充分技术在不同协同演化模式中变迁的路径规律；其二，突破以往单一从结构角度描述技术创新问题的观点，将技术生态位的复杂

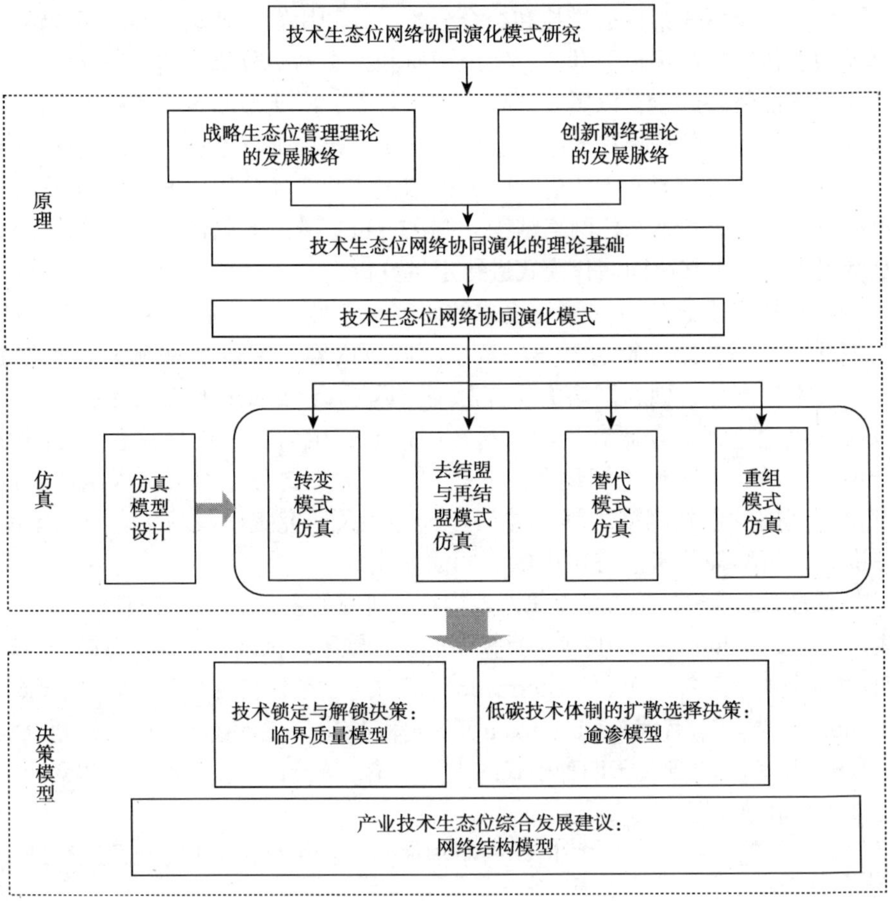

图 0-1　本书的研究框架

网络结构理论和协同演化模式分析相结合，引入复杂网络参数从动态涌现和维度构建视角搭建提出协同演化模式分类的新框架；其三，采用智能体模型仿真的研究方法，以验证理论假设与推演，对假设进行验证，并在模型研究中加入不同的维度参数，尝试以智能体模型仿真结果指导技术变迁问题的决策；其四，结合其他学科的理论模型，交叉使用不同的研究方法进行综合仿真分析，并创造性地输入实际产业数据，将实际调研和仿真模型进行融合，预测技术生态位的发展趋势；其五，描绘技术生态位的实际网络，根据网络的动态变化识别协同演化模式，并在网络参数的计算基础上对协同演化模式的假设进行实际检验，有效结合技术生态位网络理论和产业技术管理实践。

目　　录

第一篇　原　　理

第二篇　仿　　真

第一篇　原　　理

第一章　战略生态位管理理论的发展脉络

自 20 世纪 70 年代全球性能源危机爆发以来，国际技术创新领域研究的目标之一就是促进低碳的可持续性新兴技术的突破性创新。因此，近年来国际上关于技术创新领域的重要研究问题就是，为什么有的突破性创新能够成功扩散出去并形成市场规模，最终形成新的主导技术，而另外一些突破性创新始终无法取得市场的认可，只能以失败告终？针对该问题，Kemp 等（1998）阐述 SNM 平台是“一个创新的交互平台，产生于众多行动者（actors）的交互过程中，并不能被有意识地控制，应该通过一系列新技术的成功实验来巩固这种生态位（niche）形成过程”，用以探索技术的变迁过程。生态位的本意为“小、缝隙”的地方，用其来描述新技术的平台，以此表示“在夹缝中生存”的含义。区别于传统框架将新技术暴露在各种可能的风险中以引导技术获得成功的观点，SNM 理论主张创造且保护突破式创新，反映了“新技术保护”观点。从刚提出之时用来进行运输部门和农业部门的发展分析，到目前主要用于以新能源产业为代表的各新兴产业突破性创新问题的研究，SNM 理论显然比技术创新领域其他理论在新兴技术的突破创新研究方面具有更强的解释力和实践意义。

随着 SNM 理论研究的逐渐展开，以荷兰、英国、美国、丹麦、意大利等国家为首的诸多学者发表了大量的相关文献，一些领域中的关键学者在不同阶段分别对 SNM 理论研究进行了梳理和趋势分析：该类研究多数为定性分析，依赖于研究者的主观判断，用以整理已有的研究、重新思考概念与框架或提出现有研究的缺陷与误解；少数研究为定量分析，依赖于研究者掌握的数据量，以关键期刊的关键文献为核心描绘引文网络，用以整理以往的研究并提出发展趋势。然而，依赖于研究者的主观判断和所掌握的数据量的研究具有一定的局限性，其数据的样本性使得研究并未完整反映 SNM 领域研究的全貌，且近五年来缺少最新的研究领域发展分析，尤其是定量分析。

基于此，本书采用定量的计量学引文分析方法，运用大量数据对 SNM 领域的发展脉络进行全面梳理，并对研究趋势进行详细分析。为了拓宽 SNM 理论研究视角，数据来源从技术创新领域放大至社会学、经济学、管理学等跨学科领域。这种跨学科的方法支持了 SNM 理论研究中多种知识基础的挖掘，有利于 SNM 理论研究范围的扩展。结合定量的计量学引文分析方法和定性的系统回顾法，本书的研究致力于回答以下几个方面的问题：①目前开展 SNM 理论的主要机构有哪些？哪些是发表与 SNM 理论相关的论文的关键期刊？②SNM 领域有哪些最具影响力的文献？这些文献是如何影响 SNM 理论研究发展的？③SNM 理论研究包括哪几个重要类别？分别何时出现与发展，在整个领域中起到何种作用？④SNM 理论研究主题如何随时间演化？⑤目前的研究趋势是什么？

第一节　数据来源及处理

定量的计量学引文分析方法提供了一种运用大数据反映客观、真实研究脉络的解决方案，并且通过引文分析网络将整体框架可视化，辨识根据不同变量得到的聚类（Chen，2006）。人们运用文献计量的方法进行研究领域发展脉络的梳理由来已久（Hood and Wilson，2001），近年来尤为广泛地将其应用于管理领域（Gurzki and Woisetschlager, 2017），尤其是技术创新的研究中（侯剑华等，2018）。由于文献计量的引文分析方法基于范围较广的科学群体而进行，该方法最大限度上消除了传统方法中范围较窄或研究偏见所导致的判断偏差，同时为整体研究领域的发展脉络提供了一种历史视角和系统观点。基于该认知，本书的研究基于文献计量的引文分析方法描绘国际 SNM 领域的研究框架，旨在系统而客观地揭示该领域的发展结构与脉络。

一、数据来源

研究数据来源于 Web of Science（WOS）的 Core Collection（核心合集）数据库。作为目前国际学术领域最为权威的数据库，WOS Core Collection 数据库提供了各个领域（自然科学、社会科学）最广范围的搜索功能，其检索结果生成的数据格式也能够被大多数能够进行计量引文分析的知识图谱工具（如 CiteSpace、VOSviewer、Network Workbench Tool、Sci2、Bibexcel）直接读取与支持（肖明，2013）。

SNM 理论为技术管理领域的一个分支，且发展时间较短（从 1992 年出现相关知识基础的铺垫开始），检索数据并不繁杂。为了尽可能地包含所有关于 SNM 理论的相关研究，数据检索采用高级检索方式中的主题检索。同时，SNM 理论的主题词存在过长的情况，易导致检索数据不全面。根据笔者在该领域的研究经验并咨询相关领域权威专家，考虑到 SNM 理论发展至近年来，学者经常基于生态位的概念直接采用“技术生态位”或“创新生态位”的表达方式，检索增加该两种主题词。因此，数据检索式如下：TS=（strategic niche management OR innova* niche OR techno* niche），语种为 English，文献类型为 Article，时间跨度包括所有年份，共检索 2 931 篇文献（截至 2018 年 6 月 4 日）。为了聚类结果更加具有代表性，研究仅包括与社会科学领域相关的文献，因此 WOS 类别为 MANAGEMENT OR BUSINESS OR ECONOMICS OR SOCIOLOGY（跨学科研究同时显示在所有类别中）。样本结果最终包括 640 篇文献，762 位作者，180 个机构（1992 年 1 月至 2018 年 5 月）。640 篇文献的发表时间分析如图 1-1 所示，其中 80%的文献发表于 2003 年之后。

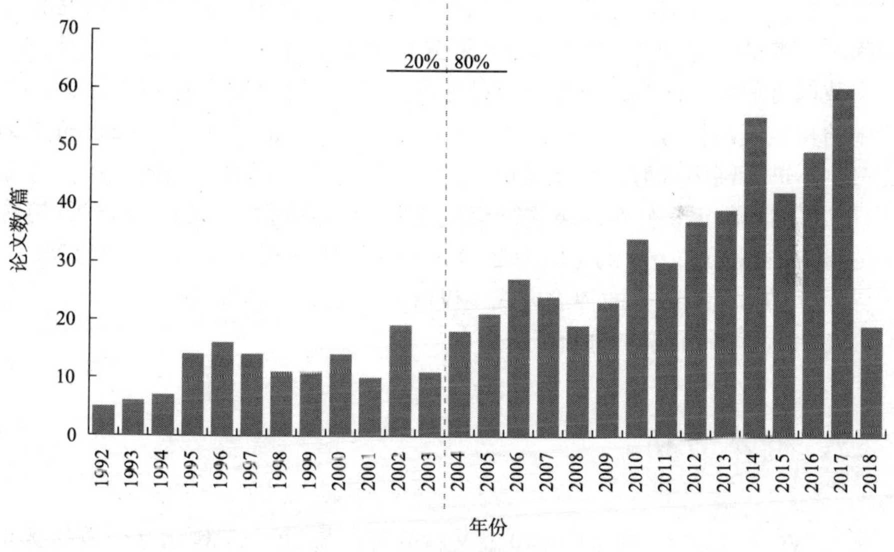

图 1-1　样本数据的时间分布
虚线表示 20%和 80%的分界线

为了能够同时清晰地显示我国在该领域进行研究的主要情况，本部分研究同时在 CSSCI 数据库中进行检索，主题选择“战略生态位管理”或“技术生态位”或“创新生态位”，在检索到的 18 篇文献基础上删除时间过早（2003 年之前，该时间点上该类研究尚未正式进入我国）和 2019~2020 年 CSSCI 目录已经剔除的期刊，余下 11 篇文献为本章的中文研究对象，结合 WOS 数据库的引文分析结果进行综合阐述。

二、方法与工具

为了更清晰地展示 SNM 相关研究的发展脉络，同时能够具体分析该研究领域的重要研究主题，描绘科技文献之间的相互关系，本书选择陈超美教授开发的 CiteSpace 工具 5.2.R2 版本进行引文分析，以求达到“一图谱春秋，一览无余；一图胜万言，一目了然”的研究目的。该软件作为目前知识图谱开发的重要工具，被国际学术界广泛接受，尤其在国内学者中的使用呈“井喷之势”。在本书呈现的网络分析范围中，结点代表每一篇文献，连接代表文献之间的共引关系——两篇文献同时被另一篇文献引用，同时出现在该文献的参考文献列表中。

研究中对引文数据的应用要达到两个目的：一是数据的全面性，即在截止时间节点为止所获得的所有数据形成的引文网络中，客观而正确地反映 SNM 领域的全部信息；二是数据的可读性，即从初始杂乱的数据中能够提取出研究所要分析的问题（本书中为 SNM 领域的研究聚类）。由此，本书将 640 条文献及 26 704 条引文数据所形成的网络进行如下两种处理：一是不加入任何限定条件，将参数设置中的相关值调整为“最宽松”状态，Look Back Years 和 Link Retaining Factor 均为-1，不进行网络裁剪，在该设定下进行样本分析、网络结构属性和临时属性分析；二是加入限定条件对网络进行简化处理，设定阈值 g-Index（k=5），初始属性中 Link Retaining Factor 的 k 值为 2，Look Back Year 值为 5，时间切片为 2，并采用寻径算法 pathfinder 的裁剪方式，仅保留节点之间的最短路径，在该设定下进行 SNM 领域的研究聚类分析。

三、样本分析

根据 WOS 的分类，样本中 640 篇文献分布在与 50 个学科相互交叉的研究领域中，其中，与 SNM 理论相关的最活跃领域为“management”（管理，301 篇）、“business”（商业，230 篇）、“economics”（经济学，201 篇）、“planning development”（规划发展，143 篇）、“environmental studies”（环境研究，89 篇）、“environmental sciences”（环境科学，70 篇）、“energy fuels”（能源燃料，63 篇）和“sociology”（社会学，43 篇）。

样本中的关键学术期刊为：*Technological Forecasting and Social Change*（63 篇）、*Energy Policy*（62 篇）、*Research Policy*（50 篇）、*Technology Analysis & Strategic*

Management（38 篇）、*Futures*（15 篇）、*International Journal of Technology Management*（15 篇）、*Technovation*（15 篇）、*Journal of Product Innovation Management*（13 篇）、*Journal of Evolutionary Economics*（11 篇）、*Strategic Management Journal*（11 篇）、*Industrial and Corporate Change*（10 篇）和 *Ecological Economics*（8 篇）。在 CiteSpace 软件中设置节点类型为 Cited Reference 后，得到 SNM 领域的被引期刊合作网络中关键被引期刊的网络参数如表 1-1 所示。由表 1-1 可见，被引期刊与样本中期刊的重要性基本一致，且被引期刊更加能够反映出 SNM 领域研究发表、应用和传播的实际情况。SNM 领域研究的核心期刊为 *Research Policy*，但是突发（burst）强度最高的为 *Strategic Management Journal*，代表了 SNM 领域的创新性和前沿性研究，其余关键被引期刊均为技术创新甚至是管理学领域的高影响因子和高被引期刊。

表1-1　关键被引期刊的网络参数

序号	被引用量/次	突发强度	中心度	期刊
1	324	3.37	0.17	*Research Policy*
2	192	—	0.08	*Technology Analysis & Strategic Management*
3	172	—	0.07	*Technological Forecasting and Social Change*
4	167	—	0.05	*Energy Policy*
5	160	6	0.07	*Administrative Science Quarterly*
6	158	9.28	0.06	*Strategic Management Journal*
7	135	—	0.05	*Industrial and Corporate Change*
8	133	—	0.06	*Academy of Management Review*
9	129	3.82	0.06	*Management Science*
10	117	—	0.04	*Academy of Management Journal*

样本中关键的外国学术机构为 Eindhoven University of Technology（34 篇）、University of Sussex（15 篇）、University of California System（12 篇）、University of Utrecht（11 篇）、Centre National De La Recherche Scientifique（10 篇）、Delft University of Technology（10 篇）及 University of London（10 篇）。在 CiteSpace 软件中设置节点类型为 Institution 后，得到 SNM 领域的机构合作网络如图 1-2 所示，SNM 领域的关键机构网络参数如表 1-2 所示。由图 1-2 可见，SNM 研究在世界一流的科研机构中开展，其合作以欧洲的大学为主。SNM 领域被引用量最高的核心研究机构为埃因霍芬理工大学，该学校的 E-cis 研究中心为 SNM 理论研究的发源地及主要研究学者所在机构，由于其发表了 SNM 领域具有导向作用的一系列文章，因此突发强度最高。该机构合作网络的形成与欧洲高校之间的学术交流及学者互通有很大的相关性。

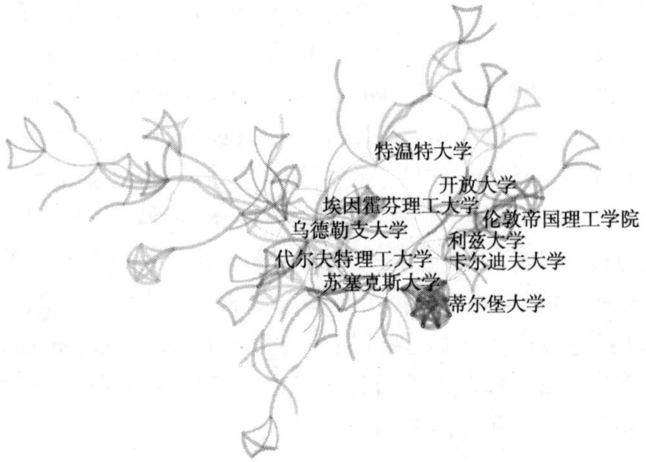

图 1-2　SNM 领域的机构合作网络

表1-2　SNM领域的关键机构网络参数

序号	被引用量/次	突发强度	中心度	机构名称
1	30	8.32	0.07	Eindhoven University of Technology（埃因霍芬理工大学）
2	12	—	0.02	University of Sussex（苏塞克斯大学）
3	5	—	0	Tilburg University（蒂尔堡大学）
4	5	—	0.02	University of Utrecht（乌德勒支大学）
5	5	—	0.05	University of Leeds（利兹大学）
6	4	—	0	University of Twente（特温特大学）
7	4	—	0.06	Open University（开放大学）
8	4	—	0	Cardiff University（卡尔迪夫大学）
9	4	—	0	Delft University of Technology（代尔夫特理工大学）
10	4	—	0.02	Imperial College London （伦敦帝国理工学院）

对 CSSCI 发表的 11 篇相关论文进行整理后如表 1-3 所示，尽管 SNM 理论研究在我国开展较晚，但是一些期刊和机构逐渐对该领域进行关注，形成了以我国产业特色为基础的 SNM 理论研究体系。其中，重要期刊包括《科学学研究》《科技进步与对策》《科学学与科学技术管理》等，而关键机构则包括广东工业大学、哈尔滨工程大学和浙江大学等。

表1-3　CSSCI发表SNM论文的关键期刊及关键机构

序号	关键期刊		关键机构	
	名称	被引用量/次	名称	引用量/篇
1	《科学学研究》	104	广东工业大学	72
2	《科技进步与对策》	37	哈尔滨工程大学	46
3	《科学学与科学技术管理》	25	浙江大学	35
4	《中国科技论坛》	24	湖南大学	25
5	《系统科学学报》	12	河海大学	14
6	《系统工程》	2	太原高新技术产业开发区管理委员会	11
7			中南大学	9
8			西北大学	2

该分析说明，SNM 领域的重要文章发表于管理学与经济学的顶级期刊上，这也就构成了 SNM 领域的基本知识结构。同时，SNM 理论研究在世界一些一流科研机构中开展，是技术创新管理研究的前沿方向之一。

第二节　引文网络结构属性和临时属性分析结果

本节的研究主要考察引文空间网络中文献节点的结构（structural）属性和临时（temporal）属性。结构属性能够显示文献在研究领域中的独特作用，而临时属性能够揭示文献在特定时间段内的重要性。结构属性来自文献的引用数量，即文献在研究群体中的重要性。中间中心度（betweenness centrality）的使用目的在于识别中枢文献，即连接网络节点或聚类的文献参数。较高的中间中心性凸显文献在研究领域中的转折作用。临时属性则衡量了文献在一段特定时间内的导向作用，以突发性检验中的突发强度进行识别，也能够揭示该特定时间内的研究前沿。表 1-4 列示了在前文所述第一种数据处理方式下，SNM 领域被引用量最高的前 30 篇文献的结构属性参数与临时属性参数。

表1-4　SNM领域被引用量最高的前30篇文献的网络参数

序号	文献	被引用量/次	中心度	突发性强度
1	Kemp 等（1998）	125	0.08	—
2	Geels（2002）	104	0.07	—
3	Schot 和 Geels（2008）	80	0.04	—
4	Geels 和 Schot（2007）	76	0.10	—
5	Nelson 和 Winter（1982）	70	0.40	10.25
6	Geels（2004）	63	0.05	—
7	Smith 和 Raven（2012）	58	0.04	9.67
8	Rip 和 Kemp（1998）	51	0.01	—
9	Smith 等（2005）	50	0.09	3.79
10	Geels 和 Raven（2006）	46	0.03	—
11	Hoogma 等（2002）	45	0.03	4.78
12	Smith 等（2010）	45	0.01	—
13	Smith（2007）	42	0.01	3.47
14	Unruh（2000）	39	0.01	—
15	Markard 等（2012）	38	0	7.85
16	Dosi（1982）	33	0.32	3.86
17	Geels（2010）	30	0.06	—
18	Rotmans 等（2001）	29	0.03	—
19	Tushman 和 Anderson（1986）	29	0.09	8.36
20	Markard 和 Truffer（2008）	27	0.02	5.17
21	Hekkert 等（2007）	27	0.05	4.14
22	Henderson 和 Clark（1990）	26	0.03	3.42
23	Geels（2011）	26	0.01	7.74
24	Porter（1980）	25	0.04	8.4
25	Carroll（1985）	23	0.12	7.44
26	Genus 和 Coles（2008）	22	0.02	—
27	Bergek 等（2008a）	20	0.02	—
28	Schot 等（1994）	20	0.19	3.98
29	Elzen 等（2004）	19	0.02	6.36
30	Geels（2005a）	19	0.02	7.75

一、网络结构属性分析

（一）SNM 领域的标志性文献

学科领域的标志性文献（landmark publication）以引文空间中引用量的程度进行筛选（Gurzki and Woisetschlager，2017），因为引用量高的节点通常在研究领域中起到提供整体研究知识基础的作用（Chen，2004）。在本书范围内，标志性文献是指样本中 640 篇文献的 26 704 篇引文被引用量的统计及排序。显然，发表时间更早的文献较易获得高被引用量；而发表时间相对较晚的文献并不占优势。然而，就表 1-4 的结果而言，仍然有发表时间较晚的文献获得高被引用量，这就意味着该文献具有快速的传播程度及与该领域具有高度相关性（如 Smith and Raven，2012；Markard et al.，2012）。

样本统计中最高被引用量的文章为 Kemp 等（1998）（125 次引用），事实上该文章在所有研究领域的总被引用量达到了 2 134 次（数据来源：Google Scholar）。该文章的高被引用量首先来自文章作者的权威性：Kemp、Schot 和 Hoogma 是最早提出 SNM 概念的学者，奠定了 SNM 理论的研究方向和知识基础，并在 21 世纪最初 10 年大力推进了 SNM 理论框架的传播，由表 1-4 可见该 3 位学者的研究成果均具有较高的被引用量、中心度和突发强度，是该领域中举足轻重的代表性学者。其次，这种高被引用量还来源于研究成果本身的深远意义：尽管 Schot 等（1994）在 *Future* 发表的文章首次提出 SNM 理论的概念（表 1-4 也显示具有较高被引用量），但 Kemp 等（1998）详细定义了 SNM 平台的含义，并基于 SNM 理论描述了技术变革（technical change）如何成为主流技术体制的过程，提出通过创造和管理生态位来达到使“有前途”（promising）技术突破重重阻碍而实现占领技术市场的目的。该研究对 SNM 领域提供了知识基础和前沿方向，将技术创新管理代入思考“保护新技术”“可持续发展”“技术体制的有益演化”，于二十余年后的今天而言，仍然具有极重要的指导意义。

样本统计中被引用量排第二位的为 Geels（2002）发表在 *Research Policy* 上的文献（104 次引用），在所有研究领域的总引用量达到了 3 535 次（数据来源：Google Scholar）。该研究首次提出技术变迁（technological transition），意指社会功能形式（运输、通信、住房等）方面重大的技术转变，不仅包括 Kemp 等（1998）研究中的技术变革，还包括诸如用户实践、规则、产业网络、基础设施等要素的变革。该研究结合了技术研究和演化经济学理论，构建了技术变迁的基础研究框架，提出了技术变迁的多层次视角（multi-level perspective，MLP）结构——

宏观的社会技术景观层面、中观的技术体制层面和微观的生态位层面。这种关于技术变迁的解释和多层次的结构是Geels关于SNM领域研究体系的知识基础，在此基础上 Geels 结合 TIS 理论构建了社会技术系统的结构，并提出了技术变迁路径的四种类型。目前，SNM 理论及技术变迁领域的许多学者都与 Geels 的研究一脉相承，根据社会技术系统和 MLP 的结构进行诸如可持续性发展、新兴技术培育等更深入的研究。

其余高被引用量文献均为 SNM 领域提供了新的框架或前沿方向的思路及知识基础，如 Schot 和 Geels（2008）率先提出了 SNM 理论基础上的可持续性技术创新问题，包括理论、研究计划和相关政策等，这又引发了关于新兴技术保护、政策支撑等研究方向；而 Geels 和 Schot（2007）关于技术变迁路径的分类又为之后的机制分析及相关仿真研究进行了理论铺垫。

（二）SNM 领域的关键文献

中间中心度是指经过给定节点的最短链接的数目，测量的是一个点在多大程度上位于图中其他“点对”的“中间”（Freeman，1987），因此也就显示该点是否能够在其他点和集群之间起到“看守者”（gatekeeper）的作用。中间中心度代表了引文空间中的关键文献及整体知识网络中的知识转折点（Chen，2005，2006），位于连接不同聚类的路径上。具有高中间中心度的文献具有极高的可能性为发表时间较为久远的节点，并且并不一定为该研究领域独有的文献，即在更高层次的研究范围内也极有可能具有重要的作用，带动了一系列研究聚类的产生。这一点在 Gurzki 和 Woisetschlager（2017）的研究中较为明显：中间中心度最高的文献发表于 1988 年，连接了经济、社会哲学和市场营销各个领域的研究。本书中，高中间中心度说明该文献为不同集群的文献所共同引用。由表 1-4 可见，Nelson 和 Winter（1982）具有最高的中间中心度（0.40），因此可以被认定为 SNM 领域的关键文献。*An Evolutionary Theory of Economic Change* 是一部具有跨时代意义的著作，其作为 SNM 领域的转折点毫不为过，甚至在更为广泛的技术创新管理领域也具有高中间中心度的属性。该文献改变了传统新古典经济学对技术创新的看法，摒弃利润最大化和市场均衡的假设，借用生物学中的自然选择观点，建立了商业行为的演化理论，强调了技术创新的非效率和企业之间的动态竞争，将技术创新管理代入演化理论的新范式中。该范式下的研究结果和分析框架具有极其重要的意义，不仅开发了动态竞争模型，其方法与哲学和其他社会科学也互相兼容。总而言之，该文献虽并未明确提出 SNM 理论的框架与具体内容，但是基础理论在整体经济学和技术创新管理领域的重要转折作用的辐射，导致其在 SNM 领域成为高中间中心度的重要节点。该文献的本质在于创新性的基础发现，当且仅当基础发现得到突破，整体科学领域的创新才能够发生，但基础知识的突破和传播需要较多时间的验证，这也就是高中间中心度文献发表时间较久的原因。一般而言，在引文网络演化的过程中，开始有大多数点与该点相连，随着时间的推移，该点连接的可能性逐渐降低，而与该点的“邻居”相连的频率将会显著增加，这就是知识转移的价值，也是该点引用频率在网络中并非最高的原因。该文献中的基础知识被转化后，应用于不同的方向，这些方向中有些点的连接数非常多，说明这些点所代表文献的转化非常成功，同时说明基础知识的正确性。在网络演化过程中，如果基础知识重新被连接，或连接的频率突然增大，说明真正的创新来临。因为这种引用表示两种情况：引用基础理论，在这个方向（领域）上进行一些新的尝试，这种新的研究预示着创新的可能性；对基础理论进行重新修订，并完善基础理论中的缺陷，这种修订将会引起新一轮的创新。

二、网络临时属性分析

突发性是引文空间网络的临时属性，代表了一段时间内的高引用价值，因此能够反映特定时间段内研究领域的发展趋势。表 1-5 为突发性排在前 41 位的文献（当参数最小持续时间设定为 2 时，共出现 41 篇突发引文），由此能够整理得出 SNM 领域在 1991~2018 年 28 年间的研究前沿与趋势。

表1-5　突发性排在前41位的文献

编号	文献	发表年份	强度	开始年份	结束年份	1991~2018 年
1	Porter（1980）	1980	8.398	1993	2006	
2	Carroll（1985）	1985	7.436	1995	2006	
3	Hannan 和 Freemen（1977）	1977	3.737	1995	2002	
4	Hannan 和 Freemen（1989）	1989	8.291	1995	2004	
5	Freeman 和 Hannan（1983）	1983	3.737	1995	2002	
6	Nelson 和 Winter（1982）	1982	10.251	1995	2005	
7	Abernathy 和 Clark（1985）	1985	5.905	1995	2004	
8	Hannan 和 Freemen（1984）	1984	9.103	1995	2006	
9	Henderson 和 Clark（1990）	1990	3.419	1995	2006	
10	Arthur（1989）	1989	3.886	1997	2004	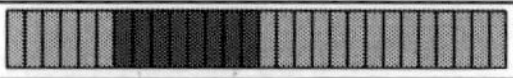
11	Tushman 和 Anderson（1986）	1986	8.356	1997	2009	
12	Rogers（1995）	1995	3.430	1999	2006	
13	Dobrev 等（2001）	2001	5.101	2003	2006	

续表

编号	文献	发表年份	强度	开始年份	结束年份	1991~2018 年
14	Carroll 和 Swatman（2000）	2000	4.235	2003	2006	
15	March（1991）	1991	4.835	2003	2006	
16	Levinthal（1998）	1998	3.987	2005	2008	
17	Hoogma 等（2002）	2002	4.777	2005	2008	
18	Dosi（1982）	1982	3.857	2005	2012	
19	Weber 等（1999）	1999	3.657	2007	2008	
20	Lynn 等（1996）	1996	4.965	2007	2010	
21	Elzen 等（2004）	2004	6.364	2007	2011	
22	Kemp 等（2001）	2001	3.657	2007	2008	
23	Geels（2005b）	2005	7.746	2007	2010	
24	Schot 等（1994）	1994	3.978	2007	2014	
25	Hekkert 等（2007）	2007	4.141	2009	2012	
26	Loorbach 等（2007）	2007	3.822	2009	2010	
27	Smith 等（2005）	2005	3.791	2009	2013	
28	Schot 和 Geels（2007）	2007	4.134	2011	2014	
29	Smith（2007）	2007	3.470	2011	2014	
30	Dimaggio 和 Powell（1983）	1983	3.396	2011	2015	
31	Markard 和 Truffer（2008）	2008	5.172	2011	2015	
32	David（1985）	1985	3.587	2012	2014	
33	van der Laak 等（2007）	2007	4.304	2013	2014	
34	Smith 和 Raven（2012）	2012	9.670	2014	2018	
35	Geels（2005a）	2005	3.837	2015	2018	
36	Coenen 和 Benneworth（2012）	2012	3.837	2015	2018	
37	Markard 等（2012）	2012	7.846	2015	2018	
38	Fuenfschilling 和 Truffer（2014）	2014	5.280	2015	2018	
39	Seyfang 和 Smith（2007）	2007	3.539	2015	2018	
40	Geels（2011）	2011	7.741	2015	2018	
41	Geels（2014）	2014	3.978	2016	2018	

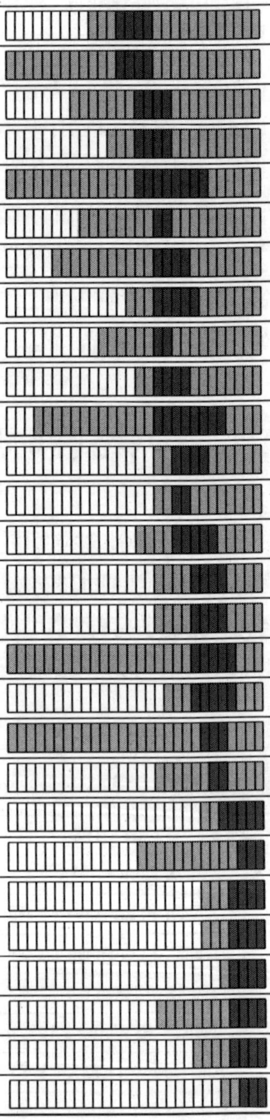

注：每一格代表一年，□代表没有该文献年份；■代表影响较大年份；▒代表影响较小年份

第一阶段在正式提出 SNM 理论（即 1998 年）之前，逐渐加剧的全球商业竞争被更多学者关注，并提出企业要进行竞争性战略制定（Porter，1980），这就为经济管理的诸多研究领域带来了极大挑战，众多学者开始考虑用更加动态的方式来进行理论与实践问题的分析，主要包括借鉴生物学视角从演化的角度重新思考

技术创新管理（Nelson and Winter，1982），并进一步引入生态位的概念分析组织动态（Freeman and Hannan，1983），在全球能源危机和新兴技术大量涌现的背景下，诸如竞争技术中的锁定（Arthur，1989）、技术变迁模式和技术突破（技术非持续性）影响环境状况（Tushman and Anderson，1986）等问题又浮出水面。该阶段的文献突发性持续时间较长，与这些文献在整体创新管理领域的重要影响力相关，也受到其在 SNM 领域知识基础性较高的影响。

第二阶段在提出 SNM 理论之后至 2005 年。随着 SNM 理论框架的传播，一些主张可持续性技术创新、环境友好型技术的主题重新成为研究趋势。学者或从生态交互效应中得到组织获取竞争优势的启示（March，1991），或从技术变迁要素和方向的视角重新思考技术体制和技术轨道的问题（Dosi，1982），或基于创新扩散（Rogers，1995）的模型与框架阐述可持续性技术的发展路径。该阶段的趋势就是采用一种生物进化的、动态的视角对 SNM 理论基础进行丰富与完善（Hoogma et al.，2002）。

第三阶段至 2009 年。该阶段以 Geels（2005a）和 Elzen 等（2004）为代表，其贡献就在于将前两个阶段中杂乱的 SNM 理论框架整理、统一，权威性地提出了社会技术变迁和系统创新的理论体系，同时指出技术变迁的方向是可持续性技术的演化，也将实际产业案例和相关政策支撑纳入整体研究框架中，进而激发了一系列关于技术变迁创新系统功能（Hekkert et al.，2007）、可持续社会技术变迁治理（Smith et al.，2005）等问题分析。这些为后续至今的文献提供了重要的知识基础。

第四阶段为第三阶段结束至 2018 年。Smith 和 Raven（2012）对可持续创新中生态位“保护”性的重新思考将 SNM 领域的研究趋势从 SNM 理论的观念、内涵转变为机制、原理等更内在的分析。该阶段中，从 TIS 角度提炼的多层次分析视角下的“宏观—中观—微观”框架应用范围最广，而通过具体案例 [生物质气化能源（van der Laak et al.，2007）、可持续性水资源管理（Fuenfschilling and Truffer，2014）] 进行理论的推演与验证也是该阶段的重要特征。但是，SNM 领域的知名学者，如 Markard、Raven、Truffer 和 Geels 提出，现有的概念与研究框架存在不足，需要今后的研究进行修正与发展（Markard et al.，2012），尤其是研究方法和研究视角的多元化及创新（Geels，2011）。

第三节　SNM 领域的研究聚类

为了识别 SNM 领域中的相关研究聚类，本书对样本进行了共引聚类分析。

SNM 理论为技术创新管理中的子领域，以其为主题词进行的数据搜索易导致知识图谱的结果“挤成一团”（Chen，2006）。为了增加网络的可读性，突出显示 SNM 理论研究中的主题聚类，使分析更加聚焦于关键的文献，经过前文中的简化处理，网络最终剩余 174 个节点，240 条连接，如图 1-3 所示。网络聚类模块性指数 Q 值为 0.803 3，说明社团结构显著；聚类轮廓性指数 S 值为 0.429 6，说明聚类信度较合理。综合以上，整体网络的聚类效果较为理想，适合进行引文聚类分析。

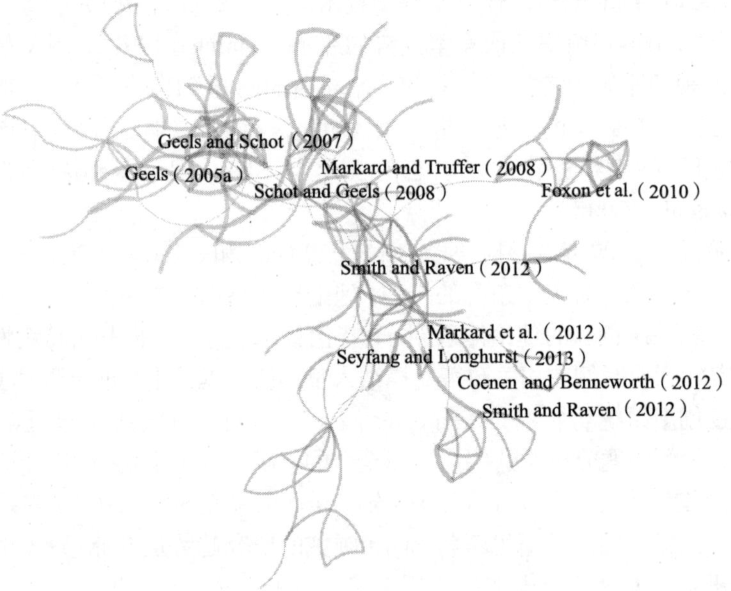

图 1-3　样本引文空间的共引网络

网络进行聚类分析时主要的参数为密度和模块性。样本整体引文网络的密度为 0.015 9，说明网络连接相对松散，在主要的文献中有较少的连接（Albert and Barabási，2002；Börner et al.，2007）。模块性则测量了对网络进行聚类的效果。在整体网络中，聚类分析识别出 8 个主要聚类，如图 1-4 所示。如前所述，网络的整体参数表明聚类分析的信度与效度。每一个聚类的轮廓性指数 Silhouette 值均大于 0.75（表 1-6），说明聚类的高度同质性。表 1-6 另外还显示了不同聚类的平均年份，即聚类中文献的引文年份平均值。本部分将对分析显示的 8 个聚类进行具体分析。

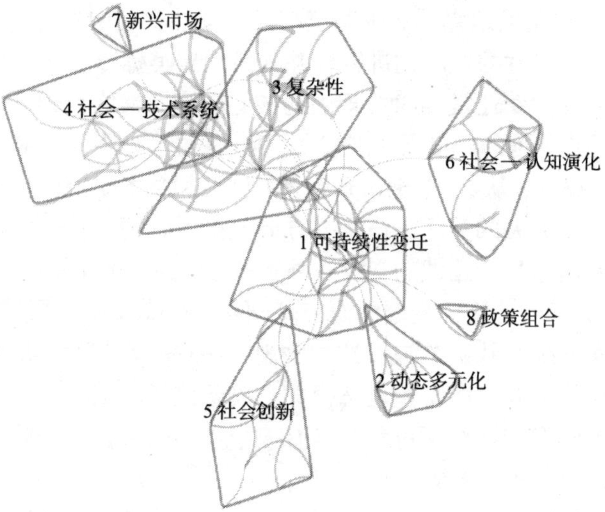

图 1-4　共引网络的聚类视图

表1-6　SNM领域8个主要聚类的参数值

聚类	聚类编号	聚类名称	Silhouette 值	平均年份
第一聚类	1	可持续性变迁	0.798	2009 年
第二聚类	2	动态多元化	0.883	2013 年
第三聚类	3	复杂性	0.915	2006 年
第四聚类	4	社会—技术系统	0.822	2001 年
第五聚类	5	社会创新	0.943	2013 年
第六聚类	6	社会—认知演化	0.887	2006 年
第七聚类	7	新兴市场	0.952	2010 年
第八聚类	8	政策组合	0.982	2012 年

一、研究主题聚类分析

（一）第一聚类：可持续性变迁

第一聚类代表了 SNM 领域的研究核心，也是所有研究的最终目的。该聚类共有 21 篇被引文献，平均年份为 2009 年，是所有聚类中的最大聚类。聚类标签“pursuing sustainable mobility”（追求可持续流动性）来源于施引文献比重最高（0.14）的 Cohen 和 Haclin（2010）研究中对于指导社会—技术系统进行可持续性变迁的一种社会能力，即可持续流动性。除此文献之外，相同比重的 Smith 和

Raven（2012）同样明确地强调了生态位在可持续性变迁中的重要作用。出于此考虑，本书将该两篇文章的主题词进行合并并微调聚类标签。作为 SNM 领域中的最大聚类，可持续性变迁是 SNM 理论的核心内容及最终目的。聚类中另外一个占据重要位置的点是 Markard 等（2012），其突发性、被引用量和中心性均为聚类中最高，该文献提到，从 21 世纪初开始，由创新和技术研究衍生的可持续性研究成功引起了学术界极大的关注，该研究方向连接了管理、社会学、政策研究、经济地理和模型构建等几个领域的文献，并将继续主导 SNM 领域的研究趋势。

SNM 领域关于可持续性变迁的研究基础在于生态位的三层结构（也是第四聚类中社会—技术系统的基础结构）。这种微观—中观—宏观的多层面分析方式能够很好地解释社会技术变迁的整体动态模式。关于该三层结构将在第三章中具体介绍。生态位的有效保护在变迁过程中具有三个方面的属性，即防御、培育和赋权（Smith and Raven，2012）。

我国在该聚类下的研究始于 2012 年，浙江大学的叶芬斌和许为民（2012）将 SNM 的框架最先引入我国的创新管理领域，并结合 MLP 综合阐述了技术体制变迁的微观模型，据此描绘了技术变迁的 MLP 模型，为我国与国际相关研究的接轨提供了沟通的桥梁。刘鹰（2013）运用 SNM 分析模型从 MLP 的视角对国家高新区的发展进行梳理，并据此进行运作机理分析，认为 SNM 在促进我国技术创新、培育发展战略性新兴产业及优化高新区管理运作等方面具有重要意义。

在 MLP 的视角下，技术变迁以生态位为微观基础，以宏观的变化为最终目的，但是技术变迁过程被定义为从一种技术体制到另一种技术体制的转变，技术变迁发生在中观层面上（Geels，2002）。这也就引发了关于技术变迁模式的研究，目前，SNM 理论将技术变迁模式主要分为转变模式、去结盟与再结盟模式、技术替代模式和重组模式（Geels and Schot，2007；Geels，2011）。在技术变迁的不同模式中，技术的物质条件和基础设施得以更新，大型行动者与小型行动者的角色都将发生变化。整体而言，可持续性变迁的方向均为低碳、新能源、环保的新技术。

（二）第二聚类：动态多元化

第二聚类代表了 SNM 领域整体研究的新趋势，即跨行业、跨地区的多元动态视角。该聚类共有 20 篇被引文献，规模仅次于第一聚类，平均年份为 2013 年。聚类标签"cross-sectorial energy industry dynamics"（跨部门能源产生动态）来源于施引文献比重最高（0.2）的 Steen 和 Weaver（2017），同样比重的还有 Kern 等（2015）。该聚类的施引文献均为 2015~2017 年发表，且研究视角、内容均强调复杂环境中的"多元"观点，因此本书对主题词进行合并并微调聚类标签。第二聚类是以第一聚类为目的演化出的 SNM 领域的前沿观点，其理论基础在于聚类中被引频次最高（50 次）的 Smith 和 Raven（2012）对生态位“保护空间”作用的重新思考，以及 Fuenfschilling 和 Truffer（2014）结合制度理论中的概念基础对社会—技术体制结构的详细阐述，在新的环境下被赋予了更多元的内涵。

对 SNM 理论相关概念、作用、结构等问题进行研究之后，一些始终位于研究前沿的学者提出了关于可持续发展（宏观）、技术体制结构（中观）、企业行为（微观）等问题的新的思考，甚至打破了创新研究、SNM 理论框架中的原有设定及观点。Coenen 和 Benneworth（2012）分析以往研究中对“空间”观点遗漏的缺陷，并提出未来研究应结合经济地理理论，从国际视角的网络和本地视角的节点对整体生态位的可持续变迁进行深入分析。与此类似，Kern 等（2015）发现了 Smith 和 Raven（2012）研究框架中关于保护空间概念的缺陷，即不同的国家机构设置能够导致技术“赋权”工作的实现程度，因为实证研究表明，跨国公司在不同国家会产生不同的技术效果。Boschma 等（2017）同样根据演化经济地理和变迁研究提出了一种新的区域多元化轨迹的分类：以区域产业基础是否相符为第一维度，以建立新生态位/扩展现有技术体制为第二维度，划分出复制（replication）、移植（transplantation）、联适应（exaptation）和突变（saltation）四种轨迹。

除运用经济地理观点对 SNM 领域理论进行新一轮思考之外，新经济形态和商业行为也是学者研究的新思路。Martin 等（2015）研究了共享经济环境下草根创新（grassroot innovation）组织的表现，并提出草根创新组织更应受到生态位的保护，以达到最终商业化的目的。另外，一般观点认为原有企业在社会—技术体制方面是“定型”且“锁定”的，但是，以 Steen 和 Weaver（2017）为代表的研究发现，从事原有体制技术的企业很可能发现机会和潜力并参与到技术变迁过程中，从而对技术变迁进行积极回应。由于该类研究进入我国时间较短，目前尚未有国内学者在此方面进行深入研究。

（三）第三聚类：复杂性

第三聚类代表了 SNM 领域的研究方法和工具，即聚焦于系统复杂性基础上的一系列观点与模型。该聚类共有 16 篇被引文献，平均发表年份为 2006 年。聚类标签“taking complexity”（复杂性）来自施引文献比重最高（0.25）的 Vasileiadou 和 Safarzyńska（2010）。该聚类的主要观点来自一个共识，即创新系统是技术变革中非常重要的决定因素（Hekkert et al.，2007），技术变迁和生态位的整体系统可看作一个复杂系统（Lopolito et al.，2013）。复杂性的载体就是 TIS，而复杂性一是来源于前文所述的 MLP 框架，二是来源于生态位中的观点趋同、学习试验和网络形成三个内部过程（Raven，2005），并多发生在区域创新系统（regional innovation system，RIS）的层面上（Späth and Rohracher，2010）。

SNM 领域中所涉及的复杂性主要指 SNM 中 TIS 的适应性。TIS 中的行动者受多种要素的影响，为了适应社会—技术景观（socio-technical landscape）的变化而不断与内外体制进行交互作用。适应的过程也是彼此促进和制约的过程。Smith 等（2005）作为第三聚类中被引用量、突发强度均为最高的文献，其核心观点就体现了这种适应性：不同的变迁环境决定了技术体制在回应这些环境压力时所采用的形式及发展方向，并据此提出了技术体制在面对选择压力时的准演化模型。Genus 和 Coles（2008）的研究在描述这种适应过程之外，还更进一步体现出 MLP 中生态位—体制—景观三者之间自下而上的涌现过程，并在之后的研究中被大量学者反复引用。由于 SNM 中 TIS 复杂性的存在，Bergek 和 Jacobsson 的研究体系（Bergek et al.，2008a；Jacobsson and Vico，2010）提出需要采用系统的方式，以动态性为前提进行研发效果的解释及衡量，或是对系统的政策进行设计，即以灵活、可变的方法与框架替代传统的固定体系或照搬模式。我国学者基于复杂性思想对 SNM 领域研究的贡献全部集中于生态位的结构特征方面：潘海英等（2011）、曾德明等（2015）、曹兴和李文（2017）均关注于技术生态位的倒 U 形关系，其中前者的分析基于现代生物技术专利的面板数据得出生态位密度与技术变迁的倒 U 形关系，而后二者分别从汽车产业和通信产业的联合申请专利数据角度出发，得出协作研发的创新网络与技术生态位之间的倒 U 形关系。

Vasileiadou 和 Safarzyńska（2010）将复杂性对 SNM 领域的贡献总结为以下四个方面：其一，以实证的方法探求系统复杂程度的高低；其二，探索政策制定系统的复杂性；其三，以识别变迁为目的的纵向及回顾性研究设计；其四，与复杂性相适应的方法工具的开发，如智能体模型和 ARIMA（autoregressive integrated moving average model，自回归综合移动平均数）模型。后期研究中，一些学者逐渐开始对这四个方面进行深入分析，如 Lopolito 等（2011a；2013）在研究体系中，先运用网络参数对生态位的发展阶段进行衡量，再设计生态位的智能体仿真模型，从而能够对政策干扰效果进行评价。

（四）第四聚类：社会—技术系统

第四聚类代表了以 Geels 的研究体系为核心的一类研究。该聚类共有 14 篇被引文献，平均年份为 2001 年。聚类标签“socio-technical system”（社会—技术系统）来自施引文献比重最高（0.29）的 Geels（2005a），该文献同时也在第四聚类中处于核心位置（被引频次最高、突发性强度最高）。该聚类的研究基础在于 MLP 的三层结构，系统的整体构架也在该三层结构之上展开研究。

第四聚类的研究主要对应前文临时属性分析中的第三阶段，即 Geels 及其合作者对 SNM 领域中以系统概念构建而成的技术创新相关主体进行整合与归纳，构建系统的框架、定义系统的内容并描述系统的功能，其主要贡献在于将 SNM 理论从零散的新概念转化为内容完整且丰富的理论体系。社会—技术系统是社会技术变迁的基本单位。Geels 的研究体系将 Nelson 和 Winter（1982）的演化经济理论和技术研究相结合，提出 SNM 理论的技术变迁目的并不仅仅涉及技术的变化，还包括用户实践、制度、产业网络、基础设施，甚至是文化的变化（Geels，2002）。Geels（2004）还提出，社会—技术系统来自产业创新系统（sectoral system of innovation，SSI），MLP 中观层次的技术体制变化是技术变迁的根本，系统包括生产端和应用端。Geels 认为以往的 SNM 理论研究多关注于生产端，但生态位对应用端的作用效果应该得到重视。尽管该观点和技术管理领域中创新需求研究稀缺的事实相符，但由于研究困难较大，目前仍然缺乏相关理论支撑。Geels 和 Schot（2007）在 MLP 中相关要素内涵与分类的基础上对社会技术变迁的模式进行分类，分为转变模式、去结盟与再结盟模式、技术替代模式及重组模式。

由于 SNM 领域的研究在第三阶段之前以理论探索为主，第四聚类中的研究具有一个突出的共同特点——所有理论和假设均在案例研究的基础上进行。例如，Geels（2005a）考察 1860~1930 年美国从马车到汽车的技术变迁路径，并据此提出社会—技术系统变迁动态中的去结盟与再结盟模式；Fouquet（2010）通过对 1500~1920 年从传统能源材料到化石燃料变迁中产业和服务的变化分析得出，技术变迁中创新链的整体改变需要超过 100 年，而扩散阶段需要近 50 年，同样地，作为生态位的低碳技术也将缓慢在利基市场中发展，直到能够和化石燃料技术相竞争。Späth 和 Rohracher（2010）在区域发展前提下分析了奥地利“能源区域”中穆劳高山地区的新能源技术网络，证明指导愿景（guiding vision）能够激励社会行动者，在生态位形成的社会—技术系统中起到重要作用。

（五）第五聚类：社会创新

第五聚类代表了以 Sefang 的研究体系为核心的一类研究。该聚类共有 11 篇被引文献，平均年份为 2013 年。聚类标签“social innovation”（社会创新）来自施引文献比重最高（0.36）的 Martin 等（2015）。该聚类的主要内容基于 Witkamp 等（2011）提出的观点：SNM 理论可以被用来分析突破性的社会创新，使得创新能够顺利扩散。

第五聚类在 SNM 领域提供了一种社会性视角，使得 SNM 中的创新问题从企业行为、技术体制共性和技术愿景扩展到商业活动与社会生活的各个方面，扩大了 SNM 理论研究的范围。Witkamp 等（2011）的研究就引入了社会创业的新商业模型，将社会目标与商业心理相结合，并提出能够创造重要的社会价值——可持续性。Seyfang 的研究体系就是在此认识上展开的，其从可持续性、突破性技术的扩散着手分析，摒弃传统案例分析中对基于市场的技术创新的研究，认为公共（community）活动是社会创新研究中具有潜力的一个层面，其在草根创新的环境下选择公共活动中“文明社会”（civil society）的代表性技术生态位——货币生态位（currency niches）和能源生态位进行实地考察，并提出以下观点：生态位理论需要与文明社会环境相适应（Seyfang and Longhurst，2013），生态位层面的活动与创新扩散的成功息息相关（Seyfang and Haxeltine，2012；Seyfang and Longhurst，2016），系统中网络和中介组织对巩固、发展和扩散创新具有重要作用（Hargreaves et al.，2013），除此之外，隐性知识、信任和自信也是创新项目的成功因素（Seyfang et al.，2014）。我国学者张光宇及其团队的研究体系（张光宇等，2012）对 SNM 领域的贡献主要集中于此，即从社会创新的视角出发更全面地扩展 SNM 理论内涵：基于突变计数法进行技术生态位的评价，以期为各企业和行业明确技术能力优劣势，正确选择生态位和制定企业技术战略；在知识产权管理中引入 SNM 框架，将其拓展至技术发展的全过程，并提出知识产权愿景管理、学习管理、网络管理、市场培育管理与市场保护管理等五方面内容（刘艳和张光宇，2014）；提出颠覆性技术实现产业化的五个阶段，即技术选择、市场选择、市场建立、市场扩大和范式形成（许泽浩等，2016）。此外，雷语嫣等（2018）也基于 SNM 理论扩展视角的目的，从共生依附、网络属性和生态嵌入三个方面构建了高技术产业创新生态系统的适宜度指标。

第五聚类研究的贡献在于将 SNM 领域的视角放大，从市场创新的研究引导至公共创新的研究，并建议 SNM 理论应适应社会创新的发展，研究范围涉及社会中的方方面面。其研究对象多基于草根创新的生态位实际案例，这就使得该聚类的研究具有较重要的实践意义。

（六）第六聚类：社会—认知演化

第六聚类代表了以 Schot 和 Raven 为核心的一类研究。该聚类共有 9 篇文献，平均年份为 2006 年。聚类标签“social-cognitive evolution”（社会—认知演化）来自施引文献比重最高（0.44）的 Raven 和 Geels（2010）。该聚类的主要内容与 Geels 的研究体系一脉相承，加之平均年份较早，聚类中综述和理论框架文章较多，可见其是 SNM 领域的一类理论基础性文献的集合。

第六聚类集中表现了 SNM 领域中侧重“演化”的理论观点，其发展阶段位于前文所述第二阶段和第三阶段之间，与第四聚类的研究相比较，该聚类的研究更侧重于对生态位本身或技术体制本身的分析，而不是侧重于将这些要素均置于一个共同框架（如 MLP）中整体考虑。第六聚类的研究同时强调了 SNM 理论中关于整体社会对新技术体制替代旧技术体制的认知演化方面的问题，即基于社会构成理论（Bijker，1995）的社会网络互动，以及社会技术期望、信念和感知的变化。这就决定了该聚类的研究要素较其他聚类更具体，视角更加内部化。Schot 和 Geels（2007）将技术变迁的过程同生物进化（演化）进行类比，认为社会技术体制承载和储存了生产、使用和约束特定技术的规则，这些体制起到了基因的作用，并在技术“物种”之间定义了边界，整体演化过程由四种不同的演化机制和模式构成，即自然选择、间断平衡、市场生态位（利基）选择和技术生态位选择，生态位之间的差异就来自两个维度上的差异，一是生态位对于现有体制来说是否内生，二是生态位之中的设计规则和特定技术的使用是否稳定。Schot 和 Geels（2008）提出，生态位在研究体制变化时至关重要，但是生态位并不能自发地带来任何能动性变化，除了生态位内部活动之外，一些来自外部的过程同等重要。

在分析内部演化机制和影响因素之外，学者普遍对实际产业案例进行分析以归纳社会—认知的演化动力和过程。Raven（2006）、Raven 和 Geels（2010）先是对荷兰电力企业开发生物质气化能源以替代煤炭能源的过程进行追踪分析，阐述企业进行生态位创新的动机，并提出在发展新技术创新的时候，生态位过程（替代技术的试验）及已有技术体制的变化都是必需的；后加入丹麦的同产业发展轨迹与荷兰进行对比，说明社会—认知演化视角能够用来解释两个地区同产业的不同发展模式。

Raven（2005）将 SNM 理论的社会—认知演化方面也称为观点趋同。在相关的研究中，Lopolito 等（2011a）运用网络加权密度将其量化，并称其为生态位发展中的“愿景”机制。

（七）第七聚类：新兴市场

第七聚类代表了 SNM 领域的实证对象。该聚类共有 7 篇被引文献，平均年份为 2010 年。聚类标签“emerging market”（新兴市场）来自施引文献比重最高（0.29）的 Kothari 等（2013）。该聚类中的新兴市场不仅指产业分类中的新兴技术产业，还指新兴经济发展蓬勃的重要国家或地区。

新兴技术的发展是 SNM 领域研究通过促进有益技术变迁所要达到的最终目的，以应对 20 世纪 70 年代以来的能源危机。当 SNM 领域前期的理论铺垫足够充分之后，学者就逐渐基于理论框架对新兴技术产业实践进行指导，并探求长期的、可持续性的正确发展路径。一般而言，SNM 领域的实证技术与产业主要集中于生物质气化能源、风能、电能、太阳能、燃料电池等几个方面。Foxon（2011）强调低碳经济研究的重要性，并认为低碳经济的变迁研究就是将生态系统、技术、组织、商业策略和用户实践置于 MLP 框架下的一种协同分析。Lopolito 等（2011b）集中对意大利 Foggia 地区的生物质气化能源产业进行了生态位阶段的量化分析。

Verbong 和 Geels（2010）基于 Geels 和 Schot（2007）提出的变迁路径对电力系统的低碳技术变迁进行了验证分析。Kothari 等（2013）的分析对象则是新兴经济体中的重要国家——中国与印度，他们对跨国公司的创新行为进行研究，并指出其全球扩张的动力既来自需求方也来自供给方。我国学者张光宇团队的研究体系最早提出在新兴产业中运用 SNM 理论的战略意义（李华军等，2012），笔者前期的研究更是基于该思路在 Lopolito 等（2011a）的实证框架基础上从网络关系视角对我国东北三省新能源汽车产业的技术生态位态势进行了实证分析，结果显示辽宁省、吉林省和黑龙江省分别处于填满期、原型Ⅱ期和胚胎期，为技术生态位理论引入我国新兴产业实践进行了有益探索（孙冰等，2013a）。

第七聚类的研究也同时集中于几个重要的关键词，除创新系统、MLP 框架、创新扩散、技术变迁等其他聚类同样出现频率较高的关键词之外，还包括生态创新系统（Cantono and Silverberg，2009）和协同演化（Foxon，2011）。这就说明新兴市场中 TIS 的环境复杂、影响因素众多，需要结合生物学、复杂系统等理论，将其置于综合框架中进行考虑。这也符合第三聚类中关于复杂性的方法与模型所关注的方向。

（八）第八聚类：政策组合

第八聚类代表了 SNM 领域对相关政策保障的研究。该聚类共有 3 篇被引文献，平均年份为 2012 年。聚类标签“policy mix”（政策组合）来自施引文献比重最高（0.33）的 Kivimaa 和 Kern（2016），但在该聚类中，几乎所有施引文献与被引文献均体现该关键词。Chen（2004）曾提出聚类中轮廓性指标 Silhouette 值在聚类中节点较少时并不具可信度，但由于 SNM 领域的特点决定生态位需要适当的政策进行保护，加之近年来关于 SNM 理论相关政策的研究逐渐涌出并受到广泛关注，故本书保留该聚类。

SNM 理论刚提出之时，学者关注于生态位的概念、技术体制的发展及宏观环境的压力，但 SNM 理论框架本身的含义是将突破技术置于生态位中进行保护。近年来，SNM 领域中对技术保护的研究逐渐增加，而第八聚类的研究则集中体现了 SNM 理论的发展需要有效政策保护的重要观点。政策组合概念来自经济政策领域，主张关注不同政策之间的互动与互相依存关系，Flanagan 等（2011）首次将该概念引入创新研究，认为这“打开了机会之窗”，能够重新考虑复杂、多层、多行动者的现实情况中的基本且隐藏的假设。以技术有益变迁为目的的 SNM 理论非常适合采用该政策制定方法，因为 Weber 和 Rohracher（2012）认为创新系统方法强调政策制定需促进企业的创新能力，但是在面对长期挑战，如天气变化和资源枯竭问题上并不适合，因此需将创新系统方法和变迁研究中关于失败的分析

[市场失灵（market failure）、组织系统失灵和转变系统失灵]进行结合，进行政策的组合与实施。基于此，Borrás 和 Edquist（2013）详细分析了不同创新政策工具（规章制度、经济手段和软工具）的类型及发挥的效用，为不同政策直接的配合与协同提供了依据，并提出为了保证创新政策工具的系统性和动态性，政策组合的方式必须以“问题导向”为本质。

目前，关于 SNM 领域政策组合的研究已经开始结合产业实践。Kivimaa 和 Kern（2016）的研究提出了“创造毁灭”的政策组合框架，即对生态位进行支持，而对技术体制进行去稳定，该框架在芬兰和英国的节能政策组合方面得到了验证。Xu 和 Su（2016）提出的技术变迁政策组合工具是一个二维矩阵：政府选择与市场选择、生产者导向和顾客导向，这就包括了政策制定的许多重要因素。该组合工具解释了我国的新能源汽车产业发展迅速的原因，即从政府选择到市场选择，从生产者导向到顾客导向。

第八聚类关于 SNM 领域政策组合的研究目前仍在起步阶段，但其研究意义较大，受关注程度较深，是 SNM 理论中具有较大发展潜力的一个研究方向。

二、研究主题聚类时间线分析

尽管所有的研究聚类都在持续进行，且到目前为止每个聚类的核心文献都在反复被引用，但整体 SNM 领域研究主题的变迁仍然比较显著：从理论铺垫到以目标为导向的研究，最后以多元化更宽的视角作为研究前沿。

首先，第三聚类复杂性、第四聚类社会—技术系统和第六聚类社会—认知演化是 SNM 领域研究的知识基础。第四聚类出现的时间最早，并以系统的观点为 SNM 领域提供研究框架，第六聚类承接了 SNM 理论中关于演化的最初构想，并为后续研究在内外部过程与机制方面提供依据。而第三聚类作为 SNM 理论研究的方法与模型，是领域中普遍适用的方法论基础。

其次，第一聚类可持续性变迁、第七聚类新兴市场和第八聚类政策组合是 SNM 领域研究的支撑。在知识基础之上，第一聚类点明了 SNM 领域研究的最终目标是促进技术和环境的可持续发展，而第七聚类将可持续发展界定在能源危机背景下的新兴技术产业中，甚至是新兴经济体中，明晰了 SNM 理论的研究对象。第八聚类则提供了 SNM 理论中的政策支持，并采用政策组合的协同、多元方式。

最后，第二聚类动态多元化和第五聚类社会创新是 SNM 领域研究的前沿视角。在其他聚类研究的基础上，目前跨行业、跨地区的研究视角（第二聚类）已发展出来，并主张从社会各方面去考虑突破性创新的生态位的影响及发展前途。总体而言，目前 SNM 理论的研究前沿是在更综合、更复杂的因素影响下寻求创新的协同解决方案。

第四节 本章小结

SNM 领域的研究代表了 21 世纪技术创新管理领域的前沿方向。本章尝试从文献计量学和历史回顾的角度对 SNM 领域的研究文献进行梳理与分析，并为该领域提供一种综合性的发展框架。本章显示，SNM 理论研究的来源得益于演化经济学的发展，并连接经济、社会哲学和管理等各个领域，是典型的跨学科研究。在 SNM 理论的二十余年发展过程中，先后出现了技术创新演化、可持续性技术变迁、技术变迁系统、生态位演化机理等前沿方向与发展趋势。根据文献计量方法，本章识别出先后支配 SNM 领域研究的 8 个聚类，显示出 SNM 领域从理论铺垫到以目标为导向的研究，最后以多元化更宽的视角作为研究前沿的发展脉络。

SNM 领域的研究存在以下三个方面的特点：一是开展合作的地域性较强，主要的机构合作网络存在于欧洲的各研究机构之间，尽管诸如美国的学者开展的相关研究数量更多，但研究较为分散，具有规模的机构之间的合作网络并不存在；二是整体研究的理论性较强，前期研究以理论描述和框架建立为主，后期虽逐渐出现部分定量研究甚至智能体仿真分析，领域内的研究仍以案例分析配以理论推断为主；三是领域内研究的目的性较强，均以保护突破性创新从而完成技术的有益变迁为首要目标，并在能源危机的背景下主要突出新兴技术产业的研究对象。

根据文献计量分析与历史回顾，本章提出以下几个方面的 SNM 领域未来的研究趋势。

（1）结合新兴产业数据的实证研究。SNM 理论研究目前急需新兴产业实证分析的支撑，尤其是中国、印度等新兴市场的跨国、跨部门的数据实证。运用一手统计数据的分析结果，将对 SNM 理论研究提供重要的突破契机。相关研究可结合技术生态位三种发展机制，运用统计分析、数据建模等方法，尤其是社会网络分析方法对理论假设进行检验。

（2）针对新兴市场、新兴产业的政策组合研究。复杂的经济环境和国际环境使得政策制定过程愈加困难。借鉴发达国家的政策施行效果，为新兴市场的新兴技术提供“量身定做”的政策支持，能够弥补 SNM 领域研究的空白。相关研究可结合 Bergek 等（2008a）的政策设计框架，采用不同政策组合的方式进行。

（3）复杂系统视角下的整体研究。随着系统科学的蓬勃发展，传统线性、均衡的研究范式已被非线性、动态均衡的研究范式替代。SNM 理论中技术变迁作为典型的复杂系统，可运用系统科学的研究范式将社会创新看作一个整体系统进行深入的分析。相关复杂性视角可包括适应性、涌现性、演化临界、自组织和层次网络等特性，而分析方法则可包括协同演化模型、采用者模型和智能体仿真模型。

第二章　创新网络理论的发展脉络

创新是引领发展的第一动力，是建设现代化经济体系的战略支撑。近年来，技术创新在经济社会发展中的作用越来越重要，无论政府还是企业都越来越重视技术创新的作用（陶爱萍等，2019）。我国进入经济新常态后，技术创新更被认为是调整产业结构、转变经济增长方式、促进经济转型和推进供给侧结构性改革的重要驱动力量。在此背景下，各级政府投入大量资源支持和引导企业进行技术创新，企业也顺应这一趋势不断加大技术创新投入（陈庆江，2017）。

随着技术创新系统研究的不断深化，将系统中的全部行动者置入特定地理位置已无法满足要求（Markusen and Venables，2000），交互所产生的网络中的创造、发展和合并变得至关重要（Esparcia，2014）。高附加值的竞争强调复杂知识与技术的扩散及技术变迁的加速，而复杂的技术则是通过不同创新主体的合作在同样复杂的网络中被创造出来，高水平的创新绩效多伴随着网络中的合作。Hage（2001）曾断言在这种新的“竞争逻辑”下，基于网络的技术创新将起到极为重要的作用。由此，技术创新网络的研究浮出水面。

基于此，本章采用定量的计量学引文分析方法，运用大量数据对技术创新网络领域的发展脉络进行全面梳理，并对研究趋势进行详细分析。

第一节　数据来源及处理

一、数据来源

研究数据来源与 SNM 理论检索相同，为 WOS Core Collection 数据库。数据检索采用高级检索方式中的主题检索，数据检索式如下：TS=（technological innovation network），语种为 English，文献类型为 Article，共检索 3 017 篇文献，

WOS 类别为 MANAGEMENT OR BUSINESS OR ECONOMICS OR SOCIOLOGY（跨学科研究同时显示在所有类别中）。样本结果最终包括 1 652 篇文献（数据检索时间为 2019 年 12 月 3 日）。1 652 篇文献的发表时间分析如图 2-1 所示，与 SNM 理论结果一致，其中 80%的文献发表于 2003 年之后。

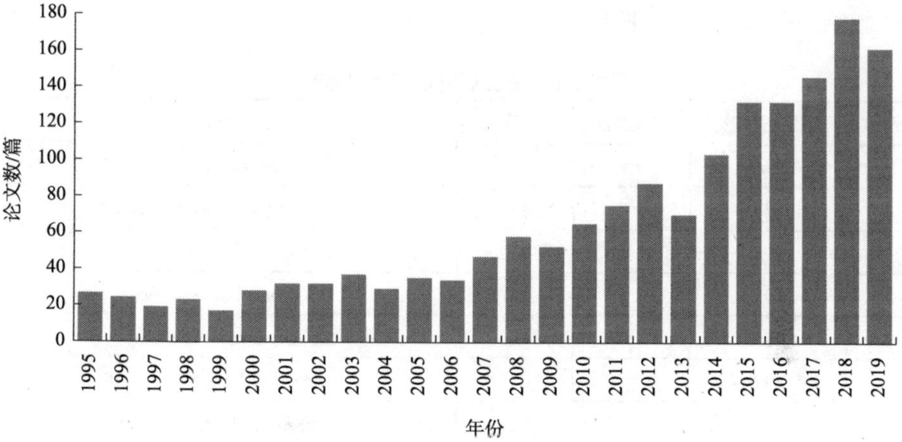

图 2-1　样本数据的时间分布

二、样本分析

本章采用的方法与工具及数据处理方式与第一章相同。根据 WOS 的分类，样本中 1652 篇文献分布于与 50 个学科相互交叉的研究领域，其中，与技术创新网络相关的最活跃领域为“management”（管理，996 篇）、“business”（商业，432 篇）、“economics”（经济学，201 篇）、“environmental studies”（环境研究，198 篇）、“regional urban planning”（区域城市管理，186 篇）。

样本中的关键学术期刊为：*Research Policy*（155 篇）、*Technological Forecasting and Social Change*（133 篇）、*Technovation*（74 篇）、*Technology Analysis Strategic Management*（71 篇）、*International Journal of Technology Management*（61 篇）、*Industrial Marketing Management*（28 篇）、*Asian Journal of Technology Innovation*（24 篇）、*Journal of Product Innovation Management*（23 篇）、*Strategic Management Journal*（23 篇）、*Energy Policy*（22 篇）、*Industrial and Corporate Change*（21 篇）、*Industry and Innovation*（21 篇）、*Journal of Evolutionary Economics*（21 篇）、*IEEE Transactions on Engineering Management*（19 篇）。在 CiteSpace 软件中设置节点类型为 Cited Reference 后，得到技术创新网络领域的被引期刊合作网络中关键被引期刊的网络参数如表 2-1 所示。由表 2-1 可见，被引期刊排名靠前的学术期刊与

样本中关键学术期刊相重叠，且被引期刊更加能够反映出技术创新网络领域研究发表、应用和传播的实际情况。技术创新网络领域研究的核心期刊为 *Research Policy*，但是突发强度最高的为 *American Economic Review*，代表了技术创新网络领域的创新性和前沿性研究，其余关键被引期刊均为技术创新甚至是管理学领域的高影响因子和高被引期刊。

表2-1 关键被引期刊网络参数

序号	被引用量/次	突发强度	中心度	期刊
1	1199	—	0.12	*Research Policy*
2	884	—	0.14	*Strategic Management Journal*
3	795	—	0.12	*Administrative Science Quarterly*
4	695	—	0.10	*Management Science*
5	685	—	0.13	*Organization Science*
6	637	—	0.12	*Academy of Management Review*
7	610	—	0.13	*Academy of Management Journal*
8	559	—	0.07	*Industrial and Corporate Change*
9	537	—	0.05	*Technovation*
10	485	3.78	0.09	*American Economic Review*

样本中关键的学术机构为 University of California System（35 篇）、University of Manchester（32 篇）、University of London（31 篇）、Bocconi University（25 篇）、University of Sussex（25 篇）、University System of Georgia（24 篇）、Eindhoven University of Technology（23 篇）、University of Pennsylvania（22 篇）、Aalto University（21 篇）、Centre National De La Recherche Scientifique（21 篇）、Chinese Academy of Sciences（19 篇）、Harvard University（19 篇）、Pennsylvania Commonwealth System of Higher Education（19 篇）、Seoul National University（19 篇）、University of Cambridge（19 篇）。在 CiteSpace 软件中设置节点类型为 Institution 后，得到技术创新网络领域的机构合作网络如图 2-2 所示，技术创新领域的关键机构网络参数如表 2-2 所示。由图 2-2 可见，技术创新网络的研究在世界一流的科研机构中开展，其合作以欧洲的大学为主。技术创新网络领域被引用量最高的核心研究机构为曼彻斯特大学，突发性最强的机构为埃因霍芬理工大学。该机构合作网络的形成与欧洲高校之间的学术交流及学者互通仍然具有很大的相关性。

图 2-2　技术创新网络领域的机构合作网络

表2-2　技术创新网络领域关键机构网络参数

序号	被引用量/次	突发强度	中心度	机构名称
1	22	4.71	0.11	University of Manchester（曼彻斯特大学）
2	20	5.30	0.04	Eindhoven University of Technology（埃因霍芬理工大学）
3	18	4.25	0.04	University of Sussex（苏塞克斯大学）
4	18	—	0.08	University of Utrecht（乌德勒支大学）
5	17	—	0.02	Seoul National University（首尔大学）
6	15	—	0.02	University of Cambridge（剑桥大学）
7	14	—	0.03	Delft University of Technology（代尔夫特理工大学）
8	13	—	0.06	Georgia Institute of Technology（佐治亚理工学院）
9	13	—	0.11	Bocconi University（博科尼大学）
10	13	—	0.09	Zhejiang University（浙江大学）

该分析说明，技术创新网络领域的重要文章发表于管理学与经济学的顶级期刊上，这也就构成了技术创新网络领域的基本知识结构。同时，技术创新网络领域的研究在世界一些一流科研机构中开展，是技术创新管理研究中的前沿方向之一。

第二节　引文网络结构属性和临时属性分析结果

表 2-3 列示了在前文所述第一种数据处理方式下，技术创新网络领域被引用量最高的前 30 篇文献的结构属性参数与临时属性参数。

表2-3　技术创新网络领域被引用量最高的前30篇文献的网络参数

编号	文献	被引用量/次	Sigma 值	中心度	突发性强度
1	Phelps（2010）	19	1.19	0.02	9.29
2	Duarte 等（2007）	15	4.69	0.27	3.73
3	Gawer（2014）	15	1.60	0.07	7.37
4	West 和 Bogers（2014）	14	1.19	0.02	8.35
5	Carnabuci 和 Operti（2013）	13	1.31	0.05	5.89
6	Owen-Smith 和 Powell（2004）	13	5.46	0.27	7.00
7	Wang 和 Chugh（2014）	13	2.04	0.12	6.38
8	Eisenhardt 和 Graebner（2007）	12	1.79	0.04	4.75
9	Phelps 等（2012）	12	1.87	0.12	5.62
10	Schilling 和 Phelps（2007）	12	3.91	0.27	5.66
11	Powell 等（1996）	11	1.49	0.06	6.47
12	Bergek 等（2008b）	11	1.33	0.07	3.98
13	Guan 和 Liu（2016）	11	1.56	0.09	5.39
14	Laursen 和 Salter（2006）	11	1.33	0.07	4.38
15	Laursen 和 Foss（2014）	10	1.16	0.03	4.90
16	Hekkert 等（2007）	10	1.37	0.08	3.96
17	Chesbrough（2003）	10	1.99	0.13	5.75
18	Gilsing 等（2008）	10	1.02	0	4.21
19	Srivastava 和 Gnyawali（2011）	9	1.36	0.07	4.55
20	Camisón 和 Villar-López（2014）	9	1.02	0	4.83
21	Almeida 和 Kogut（1999）	9	5.87	0.36	5.78
22	Whittington 等（2009）	9	1.09	0.02	3.78
23	Crespo 等（2014）	9	1.09	0.02	4.41
24	Breschi 和 Lissoni（2009）	9	1.59	0.13	3.77

续表

编号	文献	被引用量/次	Sigma 值	中心度	突发性强度
25	Markard 和 Truffer（2008）	9	1.27	0.07	3.78
26	Markard 等（2012）	9	1.00	0.06	—
27	Nieto 和 Santamaría（2007）	9	1.40	0.09	4.00
28	Henderson 和 Clark（1990）	8	1.14	0.03	5.31
29	Martinelli 和 Nordstierna（2012）	8	1.05	0.01	3.62
30	Meyer 等（2011）	8	1.04	0.01	4.46

一、网络结构属性分析

（一）技术创新网络领域的标志性文献

在本章范围内，标志性文献是指样本中 1 652 篇文献的引文被引用量的统计及排序。从表 2-3 的结果来看，被引用量较高的期刊多数集中于 2010 年左右，这就意味着该时间段附近学者对技术创新网络领域的研究热情较高，且文章质量较好，文献具有快速传播程度及与该领域的高度相关性。

样本统计中最高被引用量的文章为 Phelps 于 2010 年发表于 *Academy of Management Journal* 上的文章，文章标题为“A longitudinal study of the influence of alliance network structure and composition on firm exploratory innovation”，在所有研究领域的总被引用量达到了 836 次（数据来源：Google Scholar）。该文章的高被引用量首先来自期刊与该文章作者的权威性：Phelps 是麦吉尔大学战略管理学院副教授，担任该学院高管教育的副院长，该期刊作为国际顶级期刊（UTD-24 列表期刊）也是技术创新及管理领域的风向标。这种高被引用量还来源于研究成果本身的深远意义：该文章研究了企业联盟的结构和组成对企业探索性创新的影响，研究结果证实，联盟可以促进企业探索性创新的发展，具有管理上的意义。

（二）技术创新网络领域的关键文献

由表 2-3 可见，Almeida 和 Kogut（1999）具有最高的中间中心性（5.87），因此可以被认定为是技术创新网络领域的关键文献。“Localization of Knowledge and the Mobility of Engineers in Regional Networks”是一篇具有跨时代意义的文章，其作为技术创新领域的转折点毫不为过。该文章通过分析重要半导体创新的专利引用来研究主要专利持有人的流动性与技术知识本地化之间的关系。结果表明，知识本地化只针对特定地区（尤其是硅谷），而且本地化的程度因地区而异；通过分析专利持有者的企业间流动数据，实证证明了工程师的企业间流动影响了知识的局部转移；知识的流动是在区域劳动网络中嵌入的。该文章首次将知识与网络相结合，为之后的研究提供了新的方向。

二、网络临时属性分析

表 2-4 为突发性排在前 59 位的文献（当参数最小持续时间设定为 2 时，共出现 59 篇突发引文），由此能够整理得出技术创新网络领域的研究前沿与趋势。

表2-4　突发性排在前59位的文献

编号	文献	发表年份	强度	开始年份	结束年份	1990~2020 年
1	Porter（1990）	1990	4.641	1992	1995	
2	Henderson 和 Clark（1990）	1990	5.307	1992	1995	
3	Robertson 和 Langlois（1995）	1995	3.721	1998	2000	
4	Walker 等（1997）	1997	4.111	1998	2001	
5	Powell 等（1996）	1996	6.474	1998	2001	
6	Podolny 和 Stuart（1995）	1995	3.721	1998	2000	
7	Tidd 和 Trewhella（1997）	1997	4.148	1999	2002	
8	Dyer 和 Nobeoka（2000）	2000	3.789	2000	2005	
9	Mowery 等（1996）	1996	4.314	2000	2001	
10	Almeida 和 Kogut（1999）	1999	5.777	2002	2004	
11	Duarte 和 Becker（2007）	2007	3.727	2002	2012	
12	Owen-Smith 和 Powell（2004）	2004	6.996	2004	2008	
13	Langlois（2003）	2003	3.508	2004	2007	
14	Malerba（2002）	2002	3.615	2005	2007	
15	Chesbrough（2003）	2003	5.754	2006	2008	
16	Laursen 和 Salter（2006）	2006	4.381	2006	2011	
17	Elsenhardt 和 Graebner（2007）	2007	4.755	2008	2012	
18	Hekkert 等（2007）	2007	3.958	2008	2012	
19	Schilling 和 Phelps（2007）	2007	5.657	2008	2011	
20	Bergek 等（2008a）	2008	3.978	2008	2013	
21	Nieto 和 Santamaría（2007）	2007	3.998	2009	2012	
22	Sampson（2007）	2007	3.705	2010	2011	

续表

编号	文献	发表年份	强度	开始年份	结束年份	1990~2020年
23	Gilsing 等（2008）	2008	4.207	2010	2013	
24	Alcácer 和 Gittelman（2006）	2006	3.705	2010	2011	
25	Markard 和 Truffer（2008）	2008	3.784	2010	2013	
26	Whittington 等（2009）	2009	3.784	2010	2013	
27	Breschi 和 Lissoni（2009）	2009	3.771	2011	2014	
28	Yin（2009）	2009	4.106	2012	2013	
29	Linton 和 Walsh（2008）	2008	3.517	2012	2013	
30	Phelps（2010）	2010	9.291	2013	2015	
31	Broekel 和 Boschma（2012）	2012	3.615	2014	2017	
32	Wassmer（2010）	2010	3.897	2014	2015	
33	Srivastava 和 Gnyawali（2011）	2011	4.548	2014	2016	
34	Gnyawali 和 Park（2011）	2011	3.534	2014	2016	
35	Jiang 和 Cao（2010）	2010	3.897	2014	2015	
36	Meyer 等（2011）	2011	4.457	2014	2015	
37	Carnabuci 和 Operti（2013）	2013	5.891	2014	2017	
38	Martinelli（2012）	2012	3.615	2014	2017	
39	Zhang 和 Rajagopalan（2010）	2010	3.897	2014	2015	
40	Phelps 等（2012）	2012	5.621	2015	2017	
41	Capaldo 和 Petruzzelli（2014）	2014	3.914	2016	2020	
42	Guan 和 Liu（2016）	2016	5.39	2016	2020	
43	Wang 和 Chugh（2014）	2016	6.377	2016	2020	
44	Laursen 和 Salter（2014）	2014	4.898	2016	2020	
45	Ahuja 等（2012）	2012	3.542	2016	2017	
46	Crespo 等（2014）	2014	4.405	2016	2020	
47	Camison 和 Villar-López（2014）	2014	4.826	2016	2018	
48	Gawer 和 Cusumano（2014）	2014	7.366	2016	2020	
49	Boschma 等（2015）	2015	3.787	2017	2020	
50	Funk（2014）	2014	4.159	2018	2020	
51	Castaldi 等（2015）	2015	3.563	2018	2020	

续表

编号	文献	发表年份	强度	开始年份	结束年份	1990~2020 年
52	West 和 Bogers（2014）	2014	8.349	2018	2020	
53	Haans 等（2016）	2016	3.563	2018	2020	
54	West 等（2014）	2014	4.755	2018	2020	
55	Clarysse 等（2014）	2014	3.563	2018	2020	
56	Adner（2017）	2017	3.563	2018	2020	
57	Balland 和 Rigby（2017）	2017	3.563	2018	2020	
58	Balland 等（2015）	2015	3.563	2018	2020	
59	McCann 和 Raquel（2015）	2015	3.563	2018	2020	

注：每一格代表一年，□代表没有该文献年份；■代表影响较大年份；■代表影响较小年份

第三节　技术创新网络领域的研究聚类

经过前文已述的简化处理，网络最终剩余 809 个节点，865 条连接（如图 2-3 所示）。网络聚类模块性指数 Q 值为 0.873 8，说明社团结构显著；聚类轮廓性指数 S 值为 0.514 4，说明聚类信度较合理。综合以上，整体网络的聚类效果较为理想，适合进行引文聚类分析。

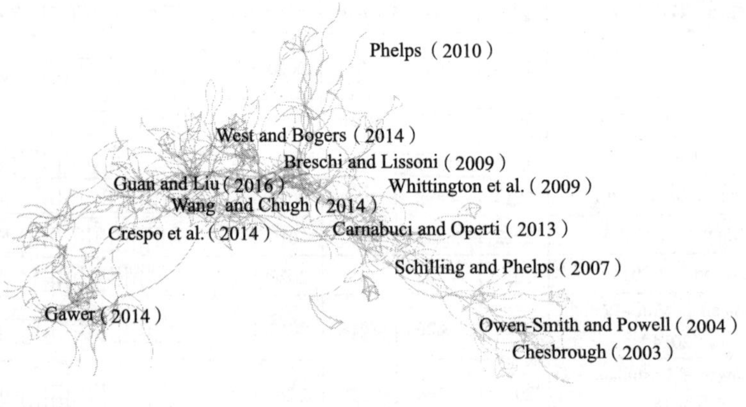

图 2-3　样本引文空间的共引网络

样本整体引文网络的密度为 0.002 6，说明网络连接相对松散，在主要的文献中有较少的连接。模块性则测量了对网络进行聚类的效果。在整体网络中，聚类

分析识别出 8 个主要聚类，如图 2-4 所示。从图 2-4 中可以清楚地看出技术创新网络研究的发展脉络，其研究聚类依次为企业影响、企业间联系、竞合者能力、技术创业、跨界合作、离散选择模型、知识成果、联盟投资组合多样性。如前所述，网络的整体参数表明聚类分析的信度与效度。而每一个聚类的轮廓性指数 Silhouette 值均大于 0.9（表 2-5），说明聚类的高度同质性。表 2-5 另外还显示了不同聚类的平均年份，即聚类中文献的引文年份平均值。本部分将对分析显示的 8 个聚类进行具体分析。

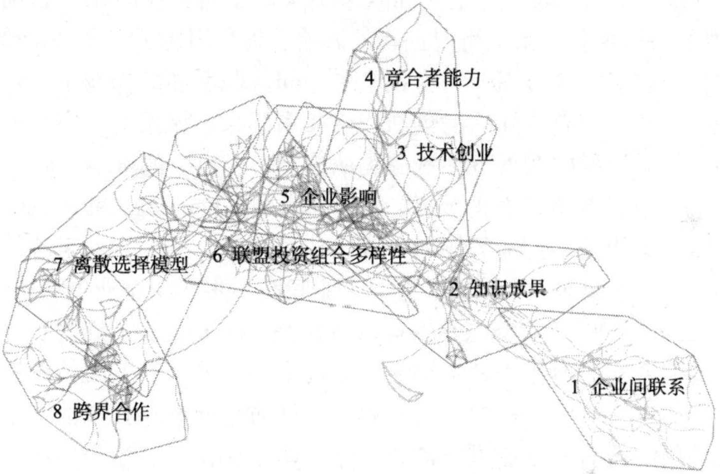

图 2-4 共引网络的聚类视图

表2-5 技术创新网络领域8个研究聚类的参数值

聚类	聚类编号	聚类名称	Silhouette 值	平均年份	篇数
第一聚类	1	企业间联系	0.962	1995 年	53
第二聚类	2	知识成果	0.927	2008 年	45
第三聚类	3	技术创业	0.903	2003 年	42
第四聚类	4	竞合者能力	0.933	1998 年	41
第五聚类	5	企业影响	0.954	1992 年	40
第六聚类	6	联盟投资组合多样性	0.949	2012 年	39
第七聚类	7	离散选择模型	0.956	2007 年	37
第八聚类	8	跨界合作	0.914	2007 年	35

一、研究主题聚类分析

（一）第一聚类：企业间联系

该聚类共有53篇被引文献，平均年份为1995年，是所有聚类中的最大聚类。聚类标签“interfirm linkage”（企业间联系）来源于施引文献比重较高的Ahuja（2000）。为了评估企业关系网络对创新的影响，研究阐述了一个理论框架，该框架将企业的自我网络三个方面——直接联系、间接联系和结构漏洞（企业合作伙伴之间的脱节）——与企业随后的创新产出联系起来。该聚类的主要观点来自一个共识，即在联系形成的背景下，资源是诱导和形成机会的根本基础。

该聚类是由第五聚类“企业影响”发展而来的。Pennings和Harianto（1991）最初探讨了组织采用技术创新的倾向，提出技术创新与外部技术来源的联系被认为是重要的，研究结果表明，除经验外，企业间联系将影响企业创新决策。之后，Knoedler和Janet（1993）对美国钢铁业进行研究，研究表明钢铁消费者发起并建立了内部工业研究实验室作为解决钢铁产品技术问题的一种手段。钢铁消费者致力于建立一个机构——美国材料与试验协会，该协会允许与其他消费企业进行有效的互动，并最终与生产企业进行信息交流，建立共识。这为今后研究者对技术创新网络的构建指明了方向。

该聚类成为技术创新网络提出的雏形，由于企业与企业间存在着合作等直接与间接联系，因此逐步形成网络结构。

（二）第二聚类：知识成果

该聚类共有45篇被引文献，平均年份为2008年。聚类标签“knowledge-based outcome”（知识成果）来源于施引文献比重较高的Quintane等（2011）。该文章回顾了创新文献，并提出创新已经从过程或结果的角度被概念化。此外，该文章的作者还指出，传统创新文献中的创新与知识管理文献中的创新之间存在着实质性的区别。该文章提出了一个总体框架，对现有的创新观点进行分类，并表明从知识的角度来看，创新作为一种结果并没有得到明确的定义。为了解决这一差距，该文章的作者提出了基于知识要素的创新成果的新定义。

技术创新网络中涉及知识成果领域的文章主要指网络如何促进知识成果转化。知识成果转化包括很多，如企业与企业之间的知识成果的转化、高校与企业间知识成果的转化、高校科技成果向现实生产力的转化等。朱艺林等（2019）研究网络中结构洞与关系对隐性知识外显化及社会化的影响，探索关系对结构洞负面影响的缓冲作用，以求促进高校科技成果转化团队中的隐性知识转化。

（三）第三聚类：技术创业

该聚类共有 42 篇被引文献，平均年份为 2003 年。聚类标签“technological enterpreneurship”（技术创业）来源于施引文献比重最高的 Verganti（2008）。该文章的中心思想在于，创新领域的新领袖将是那些利用外部网络找到最佳方法的人。

关于技术创业的研究早在 1987 年就被提出，一直到 2019 年，研究者对技术创业的研究从未中断，只是在 2000 年左右的研究受关注程度较高。Scott（1987）根据一项尼日利亚农业机械技术创新的案例，提出了应支持技术创业和创新的公共政策变化，这些变化可以以很少的成本改善工业发展。紧接着 Daneke（1989）提出技术创业是经济发展政策的重点。在众多关于技术创业的文献中，Ahuja 和 Lampert（2001）对大型企业的创业精神进行了分析：追踪企业如何创造突破性发明的研究，其影响力最为突出，被引量高达 2 538 次（数据来源于 Google Scholar），该文章提供了一个模型，解释了老牌企业如何创造突破性发明，结果表明通过尝试新颖（即企业缺乏先前经验的技术）、新兴（行业中最近或新开发的技术）和开拓（不以任何现有技术为基础的技术）技术，企业可以克服这些陷阱，创造突破性发明。

由于能源危机时代的到来，现阶段有关企业技术创业的研究偏向于绿色可持续发展、生态系统等环保研究，这也将是未来十年乃至更长时间的热点话题研究。

（四）第四聚类：竞合者能力

该聚类共有 41 篇被引文献，平均年份为 1998 年。聚类标签“co-opetitors capabilities matter”（竞合者能力问题）来源于施引文献比重最高的 Afuah（2000）。当技术变革使其现有能力过时时，企业通常会失去竞争优势。一个很少或根本没有引起注意的重要问题是，当技术变革反而淘汰了其竞争对手的能力时，这些企业的竞争优势会如何？企业必须与谁合作和竞争？在此背景下，该文章探讨了技术变革对企业竞争者的影响，并认为企业技术变革后的绩效会随着技术变革使合作者的能力过时而降低。Afuah（2004）进一步研究技术变革对企业同业竞争者的影响在企业技术进入时机中的作用。

在当今瞬息万变的商业环境中，企业之间不是纯粹竞争或合作关系，而是与合作伙伴建立竞争关系，以创造和获取更多价值，因此，无论是竞争者或是合作者的能力都将影响企业的发展。Garcia 和 Velasco（2002）研究合作竞争与绩效的关系，首先对合作竞争的理论视角进行回顾，其次从竞争态度和合作态度的组合出发，确定可供选择的战略行为类型，最后分析不同的战略行为和绩效之间的相关性。Hoang 等（2014）探讨了合作企业竞合能力对企业的创新实践和竞争优势的影响，研究结果表明，合作竞争能力在组织学习的中介作用下增强了创新实践，也提高了竞争优势。

通过竞争者能力的提高带来的压力来激励企业不断创新，从而在竞争中获取优势，对于企业的发展能起到不容置疑的作用。

（五）第五聚类：企业影响

该聚类共有 40 篇被引文献，平均年份为 1992。聚类标签“firm effect”（企业影响）来源于施引文献比重最高的 Harrison 等（1996）。该文章对近 1 000 家制造业企业进行全国范围的分层随机抽样调查，研究发现，管理人员采用新技术的可能性，与其工厂所在县的“城市化”程度显著相关；但是，在控制了企业的规模、该类型的与自动化相关的生产操作的规模、产品组合、劳动关系，以及工业对美国国防部销售的依赖之后，发现创新与类似企业集群的密度并没有系统的联系。

从平均年份上可以看出，该聚类是技术创新网络中发展最早的聚类，也是 TIS 得以发展的基础，这个时期有关技术创新方面的研究尚未引入网络的概念，只将创新与企业发展联系起来，主要探讨企业创新行为对企业发展的影响。

（六）第六聚类：联盟投资组合多样性

该聚类共有 39 篇被引文献，平均年份为 2012 年。聚类标签“alliance portfolio diversity”（联盟投资组合多样性）来源于施引文献比重最高的 Guan 等（2016）。组织的创新双重嵌入在知识要素间耦合形成的知识网络和组织间协作关系形成的社会网络中。该研究探讨这些关系的结构特性，以及它们在新兴纳米能源领域的开发和探索中对组织创新的可能影响。结果表明，纳米能量领域的知识网络和基于技术的协作网络是解耦的，具有不同程度的集成。知识网络和协作网络的某些结构特征以不同的方式影响组织的开发和探索性创新。首先，组织的知识要素在知识网络中的直接联系对组织的剥削性创新具有倒 U 形的影响，而探索性创新则不是这样的。协作网络中的直接联系对其开发性和探索性创新都具有倒 U 形的影响。其次，知识网络中组织的知识要素间的间接联系影响组织的开发性创新，而不影响组织的探索性创新。然而，合作网络中的间接联系影响探索性创新，而非开发性创新。最后，知识网络中各联系之间的非冗余性表现出相反的效果，阻碍了开发性创新，但有利于探索性创新；而协作网络中各节点之间的非冗余性有利于开发性创新，但对探索性创新的影响不显著。

由聚类可以看出，以联盟为背景的研究是技术创新网络的最新研究方向。联盟通常被描述为企业用来增加自愿知识转移的一种机制。获取外部知识越来越被认为是企业创新的主要来源（Duysters and Lokshin，2011）。随着企业间协作在企业创新中发挥越来越重要的作用，许多企业参与了多种伙伴关系（partnership），形成了联盟投资组合。而联盟投资组合多样性有助于企业获取不同的能力和知识，因此对于联盟投资组合多样性的研究变得越来越重要。但联盟投资组合多样性应被视为一把双刃剑，既有优势也有劣势（Vasudeva and Anand，2011；Oerlemans et al.，2013）。一类文献指出了联盟投资组合高度多样性的弊端，如壁外资源带来的复杂性或管理各种关系的成本不断增加（Gulati and Singh，1998；Bae and Gargiulo，2004；Faems et al.，2008）。更多文献强调了各种合作伙伴的优势，如获得各种资源，资源的低冗余性及使用获得的资源增加创新组合的可能性（Duysters and Lokshin，2011；Cui and O'Connor，2012）。Cui 和 O'Connor（2012）认为联盟投资组合中的资源多样性只有在联盟之间共享资源和信息时才能使创新受益。Choi（2020）研究了企业如何减轻与合作伙伴知识多样性相关的协作挑战并提高联盟绩效，Nguyen（2020）分析了文化多样性和联盟类型对跨国公司“生态创新”绩效的影响。

企业战略联盟的出现绝不是偶然的，它是时代发展的产物。究其原因，战略联盟产生的大背景主要有以下几个方面。

（1）世界经济一体化。全球经济一体化为跨国公司的经营提供了很好的机会，因为只有全球的市场才能满足它们的巨大“胃口”。不过，更为激烈的国际竞争也给跨国公司的经营带来困难，迫使它们不得不寻找新的更为有效的竞争武器。尽管各跨国公司在调整过程中的具体目标各不相同或各有侧重，但多数都采取了战略联盟作为实现战略调整的手段和方法。战略联盟就是两个或两个以上的企业或跨国公司为了达到共同的战略目标而采取的相互合作、共担风险、共享利益的联合行动。

（2）科学技术的飞速发展。近 50 年来，科学技术的发展速度超过了有史以来的任何时期，而科技革命带来的影响也是前所未有的，科研成果不断地将产品推向高科技化和复杂化，一种新产品的问世往往涉及越来越多的技术领域，经过越来越多的生产和经营环节。因此，无论从技术上还是从成本上讲，单个企业依靠自身的有限能力是无法面对当今科技发展要求的。战略联盟可以把各种研究机构和企业连成一体，为着共同的战略目标组成灵活的网络，大于各简单成员相加之和。

（3）实现总体战略目标。战略联盟以一种全新的思维和观念，为企业的扩张、全球战略目标的实现提供了一条新的途径，传统的与所有权密切相关的股权安排正在被新兴的以合作为基础的战略联盟代替。采用战略联盟形式进行合作，既可以保存原有资源，又能在共享外部资源的基础上，相互交换经营所需的其他资源，从而实现其全球战略目标。

（4）分担风险并带来规模经济。激烈变动的外部环境对企业的研发提出三点基本要求：不断缩短开发时间、降低研究开发成本、分散研究开发风险。通过建立战略联盟，扩大信息传递的密度与速度，以避免单个企业在研发中的盲目性和孤军作战引起的重复劳动和资源浪费，从而降低风险。

（5）防止竞争损失。避免丧失企业的未来竞争优势，避免在诸如竞争、成本、经营及贸易等方面引起纠纷，企业间通过建立战略联盟加强合作，可以理顺市场、共同维护竞争秩序。

（6）提高企业的竞争力。产品技术日益分散化，已经没有任何企业可以长期拥有生产某种产品的最先进技术，单纯一个企业已经很难掌握竞争的主动权。战略联盟的出现使传统的竞争对手发生了根本的变化，企业为了自身生存的成功，需要与竞争对手进行合作，即为竞争而合作，靠合作竞争。企业建立战略联盟可使其处于有利的竞争地位，或有利于实施某种竞争战略，最终的目的是提高企业的竞争实力。

企业战略联盟是现代企业竞争的产物，在竞争日益激励的当代，以战略联盟为背景的企业研究在近十年都将成为热点。

（七）第七聚类：离散选择模型

该聚类共有 37 篇被引文献，平均年份为 2007 年。聚类标签"discrete choice model"（离散选择模型）来源于施引文献比重最高的 Paier 和 Scherngell（2011）。该文章的重点是组织间的研发合作，如在欧洲研究和技术发展框架计划内资助的联合研究项目；通过离散选择模型确定合作的决定因素，包括行动者特征、关系和网络效应及地理效应；使用来自 EUPRO 数据库的 EU-FP 项目数据和对参与者的代表性调查数据，得出具有统计学意义的证据，表明 EU-FP 项目中的合作选择主要是由之前的相识、主题邻近性和地理邻近性促成的。此外，网络效应与合作选择也有很大关系。此外，研究还表明，地理效应的影响会因更密集的合作而增加。研究结果令人鼓舞，因为欧盟未来的研究政策治理需要对这些合作过程有更深入的了解。

离散选择模型在经济学领域和社会学领域都有广泛的应用，Martinez-Ros 和 Labeaga（2002）在创新领域应用离散选择模型，分析创新活动的决定因素。日常生活中充满了各种各样的选择行为。McFadden 因其在离散选择模型研究方面的贡献而被授予2000年的诺贝尔经济学奖。由此可见离散选择模型的重要性，因此，在今后对技术创新网络的研究中，离散选择模型也必然会被持续应用。

（八）第八聚类：跨界合作

该聚类共有35篇被引文献，平均年份为2007年。聚类标签“boundary-spanning invention”（跨界创新）来源于施引文献比重最高的 Juanola-Feliu 等（2012）。该文章涉及多个领域，以个案研究的方式，探讨开发纳米装置所涉及的高科技活动，以及在大学—医院—行业—管理—公民的架构下，介绍价值链内的科技及创新管理过程。在该文章中，纳米技术被认为代表了一场新的工业革命，推动了生物医学设备市场的发展。纳米传感器被应用于小尺寸的医疗设备中，生产生物相容性材料，并且设计可靠性和有针对性的生物传感器进行高速数据传输和安全存储数据。纳米传感器甚至可以在活体细胞水平上更好地进行研究过程。

跨界合作聚类是继技术创业聚类之后兴起的又一聚类，跨界合作扩大了网络中成员的身份属性，一个技术创新网络中应包含多种类型主体，这使得网络中技术传播更加具有效率。对于企业来说，企业如何获取和转化以科学为导向的基础知识，并将其转化为提高应用研究生产力的实际过程等都需要与技术研发主体进行交流，同时研发机构可以吸取企业的实践知识，从而更有助于新技术的研发。Cassiman 等（2012）指出，发明者应从研究机构进入企业，利用研究机构的基础研究知识开发更高质量的技术。可见，主体之间的跨界合作是双方都获利，因此，跨界合作是网络发展阶段的必然趋势。

二、研究主题聚类时间线分析

尽管所有的研究聚类都在持续进行，且到目前为止每个聚类的核心文献都在反复被引用，整体技术创新网络领域研究主题的变迁仍然比较显著：从理论铺垫到以目标为导向的研究，最后以多元化更宽的视角作为研究前沿。

第五聚类企业影响和第一聚类企业间联系是技术创新网络的知识基础。紧接着发展的是第四聚类竞合者能力和第三聚类技术创业，第二聚类知识成果和第七聚类离散选择模型、第八聚类跨界合作几乎是同一时期发展起来的，最新的研究也是最近、最热的研究是联盟投资组合多样性的研究。

第四节 本章小结

本章显示，技术创新网络研究的来源得益于技术创新和复杂科学理论的发展，并连接了经济、社会哲学和管理等各个领域，是典型的跨学科研究。在技术创新网络的二十余年发展过程中，先后出现了企业间联系、知识成果、技术创业、竞合者能力、企业影响、联盟投资组合多样性、离散选择模型、跨界合作等前沿方向与发展趋势。根据文献计量方法，本章识别出先后支配技术创新网络领域研究的 8 个聚类，显示出技术创新网络领域从理论铺垫到以目标为导向的研究，最后以多元化更宽的视角作为研究前沿的发展脉络。

技术创新网络领域的研究存在以下三个方面的特点：一是开展合作的地域性较强，主要的机构合作网络存在于欧洲的各研究机构之间，尽管美国学者开展相关研究的数量更多，但研究较为分散，具有规模的机构之间合作网络并不存在；二是整体研究的理论性较强，前期研究以理论描述和框架建立为主，后期虽逐渐出现部分定量研究甚至是智能体仿真分析，领域内的研究仍以案例分析配以理论推断为主；三是领域内研究的目的性较强，均以企业间合作为研究对象。

虽然目前对于技术创新网络的研究已经取得了丰富的成果，研究的内容多样，并且研究具有一定深度，但仍存在一些需要改进的地方。一是对于企业集群和产业集群网络研究的混乱。有些研究内容中企业集群网络与产业集群网络交替出现，没有相关研究对两者进行区分。事实上，企业集群网络与产业集群网络是存在差异的，有必要将二者区分开来。二是目前对于技术创新网络的研究大多以静态的观察、描述为主，缺乏对动态网络活动的微观研究。三是对于技术创新网络的研究整体上还是碎片化的，缺乏系统的整合与梳理。四是由于模型、数据的匮乏，技术创新网络的研究停留在对网络结构、规模、中心度等网络特征描述上，难以进行深层次机理的突破。

今后应该加强以下几个方面的研究：一是加强对企业层面创新网络的研究，并与产业集群网络相区别，建立企业创新网络研究的整体架构；二是尝试引入其他学科的研究方法和模型，从而能对创新网络进行更为微观层面的研究；三是加强多层次创新网络的研究，尤其从动态角度分析多层次创新的形成与发展机理、集聚效应及空间特征，建立多层次网络的立体、交叉知识结构图谱。

第三章　技术生态位网络协同演化的理论基础研究

技术生态位概念的提出有时代表了一个创新平台，但更多是代表了一种特殊的创新体系，该体系中既包括技术生态位在中观和宏观层面上的映射，又包括技术生态位发展中的动态规律，均为包含技术生态位的社会经济结构的属性。为了将技术生态位本身的概念和这种创新体系区分，包含技术生态位的社会经济结构经常结合 TIS 和技术创新网络的概念进行整体分析。本章致力于阐述技术生态位概念的内涵及其与网络结构分析相结合的必然性，同时界定该网络协同演化的概念，为本书的核心内容进行理论铺垫。

第一节　技术生态位的界定

一、技术生态位的提出

技术生态位概念根源于 1994 年由 Schot 等（1994）提出的 SNM 问题，后被欧盟委员会放入基金项目“Strategic Niche Management as a Tool for Transition to a Sustainable Transport System”中继续研究。目前，学者普遍沿用的是 Kemp 等（1998）的解释，即技术生态位是一个创新的交互平台，产生于众多行动者的交互过程中，并不能被有意识地控制，但应该通过一系列新技术的成功实验来巩固这种生态位形成过程。从而 Weber 等（1999）将技术生态位具体描述为“一个得到暂时保护而免于市场和其他制度压力的特定领域，该领域为新技术的应用起到试验台作用，能够让生产者、使用者，甚至政府帮助发展新技术直至它走向成熟”。Hoogma 等（2002）又进一步地补充技术生态位是一个“离散的应用领域，行动者们将要应付一些特殊的功能，接受诸如高成本的初始困境，并且愿意对新技术、新市场的发展进行投资”。

由于名称中有“生态位”，技术生态位经常被误解为脱离于生态学的概念。一些国内学者将其直接引入管理学范畴，即生态位代表了一种时空位置和功能关系。事实上生态位又可被称为“利基”，原意指“小、缝隙”的地方。技术生态位用来描述新技术的平台，以此表示“在夹缝中生存”的含义。技术生态位在管理学中多指 Philip Kotler 所定义的细分市场，该市场不大，没有得到令人满意的服务，但具有盈利基础。创新管理中的技术生态位概念则指新技术出现时受保护的平台[如 R&D（research and development，研究与开发）实验室、补助的示范项目或有用户特殊需求的小市场利基]（Geels，2011），技术生态位的行动者（企业家、创业者等）致力于新技术或社会技术实践的发生，并独立于“正常”的市场或技术体制（technological regime）选择压力（Geels，2005b）。

二、技术生态位的内部过程与发展机制

Raven（2005）提出技术生态位发展中的三个重要内部过程：一是观点趋同，即合作的行动者共享相同的技术策略、期望、信念和实践，并都能够面对初始的低回报、高成本和较长的回收周期，这种趋同的观点为技术生态位中的新技术项目与实验提供了发展方向。二是学习与试验，也是检验趋同观点的一种方式，即运用新的社会技术实践或技术来获取经验，也可以解释为社会学习和合作知识创造，在一些合作项目中，学习与试验提供了交互的机会，并带来有形或无形的产出，如新思路、新计划或行动者之间信任度的提升（Hermans，2013）。三是社会网络的形成，在复杂的技术创新过程中，拥有不同资源和知识的不同行动者在技术生态位网络中处于不同位置，范围越大的网络越能形成更优的创新绩效（Schot and Geels，2008）。

基于这三个循序发展的内部过程，Lopolito 等（2011a）同样提出了三种技术生态位发展机制：其一为愿景机制，代表行动者对新技术的一般观点，与“观点趋同”过程内容相近；其二为力量机制，指组织为了开发新技术所获得的资源并支配其在预期方式下指导技术变化的水平；其三为知识机制，描述技术生态位通过知识而产生的凝聚程度，来源于“学习和试验”过程。三个机制可分别运用社会网络分析方法中的关系分享网络密度、网络度中心性和知识流动密度三种参数进行衡量，并根据三种参数的衡量结果将技术生态位划分为胚胎期、原型期和填满期。孙冰等（2013b）根据有向网络的特征对后两种参数进行修正，并进一步将原型期划分为原型Ⅰ期和原型Ⅱ期。

技术生态位的内部过程及发展机制将技术生态位理论引入一个新的方向，由此技术生态位的观点趋向普遍化，能够和其他创新理论与方法相结合。尤其是发展机制可量化的过程，使得技术生态位的评价研究得以实现，同时也实现了模型仿真分析，为后续的技术生态位研究提供了一种重要的研究框架。

三、技术生态位的三层结构

技术生态位概念的出现，最初和社会—技术景观概念一道作为中观层面上技术体制的补充性概念而出现，二者分别代表了技术变迁整体过程的微观和宏观层面。这种微观—中观—宏观的 MLP 结构属于 Merton（1968）所提出的中层理论范畴，能够很好地解释社会技术变迁的整体动态模式。这种研究框架结合了演化经济学、科学和技术研究、结构理论及新制度理论，能够解释技术轨道、路径依赖（path dependence）、社会网络等问题（Geels，2011）。

技术变迁过程被定义为从一种技术体制到另一种技术体制的转变。从 MLP 视角而言，技术变迁发生在中观层面上，而生态位和景观均属于衍生概念，前者可指偏离了现有体制的实践和技术，而后者则指影响中观和微观层面交互关系的外部环境（也是一种外生力量）。MLP 构建了创新过程的嵌套分层结构（Geels and Schot，2007），各结构之间互相影响。一般意义上认为，发生在中观技术体制层面上的变化是渐进式且路径依赖的，或可称为“正常性的”；但新颖的改变（突破式创新）通常发生在微观的技术生态位层面上，或可称为“革命性的”（Smith et al.，2010）。技术生态位若得到较好的发展，则可在动态演化中逐渐替代已有的技术体制，技术变迁如此产生。而无论微观层面的技术生态位还是中观层面的技术体制，均“坐落”于宏观的社会物质环境景观中。随着技术变迁的发展，新技术体制的出现能够对宏观景观产生较大的影响。

MLP 视角下，由于三个层面的不断交互作用，技术变迁的整体过程呈现明显的非线性特征，而在行动者和要素结合程度等方面具有更高的稳定性（Geels，2011）。只要技术体制保持稳定和均衡，技术生态位中的突破式创新很难得到发展机会；反之，在技术体制中若产生紧张状态或不匹配情况，就能够为突破式创新创造机会，突破式创新在市场竞争中就有很大机会替换现有技术体制。技术体制中的紧张或不匹配状态发生原因有以下五种：一是 MLP 中宏观层面上景观的变化，带给中观层次一定的环境压力，从而引起内部重组；二是内部技术问题激发行动者探索与投资新的技术方向；三是消极的外部性可能导致中观层面的压力；四是变化的用户偏好；五是企业间的战略和竞争博弈（Geels，2004）。

目前，学者一致认为 MLP 是分析技术变迁的较佳框架，原因是其提供了一种相对直接和简单的分析方式，替代了复杂且大规模的结构转变分析（Smith et al.，2010）。但该框架仍然在很多细节方面有待完善，如以下几个方面：一是技术生态位对新技术的保护与PROTEE框架中强调的立刻将新技术暴露在激烈的市场选择机制中有所矛盾（Hommels et al.，2007）；二是突破式创新也有可能是技术体制中长时间的渐进式创新导致的（Smith et al.，2005）；三是目前的MLP分析都集中于理论角度，缺少方法结合实践的分析方式。

第二节　技术生态位的网络结构

为了将技术生态位本身的概念和传统的创新体系进行区分，包含技术生态位的社会经济结构经常结合TIS的概念进行整体分析。技术生态位的网络结构是指在技术生态位视角下TIS呈现的网络形态的结构。本节内容借助TIS的概念描述这种网络形态。

一、技术生态位视角下的技术创新系统

TIS的概念涌现于20世纪90年代出现的大量关于创新系统的文献中，根源于演化经济学和产业动态的研究（Freeman，1987；Lundvall et al.，1992；Nelson，1993），最初被定义为"某经济/产业领域中相互交互的个体所形成的网络，从事技术的产生、扩散和应用"（Carlsson and Stankiewicz，1991）。随着研究的不断发展，创新领域中至今出现了除创新系统（innovation system）和TIS外多种不同的概念，如技术系统（technological system，TS）、国家创新系统（national innovation system，NIS）、RIS和SSI。NIS和RIS在空间边界上有明确的限制，即分别关注于国家层面和区域层面的创新问题。但相当多的情况下，TS、TIS、SSI和创新系统的概念存在杂糅使用的情况。

从技术生态位、技术体制、渐进式创新、突破式创新等技术生态位理论角度可以对以上概念进行辨析（Markard and Truffer，2008）：首先，一个完整的TS不仅包括新技术产生的突破式创新，还包括技术在扩散和应用过程中的渐进式创新，即既有技术生态位也有技术体制，由此Geels（2004）将完整的TS描述为生产（创新）和应用两个子系统。与此类似，由于SSI关注于产业层面的创新问题，涉及整个产业的技术变迁过程，应既包括技术生态位也包括技术体制，即SSI中并不

严格区分突破式创新和渐进式创新，也有创新和应用两个方面。而若系统强调“创新”，如 TIS，则系统所关注的问题必侧重于 TS 的突破式创新方面而非渐进式创新方面。TIS 在此种辨析中应具有以下几个特点：一是关注系统的创新功能（Edquist，2005）；二是特殊的技术（或产品领域）位于系统的核心位置（Hekkert et al.，2007；Bergek et al.，2008a）；三是系统中的行动者、制度和网络三要素必须对创新过程起支持作用（有阻碍作用的并不能构成系统的结构）。由此，Markard 和 Truffer（2008）对 TIS 的定义便限制至“从事新技术的产生、扩散和使用”。

尽管一些学者，如 Binz 等（2014）认为 Markard 和 Truffer（2008）对 TIS 的定义过于严苛，但该定义限定了 TIS 的范围，将其和其他概念严格区分，并凸显了 TIS 关注于新技术创新问题的事实。换言之，TIS 是基于技术生态位的发展而产生的，开始于新技术形成阶段的某一时刻而结束于成长阶段的某一时刻，并不能如 SSI 一样处于持续不断的发展中。一个 TIS 可以跨越好几个 SSI，即系统中可以存在多个属于不同产业领域的技术生态位。虽然技术生态位中的新技术仍位于保护之中，但一个完整的 TIS 仍然如 Geels（2004）所述，必须包括生产和应用两个领域，因为新技术只有经过市场的承认才具有真正的价值，这也是衡量技术创新的指标经常使用“专利使用量”而非“专利申请量”的原因。该观点在技术生态位实证研究中得到了有力支撑（Lopolito et al.，2011a）。

二、技术生态位视角下的结构要素

一个完整的创新系统至少包括三种重要的结构要素，即整个供应链中的行动者、网络及制度，而 TIS 由于更关注新技术创新问题，一些学者（Surrs and Hekkert，2009；Hellsmark and Jacobsson，2009）在研究中提出这种系统还应包括技术要素。尽管部分研究对 TIS 的界定未将技术列为结构要素，但该要素仍然以知识形态嵌入行动者和系统产出中，并体现在 TIS 的系统目标与系统功能模块里。在技术生态位视角下，TIS 同时也暗含了一种发展过程，整个系统处于动态的新技术形成阶段中。由此 TIS 的结构需从要素结合中的结构形成过程开始分析。

（一）行动者

行动者是一些拥有不同创新策略控制不同资源的个体，但它们以对技术相同的期望而连接，即前文提到的愿景机制。创新价值链上的企业和技术创新相关的一些组织构成了 TIS 中的行动者。当行动者开始从事特定新技术的开发时，即代表进入了技术生态位的 TIS。通常技术生态位视角下典型 TIS 的行动者将包括企业、企业部门、政府和非政府中介、大学、研究机构、风投机构、协会等。随着TIS的不断演化，技术生态位中的受保护技术将进入生产过程，此时将由简到繁从创新价值链演化至创新产品供应链。供应链上的企业将成为TIS中的重要行动者。当涉及供应链时，TIS将包括多个产业部门，即跨越多种SSI（Hellsmark，2010）。例如，新能源汽车的TIS就涉及化工（动力电源）、钢铁（车身）、橡胶（轮胎）、仪器（表盘）、皮革（车座）等多个部门。但值得注意的是，如Markard和Truffer（2008）在概念辨析中提出，这种TIS并不包括所涉及的SSI整体，以锂电池为动力电源的新能源汽车为例，尽管涉及锂电池的SSI，但锂电池SSI除包括新能源汽车的动力电源部分外，还包括手机电池等其他应用领域。因此，技术生态位视角下TIS的行动者在系统演化的过程中将逐渐涉及各种产业部门，而非单一领域。行动者是TIS中的有形结构要素。

（二）网络

随着技术生态位的发展，行动者大量进入TIS。这些行动者构成一个网络状态的“创新价值链”，彼此之间具有不同的社会分工任务，最终形成TIS的网络形态。Jacobsson和Bergek（2011）将TIS的网络关系分为三种，即社会网络、政策网络和学习网络。其中学习网络最为重要，既包括供应商—用户的供应链（Lopolito et al.，2011b），也包括产学研的合作（Ankrah，2015），是众多TIS和技术生态位的学者集中研究的领域，有时也以知识流动网络的形态被提及（Guan et al.，2016）。在技术生态位的TIS中，社会网络和政策网络的重要性要高于成熟的技术系统，因为技术生态位仍然处于受保护状态，而保护的过程将主要构成政策网络，技术生态位逐渐发展并替代技术体制的过程将伴随社会网络的出现。值得一提的是，由于新技术产生后形成的网络较简单，处于向复杂形态过渡的阶段，属于成长期，技术生态位视角下的TIS网络聚集性并不如发展中的TS网络聚集性高，而二者从网络形态方面而言又不如成熟的TS聚集性高。由此可推断，技术生态位的TIS逐渐从简单向复杂结构演化，当能够替代已有的技术体制时，新技术产品将产业化，以TS的形态发展至成熟，其网络形态也经历了从简单至复杂的过程。其网络节点和连接将在TIS的演化中产生很大变化。成熟的TS可呈现小世界网络属性（Bento and Fontes，2015），但技术生态位的TIS网络属性尚未得到进一步分析。在TIS结构的逐渐成熟过程中，正式网络起到了至关重要的作用，不仅产生新知识，还能够创造和形成支持性的系统资源，如特定技术的R&D项目（Musiolik et al.，2012）。技术生态位的TIS网络之所以能够完成不同的系统任务，是因为其所建立的系统资源。

技术生态位视角下的TIS网络要素同时包含了一种“TIS空间”的观点。Carlsson（1997）的研究曾经假设任何经济体的技术机会都是没有限制的，且在全球而言技术可能性是没有边界的。该假设在有些研究中被质疑（Coenen and Benneworth，2012）。一方面，随着全球竞争程度的加剧，TIS 面临的资源是有限的，经济体需要在有限性的前提下平衡资源以达到最大的创新产出；另一方面，知识的隐性维度（Nonaka et al.，2000）决定了新技术产生的知识流动条件较苛刻，由本地学习形式（Maskell and Malmberg，1999）、跨国公司的合作网络（Chaminade and Vang，2008）、国际贸易会议中的面对面交流（Bathelt and Schuldt，2008）等形式才能产生。即技术生态位视角下的 TIS 由于以上两个方面的限制，出现了“空间性”，该特性决定了 TIS 出现了趋于 RIS 的特征。Binz 等（2014）将这种 TIS 的空间性归为网络问题。由此可见，网络不仅是 TIS 的结构要素，还代表了有限资源下 TIS 的结构形态。换言之，技术生态位视角下的 TIS 呈现网络形态。

（三）制度

TIS 的制度是最难解释的一种要素。制度概念提出之初，由于其英文“institution”也可翻译为“公共机构”，许多学者将其与有形组织相混淆，与行动者的概念重复。为了辨析概念，一些研究也运用规则进行概念替换。在 TIS 中，技术生态位中新技术的发展情况与所处制度条件息息相关，系统的内部环境由制度决定。对于同一类 TIS 而言，地区间制度差异很大程度带来不同的技术生态位发展结果，这也就是为什么我国南方地区对于新技术的接受程度普遍比北方地区更高。制度是行动的协调化和结构化，具体而言，它的三大支柱来源于认知、标准和管制（Scott，1995）：认知制度组成了现实的本质，也构成了意义和观念的框架，行动者将认知规则当作理所当然，如信仰、知识体系、语言等；标准制度被内在化于社会化进程中，是一种社会职责，具有标准化的压力（如“羞愧”），价值观、规范、角色期望、权力系统、职责、行为准则等都属于标准制度范围；管制制度是指明确的、正式的规则，能够约束行为和控制交互活动，即“游戏的规定”，如正式规则、法律、处罚、激励措施、报酬、支配结构、拟定标准和流程，制度经济学家 Hodgson（1998）认为该类制度更为重要。

由于制度概念的抽象性，一些学者尽管同意 Geels（2004）基于制度理论所提出的观点，即制度是 TIS 中不可或缺的要素，但在实际案例分析中的应用并不理想，或完全回避该类要素。近年来，随着研究方法的多样化和研究内容的深入，一些研究开始将制度要素作为重要的系统内容。例如，Blum 等（2015）在对老挝的远程小型电网 TIS 进行实地考察后，从国际层面、国家层面和地区层面对以上三种制度进行深入分析，包括对该新兴技术的直接和非直接政策、其他国家的支持，以及老挝的共产主义思想、平等主张、集体主义价值，还分析了一些障碍机制，如官僚主义、繁杂的手续、高腐败率、低教育水平和 80 种方言。TIS 的关键特征就是其制度的内生性，由系统中的活动产生；至于外生的制度，虽然对 TIS 的稳定性至关重要，但由于其非直接影响创新过程的特点，某种程度上独立于系统活动之外（Markard and Truffer，2008）。

制度要素在系统中的地位极为特殊，它更多作用于 TIS 中技术生态位的发展过程中，其对新技术扩散的正向或负向干预将最终影响中观层面上技术体制的形成，决定 TIS 是否向成熟的技术系统演化。

图 3-1 为技术生态位视角下 TIS 的结构要素关系示意图。TIS 中的行动者包括属于不同 SSI 的企业，也包括不属于任何 SSI 的机构（大学、研究机构、政府等），合作与供应链关系将行动者纳入同一网络，而 TIS 中的创新活动又产生了内生的制度。值得一提的是，图 3-1 中的行动者拥有最多的网络关系，是网络中最重要的核心主体，能够主导整个系统的演化（Fu et al.，2016）。

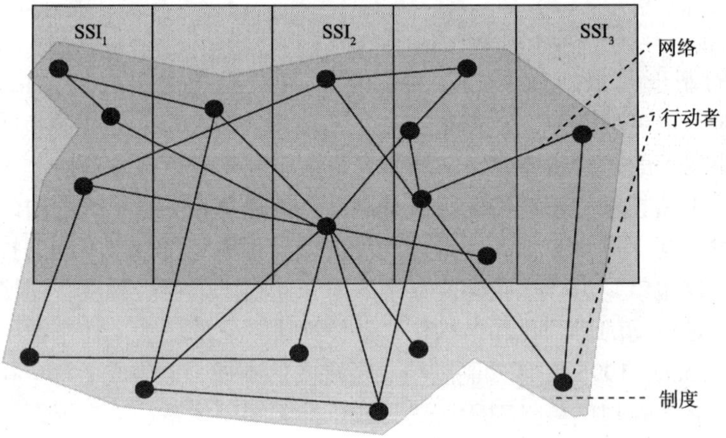

图 3-1　技术生态位视角下 TIS 的结构要素关系示意图

三、基于技术创新系统的技术生态位网络描述

TIS 的结构在很多文献中均有讨论，而国内学者的研究居多，尤其是关于微观层面的企业 TIS 结构，其基本观点是陈劲（1999）所提出的企业创新系统框架，包括企业家精神、政府、研究与发展体系、技术培训和企业技术创新。21 世纪之后，当新兴技术的创新问题成为研究热点后，TIS 的研究更加集中于在多层面上进行分析，尤其是关注生态位中技术与中观、宏观的对接，即出现了社会—技术系统的分析。Geels（2004；2005a；2011）、Geels 和 Schot（2007）的研究体系系统地描绘了这种 TIS 结构，同时突破了以往研究集中于创新涌现的“生产”端的桎梏，提出 TIS 在微观的技术生态位层面也应包括创新“应用”端的观点。图 3-2 就是结合了

TIS的结构要素和技术生态位三层次的网络结构示意图，反映了网络形态基础上宏观—中观—微观之间的关系及技术生态位视角下TIS在体制和社会—技术景观层面的动态变迁过程。

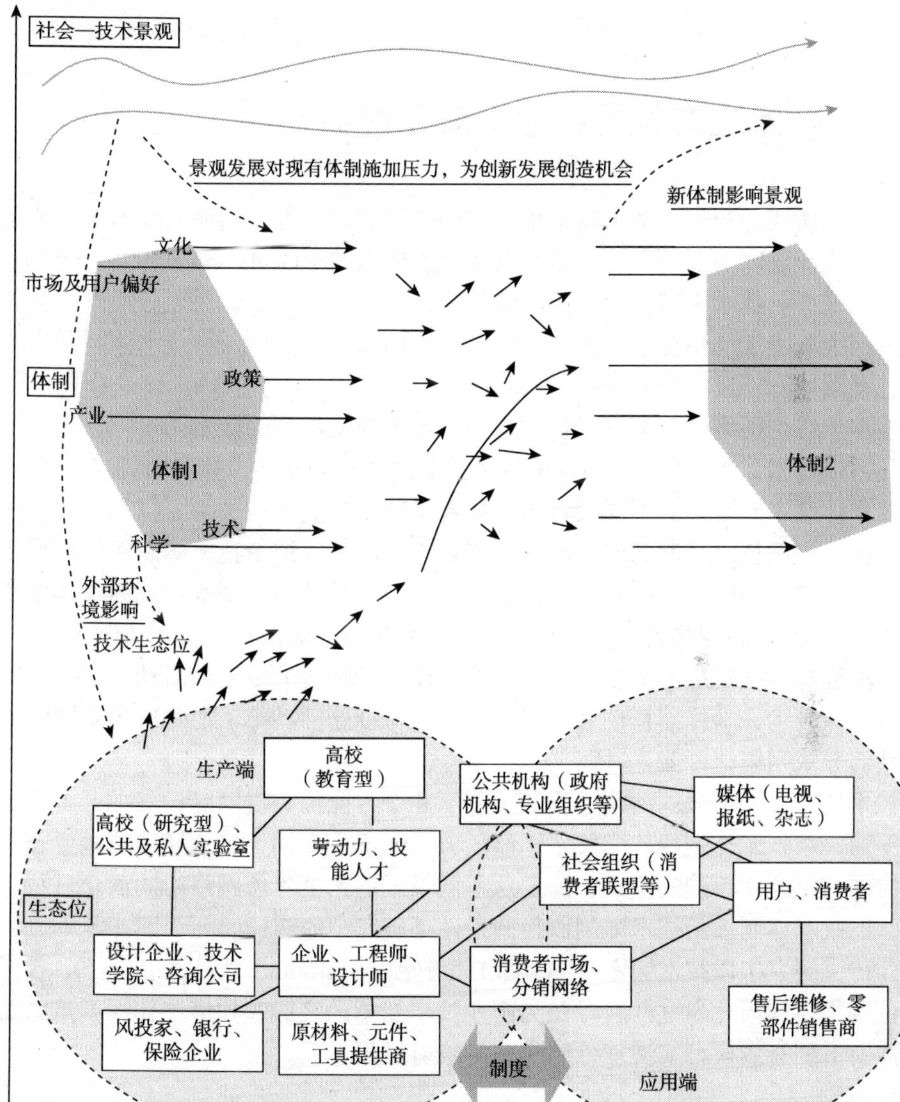

图3-2　技术生态位视角下TIS结构示意图

根据Geels（2004；2005a；2011）、Geels和Schot（2007）整理

┈➤控制和影响　➝技术生态位的涌现

第三节　技术生态位网络协同演化的内涵

一、技术生态位网络协同演化的界定

如前文所述，TIS 是基于技术生态位的发展而产生的。然而，技术生态位网络协同演化却是以中观层面技术体制的变化为标志的（Geels and Schot，2007），或称技术变迁。技术生态位网络协同演化分析的实质就在于，在充分考虑行动者的类型与关联程度的情况下，描绘从一种技术体制网络到另一种技术体制网络的变迁，并阐述变迁过程中的一些关键问题。

技术生态位网络协同演化过程的描述需考虑前文提到的众多因素：首先，协同演化需以技术体制为单位，涉及旧技术体制的消亡和新技术体制的替代，但是，新旧技术体制中同时拥有不同数量的行动者（网络节点）构成新旧技术体制的网络；其次，当旧技术体制的网络连接和节点逐渐消失，被新技术体制网络取代之时，三层结构中的中观层面发生变化，能够对宏观的社会—技术景观的整体变革做出贡献；最后，技术生态位网络协同演化过程虽以中观层面的技术体制为标志，其演化过程却以微观层面的行动者为单位，通过行动者的一系列活动（旧体制行动者放弃该技术，新体制行动者出现并持续进行创新活动等）消除或建立网络连接，从而导致网络协同演化过程。

技术生态位网络协同演化过程涉及如下几个方面的关键问题：其一，各产业情况不同，新技术体制取代旧技术体制的方式也不尽相同，这就导致技术生态位网络协同演化存在不同的模式，需要从不同模式的角度考虑网络协同演化过程；其二，旧技术体制被新技术体制取代的条件是研究中的瓶颈问题，即 TIS 的临界情况，传统研究中以技术锁定（lock-in）和解锁（lock-out）为代表；其三，技术生态位网络协同演化研究的目标是为产业技术变革的实践起到借鉴作用，这就意味着需要借助有效模型实现理论到实践的映射过程。

二、技术生态位网络协同演化的复杂特性

技术生态位网络协同演化系统可看作一个复杂系统（Lopolito et al.，2013），即技术生态位下的网络协同演化过程具有复杂特性。这种复杂特性来源于两个方

面：其一为技术生态位的微观—中观—宏观三层结构，该结构自下而上地体现了协同演化的简单到复杂过程，与美国圣塔菲研究所的“涌现”复杂科学旗帜相一致，且三层之间的交互关系使得技术轨道得以形成；其二为技术生态位发展中的观点趋同、学习试验和网络形成三个内部过程，网络形态使得协同演化呈现复杂网络特征，而技术生态位视角又使得系统演化并未到达稳定的复杂网络阶段。技术生态位视角下网络的协同演化过程存在以下几点复杂特性。

（一）适应性

社会变迁的技术系统具有典型的适应性。摆脱了新古典经济学的“理性人”假设，有限理性假设认为与最优不同，满意才是基本的行为目的。由此在知识理性和有限资源的情况下，适应是其行为模式（袭希和孙冰，2015）。技术生态位视角下网络的行动者受多种要素的影响，为了适应社会—技术景观的变化而不断与内外体制进行交互作用。适应的过程也是彼此促进和制约的过程，在各方面因素的作用下通过学习与试验以期达到比前一个状态更满意的状态，在技术生态位中获得更多的创新收益，是一种马尔可夫过程。当暴露于环境压力下时，系统的敏感性使其在适应中得以演化（Pant et al.，2015）。

（二）涌现性

少数规则和规律能够产生错综复杂的系统，而该系统以不断变化的形式引起永恒的新奇和新的涌现现象（Holland，1992）。“emergent”在几乎所有的关于技术生态位和协同演化的文献中被反复提及，但均被翻译成“发展”或“演化”。事实上，这些文献都蕴含了一个共同观点，即在技术生态位的视角下，系统的发展与演化过程正是体现了一种典型的涌现特征。在前文所述的三层结构中，观点趋同导致技术生态位的大量产生与多次的学习试验过程，引起技术体制的变革，而大量相同技术体制的同方向变化在宏观表现为新的社会—技术景观，这种由简单到复杂的自下而上的关系即涌现（当然三层结构之间的交互并不仅仅局限于涌现）（Sun et al.，2012）。

（三）自组织网络特性

协同演化系统是一个含有大量行动者的系统，在无任何内部过程的前提下，这种系统也是一个混沌系统。技术生态位中的行动者在观点趋同和试验学习等内部过程的作用下产生合作关系，行动者由此互相交换知识。知识流动形成一种规律运动，随机且有目的地识别合作伙伴。在这种情况下，有规则的网络结构围绕持续的交互式学习而自发地聚集形成（Rycroft-Malone, 2007; Gilbert et al., 2007）。技术生态位网络协同演化暗含了从无到有的一个有机过程，该过程中就存在着明显自组织模式的创新网络，也称为“强网络”（Rycroft-Malone，2007）。

（四）层次网络模块特性

如前文所述，一个 TIS 可能横跨很多 SSI。这就导致系统中存在很多组功能上连接在一起的、共同完成一个相对独立创新的行动者。这些行动者有共同的观点趋同方向，大量的试验与学习将它们连接在一个模块（或可成为 TIS 中的 SSI）内，此为技术生态位网络协同演化的模块化特征。另外，由于三层结构的设定，这些内部关联密集的小规模行动者模块之间松散关联，从而形成更大规模的拓扑模块，即技术体制网络（根据 Markard 的研究体系，技术体制网络也由于 SSI 可划分为不同模块），在涌现特征的作用下，最终体现在宏观的社会—技术景观网络中，这种按照层次组织起来的网络即层次网络。因此，技术生态位网络协同演化体现出典型的层次网络模块特征。

三、技术生态位网络协同演化的研究模型及方法

荷兰 E-cis 研究中心的 Zeppini 等（2014）对技术协同演化的临界模型进行了整理和分析，从物理、生物、经济、社会等角度总结了七种模型，并提出这七种模型“均描述同一个问题（即在什么条件下大批的行动者会从一种技术转向另一种技术）”，只不过是“从不同的角度”。该七个模型包括：生物学角度的超级选择（hyperselection）模型和协同演化（co-evolution）模型；经济学角度的采用（adoption）模型、信息流（informational cascades）模型和协调博弈（coordination game）模型；物理学角度的渗透（percolation）模型和社会学角度的社会影响（social influence）模型。

随着模型研究方法的深入，英国 Surrey 大学的 SIMIAN 项目于 2012 年提出了运用智能体模型仿真的分析方法研究突破性创新的框架，为技术变迁和技术生态位的仿真研究提供了方法论基础。Lopolito 等（2013）也在继创造性地运用三种机制结合网络理论对技术生态位进行实证研究后，突破已有定性的技术生态位研究范式，基于实证研究的理论基础构建了技术生态位的智能体仿真模型。通过为愿景、力量和知识机制赋予仿真规则，该模型设定了一系列的仿真参数（如初始生态位行动者的期望水平、初始力量水平、行动者干中学的知识积累程度等），

运用 NetLogo 4.1 平台实现仿真设计，运用 R 语言进行数据统计，由此观测技术生态位的演化过程与结果。值得一提的是，该模型加入补贴和传播者数量两个参数，用来分析政策干预对 TIS 的影响程度。由此，Lopolito 等（2013）的智能体模型仿真大大推进了技术生态位视角下的相关演化问题研究。

第四节　本章小结

技术生态位是近年来技术创新领域涌现的新概念和新视角。本章从技术生态位的概念入手，整理了学者关于技术生态位的三个内部过程、三个发展机制和三层结构；梳理了关于技术生态位和 TIS 的关系，提出 TIS 是基于技术生态位的发展而产生的，并描述了行动者、网络和制度三个结构要素。本章阐述了技术生态位的 TIS 与网络分析相结合的必要性。同时，本章基于理论基础对本书所涉及的核心问题——技术生态位网络协同演化进行了界定，通过三层结构和三个内部过程总结了适应性、涌现性、自组织网络特性三种复杂特性；简述了不同角度的七种分析模型，并描述 Lopolito 等（2013）研究体系中关于技术生态位的智能体模型仿真的重要进展。

第四章 技术生态位网络协同演化模式的划分

如第三章所述，技术生态位视角下 TIS 呈网络形态，其协同演化过程就是指技术从生态位创新逐渐发展成熟而成为新的稳定的技术体制的一种变迁，因此，协同演化是一种技术体制到另一种技术体制的变化。这种变迁涉及宏观、中观、微观三个层面，一些学者对变迁具体作用的组织层次提出了质疑，因为制度理论提出的组织层级包括：个体（individual）、组织子系统（organizational subsystem）、组织（organization）、组织种群（organizational population）、组织群体（organizational field）、社会（society）和世界系统（world system）。但 Geels 和 Schot（2007）提出协同演化应"坐落"于组织群体层面，包括主要的供应商、资源和产品的消费者、管理机构及其他生产相似产品的机构，因此研究的重点并不仅仅包括竞争中的企业、组织中交互的网络，还应包括所有相关的行动者。这种观点与第三章中结构分析相一致，即一个 TIS 并不仅仅包括一种产品或一种技术，而是跨多个 SSI 又包括其他相关组织的一个较复杂系统。在这种情境下，系统中的创新不仅包括渐进式创新和突变式创新，还包括一系列的系统创新和技术—经济范式创新。

Berkhout 等（2004）对这种协同演化进行过分类，根据演化资源来自内部还是外部、演化协调性是否高，将演化过程分为轨道的重新定位（内部资源、低协调性）、内生的革新（内部资源、高协调性）、涌现的转变（外部资源、低协调性）和有目的性的变迁（外部资源、高协调性）。但 Geels 和 Schot（2007）认为没有一种演化模式是能够被计划且从"外部"能够进行协调的，因此他们将演化过程分为转变模式、去结盟与再结盟模式、技术替代模式和重组模式。但这种分类对分类依据及具体内容的描述尚不清楚，且划分依据及模式转化发展路径与 Walrave 和 Raven（2016）的论述相矛盾。本章内容尝试为技术生态位视角下的协同演化模式赋予新的划分维度，并重新阐释几种模式的深刻内涵，为演化模式的路径检验提供可靠依据。

第一节　基于 MLP 的演化模式维度分析

Geels 和 Schot（2007）从 MLP 的角度出发，根据外界压力的种类、技术生态位发展情况对演化模式进行分类。之后的 Walrave 和 Raven（2016）虽认同这种分类模式，但是其划分依据是 TIS 的成熟程度与技术制度的惯力大小。本书将综合这两种分类依据，根据技术生态位理论中的 MLP 提出演化模式的压力维度、惯力维度和动力维度。

一、压力维度：社会—技术景观的环境变革种类

从宏观角度而言，历史学、人类学、艺术学和哲学都将技术看作社会“物质文化”的一部分，Rip 和 Kemp（1998）在最初的关于 SNM 的文章中即以一系列技术变革理论为基础提出该概念，即“一种我们周遭的某事物，我们能够经过（经历），或我们也是其中的一部分”。与中观层面的技术制度和微观层面的技术生态位不同的是，宏观层面的社会—技术景观有独特的结构，以不同的方式影响着技术创新活动。社会—技术景观并不能决定活动，但能够提供一种深层结构的“渐变力”，使得一些活动的发生要比其他相对容易一些。许多技术创新文献（尤其是国内的文献）均强调了技术创新的宏观环境，但对这种环境分析缺乏翔实的理论支撑，仅对其进行简单的分类，如科技环境、人文环境、政策环境等。

van Driel 和 Schot（2005）将这种宏观环境，即社会—技术景观分为三种：一是不变的或变化很慢的要素，如天气；二是长期变化，如 19 世纪末德国的工业化；三是快速的外部动荡，如战争或油价的波动。但这种分类过于模糊，并不适用于具体研究。后来，Geels 和 Schot（2007）采用了 Suarez 和 Oliva（2005）的分类，在频率、振幅、速度、范围四个维度基础上将环境面临的变革种类划分为五类（表 4-1）。

表4-1　环境变革属性及分类

频率	振幅	速度	范围	环境变革
低	低	低	低	常规（regular）型
高	低	高	低	超动荡（hyperturbulence）型
低	高	高	低	特定震动（specific shock）型
低	高	低	低	破坏（disruptive）型
低	高	高	高	崩溃（avalanche）型

常规型变革指环境面临的是一种低密度的渐进式变革。超动荡型变革是指某一事件下的高频高速变化，但该变革类型并不适用于 TIS 的演化，因此在对模式分类时忽略。特定震动型变革是指在范围上较窄，然而变革较快且密度较高，但有可能很快消散或消失，回到初始阶段或导致一种结构性的逐步变革。破坏型变革发生并不频繁，发展缓慢但对某一特定时间的影响密度较高。崩溃型变革发生并不频繁，但密度高、速度快，可能同时影响环境的很多方面，并能够导致环境的永久变革。

二、惯力维度：现有技术体制的稳定程度

MLP 中的技术体制概念与 Nelson 和 Winter（1982）的搜寻设计的技巧及 Malerba 和 Orsenigo（1993）研究中为了解释 SSI 不同模式而提出的知识相关特征均不完全一样。该概念同样来自 Rip 和 Kemp（1998）的研究体系，指技术系统中由科学知识、工程实践、生产过程技术、产品特征、技术与程序、制度和基础设施组成的复杂系统中的一系列规则。这个概念强调了技术体制的制度特征（与第三章中的结构要素）是一种集体涌现的表征，且不能够以意志为转移（Kemp et al.，2001）。事实上，如 Markard 和 Truffer（2008）所指出的，技术体制局限在一系列的规则中，这些规则以生产过程技术、产品特征、工程实践、搜寻技巧和用户实践的形式进行了具体化。Geels（2002）进一步说明，技术体制不仅涉及工程师、科学家，还包括商人、终端用户、政策制定者、社会利益群体和其他组织，同样都遵循体制中的规则和实践。由此，遵循规则的技术与产品、执行管理的行动者都是组成体制的要素。在这一解释下，技术体制如图 3-2 所示分为文化、政策、技术、产业、科学、市场及用户偏好六个方面。

尽管有一定区别，技术体制概念与 Nelson 和 Winter（1982）体系中的技术轨道有相似之处，尤其在现有研究中（以欧洲的研究为代表）产业案例方面更是与傅家骥等（2003）所定义的产业技术轨道概念相一致，即同行企业不得不采取的近乎一致的技术选择方法、核心技术路线、产品主导设计模式等。这也就引出了关于技术体制的“惯性”问题：稳定的现有技术体制是否能够促进新技术的发展？

产业实践、现有研究，甚至是常识都给出了否定的答案。如果现有技术体制非常稳定，则微观层面上的新体制技术（技术生态位）发展会遇到阻碍，该类研究并不仅仅局限于 TIS、SNM、MLP 的研究中，其关键词还包括锁定和解锁，近年来属于可持续性发展的重要议题也被许多技术创新文献列入研究范畴。具体而言，目前能源的碳依赖就是一种十分稳定的技术体制，其技术基础、终端用户、企业的各个方面都发展得非常稳固，盘根错节的关系结构使得该体制几乎无法被

动摇，一些新的能源（风能、水能、生物质能）尽管受到各方政策的保护，短时间内仍然不可能取代碳能源的技术体制。因此，Geels（2002）提出，使现有技术体制动摇，才能够给新的技术提供发展机会。

值得一提的是，Verbong 和 Geels（2010）对该命题提出了部分质疑，在其对印度生物质气化能源的分析中得到一个值得深思的结论：不稳定及高度动态的体制同样为技术生态位的发展提供了阻碍作用，因为这种情况下政府的政策支撑是不明确的，产业组织的发展也是无方向的。因此，一定程度的技术体制稳定性反而对技术生态位在中观层面体制上的突破具有促进作用。但该结论仍需翔实的论据进行证明，以致后期 Walrave 和 Raven（2016）的研究依然采用了完全否定的观点。

总体而言，中观层面上，现有的技术体制稳定性对整体技术的演化能够产生惯性作用，稳定程度决定了惯性作用的大小。

三、动力维度：技术生态位的发展程度

Geels（2011）认为技术生态位是“受保护的空间”，如研发实验室、受资助项目或者用户具有特殊需求和愿意支持的新生创新的市场利基。生态位中的行动者（企业家、创新企业）致力于与现有技术体制不同的突破性创新，并希望其创新的技术能够在体制中进行应用，甚至是替代。

然而，这个过程并不容易，技术生态位很有可能由于以下几个方面的问题而发展得并不理想：①技术生态位自身的问题，任何一种突破型创新的过程都异常艰辛，很大一部分的创新项目可能根本无法达到预期目的，原因可能出自技术研发的方向，也可能与创新配套建设不完善有关；②与现有技术体制不匹配，缺乏合适的基础建设、规则制度或者消费者实践。生态位对于演化过程是至关重要的，因为尽管技术体制代表了演化，但演化的发生单位是微观层面的技术生态位，或可称为系统变革的“种子”。

Geels 和 Schot（2007）的分类中反复提到生态位发展是否“充分发展”，但并未明确解释何为“充分发展”。Walrave 和 Raven（2016）将该衡量依据变为“景观压力发生时系统是否已经发展起来”。由此可见，技术生态位是否充分发展代表了整体演化的发展程度，与第三章观点一致。但如何衡量技术生态位“发展”或整体系统的发展仍是没有明确解决的问题。

对于“发展”指标的量化问题，本书认为可从网络各参数的变化角度进行衡量。Walrave 和 Raven（2016）提出技术生态位的保护应包括三个过程：防御（shielding）、培育（nurturing）和授权（empowerment）。其中，培育可解释前

期文献中的“发展”概念。培育过程包括三大要素：期望、社会网络（这里主要指系统成员参与情况）及学习过程。如第三章所述，Lopolito 等（2011a）将技术生态位发展转化为愿景、力量、知识三种机制，运用网络参数将其量化，用以衡量技术生态位的发展。除社会网络分析方法外，一些复杂网络参数也能够用来衡量技术生态位的发展情况，如中心性、平均最短路径等，该问题将在第五章进行分析。

第二节　技术生态位网络协同演化模式的分类

Geels 和 Schot（2007）的研究将演化模式分为四种。但如前所述，该分类尽管在 Walrave 和 Raven（2016）的研究中被继续应用，但分类依据发生了变化。本部分将在本章第一节的 MLP 分类依据上对该四种分类（表 4-2）进行重新阐述，并结合国内外产业实践进行说明。

表4-2　基于MLP维度的演化模式分类

模式类型	维度			TIS 网络形态
	压力	惯力	动力	
转变模式	破坏型	高	不成熟	0 期网络，无典型的成熟网络的复杂特征
去结盟与再结盟模式	崩溃型	低	不成熟	胚胎期网络，无典型的成熟网络的复杂特征，存在路径依赖
技术替代模式	多种类型	高	成熟	原型期网络，初步具有典型的成熟网络的复杂特征
重组模式	不限定	低	成熟	成熟期网络，具有典型的成熟网络的复杂特征

一、转变模式

转变模式的条件是当社会—技术景观维度产生温和的压力作用，此时技术生态位中的创新发展并不成熟，且体制惯力较高，因为体制行动者通常的做法是通过增加他们在主导社会—技术设计方面的创新努力来对这些景观压力进行回应，而不是寻求一种技术体制外的创新，当他们能够寻求这种创新时，其态度也经常是“缓慢而犹豫”的。景观维度上的压力尽管被称为“破坏型”，但实际由于其速度较低，影响并不大，故初始的变革较小，导致了温和的压力作用。

本书认为，转变模式是一种常见的、温和的，甚至是难以发现的演化，这种演化模式很容易由于景观压力的变化而被其他类型的模式取代。转变模式几乎发生在所有的产业中，换言之，几乎所有的技术都在经历一种转变模式的演化。原因在于：首先，景观维度上温和的压力几乎随时随地都在发生，经济、人文等环境都随着社会的逐渐发展而随时随地的演化，消费者的观念和技术应用习惯也随着这种缓慢的改变而产生了一种类似“温水煮青蛙”式的变革。其次，由于技术体制上的惯力较高，而技术生态位发展又不成熟，突破型创新很难与技术体制环境相适应，即无法找到“匹配点”。在此情况下，宏观层面的压力温和，而微观层面的动力又较不成熟，二者作用在中观层面的力量较小，加之较高的惯力，新的技术体制似乎很难形成。

由此，转变模式能够顺利进行演化的一个必要条件是外力的作用。因为在这种温和演化的系统内部，行动者通常无法预知未来的技术发展方向，是一种所谓“不识庐山真面目”的情况。此时，外部行动者的态度和做法才能够使系统内的技术体制完成适应性的转变，他们将外部的景观压力转化为技术的预期方向，并关注消极的外部效应。外部的科学家或工程师拥有专业的知识，使得他们对现有技术体制的技术细节进行评判，并提出创新行动的其他选择。但值得注意的是，外部的压力和评判并不能引导体制行动者进行迅速的改变行动，而通常会引起诸如冲突、争论或者权利抗争等行为。此时，协同演化过程中制度的动态变化将起到极大的作用，能够决定整体系统演化的走向，体制行动者也将利用他们的适应性能力来重新定位他们的发展路线。于是，在这种模式中，新的技术体制从旧的技术体制中孕育而生，这种转变通常具有积累性、调整性等特征。

从技术生态位网络形态而言，转变模式下的网络显然是一种极不成熟的结构（尤其在初始阶段），并不属于 Lopolito 等（2011b）的研究体系中的任一种阶段，因为生态位层面的行动者动力过于不成熟，尚未形成对于同一种技术体制的“共同期望”，愿景机制并未出现，也没有典型的成熟网络特征（本书称其为 0 期）。但随着外部行动者作用的逐渐增强，演化中的制度产生相应的变化，催发体制行动者接受生态位创新的行动，能够产生愿景机制，进入胚胎期。从复杂网络的视角而言，本书认为在转变模式下的技术生态位网络应不具有无标度网络特征和小世界网络特征，但在外部行动者的作用下会出现涌现特征。

假设 4-1：转变模式下，网络协同演化初期属于技术生态位发展的 0 期，无典型的成熟网络特征，未出现无标度网络形态和小世界网络形态，但具有涌现特征。

二、去结盟与再结盟模式

当社会—技术景观产生了崩溃型压力作用时，环境压力使得技术体制问题逐渐增加，体制行动者对现有体制丧失信心，这就导致技术体制中的“去结盟”。突出的技术体制问题使得中观层面上的惯力变低。而此时如果技术生态位发展并不成熟，就为共生和竞争的生态位创新的涌现提供了发展空间，其竞争与合作的结果就将导致某一创新占据主导地位，而其他相应资源将配套进行供应与合作，形成“再结盟”局面。

在该种演化模式下，由于来自景观维度的压力是分散、巨大且突然的，技术体制将迅速受到影响，并且有可能“分崩离析”。现有的技术体制将经历重大的内部问题，崩溃、侵蚀甚至联盟被破坏。微观层面的行动者对现有技术体制丧失信心，突出表现在削减自身的 R&D 投资，这就为新技术体制的成长提供了机会。但此时技术生态位发展并不成熟，生态位创新是迷茫且无确定方向的，可能出现多种不同的新技术，对应不同的技术体制。协同演化中的制度也是不稳定且动态变化的，一切要素在去结盟之后都进入一种“百废待兴”的状态。

协同演化能否最终产生一种主导的技术体制，并最终进行再结盟，将出现以下两种情况：一是生态位创新是否能够得到市场的认可，占据市场利基，如著名的录像带 VHS（video home system，家庭录像系统）与 Beta 制式的世界大战；二是如同生物进化一样，是一种演化中的“历史的微小事件”（historical small events）所引起的路径依赖（Arthur，1989；袭希和孙冰，2015）。但无论哪种情况，均在演化的过程中被称为技术创新的锁定。这种再结盟的竞争与合作过程，在 Zeppini 等（2014）的研究中被划分为经济学角度的采用者模型，而这种突破混沌状态涌现出的某一种主导技术的“锁定”，则被称为技术的“临界质量”（critical mass）。

在演化的去结盟与再结盟模式下，技术生态位网络也呈现一种先崩塌后重建的形态。具体而言，其网络形态将比转变模式下的动态更复杂一些。例如，在愿景机制的表现方面，由于宏观层面的压力较大，在去结盟已经发生的前提下，其重建技术制式的愿景将更高，但该愿景并非在同一技术制式下发生。由此推断，技术生态位网络在该模式中将必然经历胚胎期阶段，而由于再结盟意味着新的主导技术的出现，相应的网络中心力量也会产生萌芽，因此在该模式形成的后期，将可能出现原型 I 期。从复杂网络结构而言，无标度网络和小世界网络仍不会出现，但路径依赖能够通过临界质量的产生而发生，涌现特征随之产生。

假设 4-2：去结盟与再结盟模式下，网络协同演化初期属于技术生态位发展的胚胎期，无典型的成熟网络特征，未出现无标度网络形态和小世界网络形态，但具有路径依赖和涌现特征。

三、技术替代模式

技术替代模式的发生条件是社会—技术景观层面出现了很多种压力，如特定震动型、崩溃型和破坏型，在宏观层面上就出现了很大的问题，但体制行动者却认为一般性的渐进型创新完全能够解决该问题，因此中观层面上仍存在很高的技术体制惯力。假设生态位的行动者已经创造出了相应的突破性创新，即技术生态位发展较成熟，此时产生技术替代。

与转变模式相似，由于体制行动者对新生技术体制往往认识不足，外部行动者和系统边缘的行动者往往对新的体制更先产生良好的预期和评判。由于景观层面上的干扰极大，多种压力同时发生，而技术生态位层面上的动力也非常成熟，此时在技术体制层面上尽管惯力重重，但生态位的行动者已经非常具有内部动能，他们能够有效运用这种机会，技术替代的机会非常大。创新扩散通常以"生态位积累"的形式出现，后期较容易形成积极的外部效应。

技术替代模式是一种常见的模式，由于这种模式经常伴随着原有技术体制中企业的消亡，创新研究的学者经常致力于这种模式的研究。当技术生态位中的创新在景观压力的作用下经过小试、中试、试销等过程进入市场时，一旦这种技术迎合了消费者的需求，在应用端得到了广泛认可且能够帮助整个系统摆脱来自景观层面的压力，一种新的市场利基得以迅速生成。但体制行动者仍然对这种技术体制采取敌对态度，他们增加创新投入来抵制新的技术体制带来的打击。一旦技术替代产生，中观的技术体制层面将产生撞击作用（knock-on effect），是对旧体制的一种迎面碰撞，影响较为广泛。因此，这种模式又是一种技术推动型创新，替代之后将连环发生一系列的协同演化过程，来配置整体技术的生产过程，对整个产业影响较大，真正完成替代过程需要一定时间。整体而言，技术替代就是新老技术主体之间的一场竞争。

在演化的技术替代模式下，新的技术体制网络的形态较为成熟，初始阶段已经产生了对新技术体制的共同愿景，且由于创新较稳定，力量机制也到达了一定程度，能够出现技术生态位网络的核心行动者，对整体网络的掌握情况较好。基本属于技术生态位发展的原型期。从复杂网络角度而言，生态位行动者之间应已形成无标度网络特征和小世界网络特征，凝聚子群能够初步显现，但整体网络并未出现巨元组网络（giant component network）特征，或呈现部分领域的巨元组网络特征。

假设 4-3：技术替代模式下，网络协同演化属于技术生态位发展的原型期，初步具有典型的成熟网络特征，出现无标度网络形态和小世界网络形态，显现凝聚子群特征，但并未出现整体巨元组网络。

四、重组模式

重组模式的发生并不限定在任一种景观压力下而产生，可能是常规型、破坏型、特定震动型或崩溃型的任意一种或几种。重组模式下，技术体制层面产生的惯力非常低，因为技术生态位层面上的突破型创新是和现有技术体制共生的，能够轻易被现有体制采用，作为体制结构的补充或部分结构的更换。这些补充或更换的采用是基于经济学角度考虑的，而协同演化中的制度是基本不变的。当其他条件不变时，这种模式仅是一种转变模式而已。但这种模式经常伴随更进一步的体制上的调整，因为新的生态位创新和旧体制总是有一个调整适应的过程。这样在系统的应用端就出现了一定的变化，技术体制也因此产生了变革，甚至是重大的、彻底的改变。

在重组模式下，新的技术体制是由旧技术体制孕育而生的。重组模式特指那些跨越了多种 SSI 的系统，这种系统中的技术实际由来自不同领域的多种技术组成，任一领域技术体制的突破型变化都可能导致系统中技术的调整与再适应，也就是一种重组过程。当体制行动者在重组过程中成功生存下来后，相应的系统架构，包括基础设施都应进行调整。

重组模式下在技术生态位层面的创新一定是比较成熟的。因为这种技术的改变通常来自其他各个领域，在本领域的应用已非常广泛，非成熟的创新无法辐射影响到其他领域的应用中。已成熟的创新对技术体制的影响也是必然发生的，并很大程度会影响到整体技术生产的供应链。不采用的结果很可能导致技术体制无法适应环境的发展，产生更大的技术体制变革，甚至进入去结盟过程。整体而言，由于技术生态位发展较为成熟且面临的技术体制惯力较低，整体演化过程较快。

在演化的重组模式下，技术生态位的网络结构十分成熟。技术生态位发展的共同愿景一定存在，且网络拥有的控制力量非常大，才能够产生较好的创新绩效。同时，学习与试验活动非常频繁，因为积极外部效应的产生才能够将创新结果扩散出去。整体网络应属于技术生态位发展的成熟期。从复杂网络角度而言，存在无标度网络形态和小世界网络形态，尽管参与到协同演化中的行动者数量较多，但巨元组网络也能够形成，能够显示凝聚子群特征。

假设 4-4：重组模式下，网络协同演化过程属于技术生态位发展的成熟期，具有典型的成熟网络特征，出现无标度网络形态和小世界网络形态，显现凝聚子群特征，出现巨元组网络。

第三节　本 章 小 结

本章在 Geels 和 Schot（2007）、Walrave 和 Raven（2016）的分类依据基础上，整理了二者之间研究的矛盾和缺陷，对协同演化模式进行了再阐述。本章将技术生态位网络系统演化模式的维度基于 MLP 划分为压力维度、惯力维度和动力维度，分别从维度方面对转变模式、去结盟与再结盟模式、技术替代模式和重组模式进行了描述。同时，本章创新地提出了四种模式在技术生态位网络演化形态上的假设，推断四种模式的网络形态从 0 期到胚胎期再到原型期最后到成熟期，而复杂网络则从不具有任何复杂特征发展到初步具有复杂特征，最后具有所有的典型的复杂网络特征。

关于四种模式在网络形态和复杂网络特征方面的假设，本书将在第五章至第十章分别进行智能体模型仿真的检验。

第二篇　仿　　真

第五章　技术生态位网络协同演化模式的仿真设计

目前，在技术生态位的演化研究中，无论从 TIS、技术生态位、技术变迁等任何角度，都缺乏相关的仿真资料。Lopolito 等（2013）运用 NetLogo 软件，从观点趋同、学习与试验、网络三个内部过程角度对技术生态位进行了智能体模型仿真设计。Walrave 和 Raven（2016）则运用系统动力学模型对技术生态位网络进行关系联动描述。但本书认为，智能体仿真模型采取了一种“自下而上”的思维方式，强调涌现的特征对上一层面的影响，并能够突出系统的适应性特点；系统动力学模型则相反，是“自上而下”的思维方式，其仿真模式的线性特征高于智能体模型仿真。因此，采用智能体仿真模型对技术生态位网络协同演化过程进行模拟，符合技术生态位的 MLP 视角，能够最大化地对网络形态进行观测和分析，是一种更优化的方式。本部分研究的仿真将在 Lopolito 等（2013）的模型基础上展开（简称 Lopolito 模型），对该模型的缺陷进行弥补，并根据第四章分析的四种模式加入不同的模型条件与网络参数。

第一节　技术生态位的 Lopolito 模型改进

以 MATISSE 项目为代表，许多学者先后讨论了智能体仿真模型在技术变迁模式研究中的可行性，并试图通过完善前人的力量模型，进一步合理地诠释技术变迁，包括初始框架的构建（Schilperoord et al.，2008）、仿真机制的理论依据（Bergman et al.，2008），以及初始参数的来源（Papachristos，2011），以求仿真模型能够正确表达技术变迁的动态过程，并能够具有较高的产业实践拟合性。经典的 Lopolito 模型就是在上述研究思路基础上构建而成的。由于 Lopolito 模型缺乏对生态位理论空间定位问题、景观环境问题、知识流动与网络能量溢出问题的解释，故加入对应程序描述和参数对 Lopolito 模型予以完善，进而实现对不同技术模式的仿真模拟。仿真实现的技术路线如图 5-1 所示。

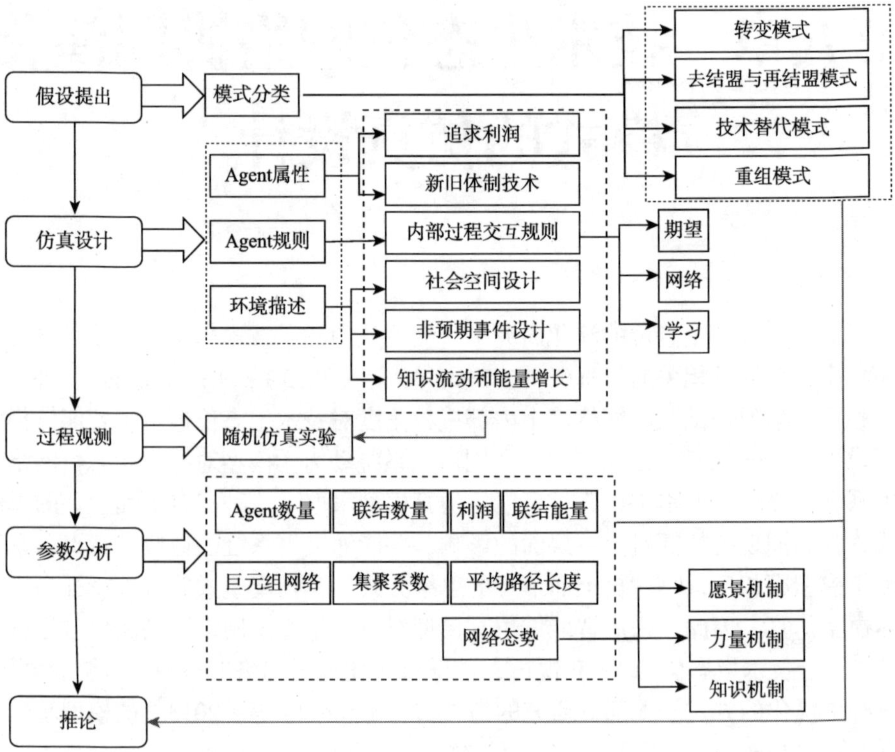

图 5-1　仿真实现的技术路线

本书对基础 Lopolito 模型的缺陷进行总结并做出如下几个方面的修正措施：①增加了关于企业的社会空间定位问题，使得企业之间的互动关系更加真实；②关于景观压力的仿真描述问题，实现四种模式分别的仿真表达；③解决知识流动和能量增长过快问题，将原模型的知识流动与能量增长表达更贴合产业实际。具体的改进措施将在后文详细分析。

一、Lopolito 模型的假设与初始条件

Lopolito 模型初始阶段界定了一系列的智能体 $I=\{1,2,3,\cdots,N\}$，$N<<\infty$。这些智能体代表了网络节点，也是系统中从事技术开发与生产的企业。为将新旧两种体制中的技术区分，本书称旧体制技术为体制技术，新体制技术为生态位技术。

为了简化模型以重点描述所研究问题，模型假设如下。

（1）只存在两种技术选择，其一为原有体制技术，其二为技术生态位中的创新技术。智能体或从事原有体制技术，或转向生态位技术。

（2）所有的智能体都追求利润的最大化，具有一定的理性，并且在复杂且具有风险的环境中进行生产与运营。

（3）智能体并不能事先知道不确定过程的收益效果。

（4）时间是离散的，t=0,1,2,…，模型中以步长（ticks）为代表。

模型的初始条件设定如下。

（1）所有企业均从事体制技术，但生态位技术潜在存在于系统中。

（2）从事体制技术的所有企业均存在于一个完全竞争市场中，即额外利润为 0。

$$\prod_{i,t} = R_{i,t} - C_{i,t} \tag{5-1}$$

其中，$R_{i,t}$ 和 $C_{i,t}$ 分别代表智能体 i 在 t 时刻的收益与成本。当智能体转而选择生态位技术时，利润有可能增加。生态位技术下利润的计算如下：

$$\prod_{i,t}^{n} = \begin{cases} R^n - C_{i,t}^n & \text{以概率}p\text{发生} \\ 0.5R^n - C_{i,t}^n & \text{以概率}1-p\text{发生} \end{cases} \tag{5-2}$$

其中，R^n 是从事生态位技术的收益（模型中是一个常数）；$C_{i,t}^n$ 是智能体 i 在 t 时刻从事生态位技术的成本；概率 p 是生态位技术生产所遇到的风险，来源于新技术知识的缺乏。

（3）企业均位于社会空间中（并不是地理空间），表现在仿真的“世界”中。同一瓦片（patch）可能同时被多个企业占据，也可能没有任何企业。

（4）企业在仿真世界中存在交互作用，社会距离较近的企业（在同一个瓦片上）将建立交互关系，每一次交互关系都将建立一条连接。企业能够在“邻居”的八个瓦片中任意移动。为了保证仿真视图的可视性（即能够清晰地观察网络结构），本书将其简化为：企业以一定的概率（为保证仿真结果与原模型的一致性，仿真设定为 5%）与其他任意企业产生交互并产生连接。

基础 Lopolito 模型中对于企业的社会空间描述较少，仅将企业定位于空间中，并规定空间同一位置上的企业能够产生交互。原因应该在于企业社会空间的重叠能够代表企业在资源占有方面的重叠。但对于该问题，基础仿真模型中并没有对企业的分布进行进一步的描述，仅随机将其散布于空间中，并规定企业能够进行移动。模型为了网络的可视性将该部分进行了简化。另外，企业与企业间的合作包括一般性的研发合作与生产合作（即供应链合作），换言之，并不是所有企业都能够与另外任一企业发生合作关系。基础 Lopolito 模型的网络关系过于简单定义与理想化。

本书将企业的社会空间描述进一步深化。规定 x 轴方向为企业所处的部门范围（即企业的 SSI 范围），以 0~100 的实数进行量化。而 y 轴方向为企业的技术能力，以 0~100 的整数进行量化。z 轴方向为企业具有能量的大小（即仿真中企业的个体能量），以 0~10 的实数进行量化。由于 NetLogo 模型仿真通常采用二维视图，研究规定视图方向为从 z 轴的大数值方向向小数值方向，即能量大的企业能够出现更大的点。这种空间定位能够去掉企业位置的随机性因素，同时解决网络连接建立的条件问题。换言之，企业与其他企业的合作不再是同格合作，而是因为社会空间距离较近而合作。第二章中曾描述 TIS 的网络是跨越多个 SSI 的，因此企业与企业之间的合作也将因为 SSI 的不同而展开，这也就是供应链合作的模拟化。

二、Lopolito 模型的三种内部过程描述

为了使仿真过程能够完整反映协同演化的动态过程，Lopolito 模型基于技术生态位的内部过程进行规则描述，具体如下所示。

（一）期望

当企业认为生态位技术有利可图时，技术选择将从体制技术转向生态位技术。仿真中即界定期望利润大于原利润，即期望利润大于 1 时，企业将成为技术的转换者（switcher）。期望（expectation）利润计算如下：

$$E\left(\prod_{i,t}^{n}\right)_{i,t}=E\left(R^{n}\right)-E\left(C_{i,t}^{n}\right) \tag{5-3}$$

其中，$E\left(R^{n}\right)$ 和 $E\left(C_{i,t}^{n}\right)$ 分别代表使用生态位技术的期望收益与期望成本。每个企业都被分配了一个期望水平，取值期间为 0~1 的实数，0 即对生态位技术没有任何期望，而 1 则对生态位技术有完全的期望。初始阶段可根据期望水平对企业进行划分：从事体制技术的企业（0.75 以上）和从事生态位技术的企业（0.75 以下）。

景观发展对从事体制技术的企业产生一定影响，这种影响表现在两个方面：一是逐步、缓慢地影响（用常数 π 表示），体现出景观对于生态位技术的支持，将逐步引导体制技术的企业进行技术选择的转换；二是随机性影响（用常数 f）表示，体现非预期事件发生对体制技术企业的导向，这种影响通常使得期望水平增长较快。期望水平的变化如下：

$$ex_{i,t+1}=\begin{cases}ex_{i,t}+\pi & \text{非预期事件未发生}\\ \left(ex_{i,t}+\pi\right)f & \text{非预期事件发生}\end{cases} \tag{5-4}$$

一旦体制技术企业的期望达到了一定水平（等于0.75），它就会变成生态位的支持者，能够开始与其他生态位支持者建立合作关系。值得一提的是，原Lopolito模型中提到了两种转换技术选择的条件，即期望利润与期望水平，但并没有确切提出究竟如何确定转换条件。本书将期望利润和期望水平作为决定转换的并列条件，即必须同时满足两种才能够转换技术选择。如果只满足其中一种，仅能作为转换者。

企业的期望水平无论任何时候都会发生变化。尤其是实际利润大于期望利润时，期望水平就会上升，反之亦然。期望水平能够影响期望成本和期望收益：

$$E\left(C_{i,t}^{n}\right)_{i,t}=\frac{1}{ex_{i,t}}C_{i,t}^{n} \tag{5-5}$$

$$E\left(R_{i,t}^{n}\right)=ex_{i,t}R^{n} \tag{5-6}$$

技术生态位外的压力在Lopolito模型中被称为非预期事件的发生，与预期事件的发生相对，并用参数表示。事实上，在Lopolito模型中这种参数的表达过于简单，从式（5-4）可以看出，非预期事件的情况下模型假定景观压力的导向是趋向技术生态位的，故每一步长的期望都相应增加0.001，尽管增加幅度较小，但在一个类似技术变迁的系统中，通常演化步长较多，所以 π 的取值仍然会导致整体系统处于生态位技术的影响下。而 f 的取值为2，即非预期事件影响下，景观对生态位导向加速一倍。这种对景观压力简化的取值方式在Lopolito模型环境下并不会影响最终结果，因为该环境并不强调景观压力的影响。但在本书的环境中，如第四章所述，更强调景观层面的压力作用。因此，将来自景观的压力适度量化，也是本书要解决的一个难点问题。

针对于此，本书根据景观压力种类的不同进行分别模拟，具体如下：对于常规型压力，保持Lopolito模型中的非预期事件未发生的情况，每一步长增加一个较小常数（仍选择0.001，过小与实际不符，且影响仿真结果）；对于特定震动型压力，使其在一段步长中影响某一SSI中企业的能力，即只处于某一 x 轴区间的企业会改变 y 的大小，整体社会空间位置偏移，并间接对其他因素产生影响；对于破坏型压力，保留Lopolito模型中的非预期事件发生的情况，使其在一段步长中影响企业的期望；对于崩溃型压力，使其影响所有企业的能力变化，在企业社会位置偏移的同时大幅影响期望。

（二）网络

任意时间两个技术生态位的支持者（i,j）进行交互，它们将建立一条连接。这就给它们机会来共享知识与资源。每一个企业都有一个属性称作个体能量[individual power，$I_{i,t}^{\text{power}}$]。初始阶段它设定为一个特定数值，代表企业拥有的一些战略资源。任一时间企业获得额外利润时，额外利润将作为获得的资源增加企

业的个体能量；反之，如果企业获得负利润，个体能量将减少，即

$$I_{i,t+1}^{\text{power}} = I_{i,t}^{\text{power}} + \prod_{i,t} \tag{5-7}$$

当两个从事生态位技术的企业在某一步长建立连接，各自的资源将通过网络进行流动。每一条连接都有一个属性为网络能量（energy），是两个节点的个体能量之和：

$$\forall i, j \in N, \exists En_{i,j} \geqslant 0 : En_{i,j} = \begin{cases} I_{i,t}^{\text{power}} + I_{j,t}^{\text{power}} & \text{如果} i \text{ 和 } j \text{ 相连} \\ 0 & \text{如果} i \text{ 和 } j \text{ 不相连} \end{cases} \tag{5-8}$$

所有的节点能量表现为整体的网络能量，即

$$N_t^{\text{power}} = \sum_{i,j} En_{i,j} \quad \text{其中}, i \neq j \tag{5-9}$$

（三）学习

每一个企业在初始阶段都被分配了一定程度的关于新技术的知识水平 $K_{i,t}$。每一次企业使用新技术生产及与其他企业进行交互作用时，知识水平都将发生变化。另外，每次两个企业建立了联系，知识都将从连接中流动进而共享，连接即拥有属性 Kf。知识流动的大小就是两端企业的知识水平总和：

$$\forall i, j \in N, \exists Kf_{i,j} \geqslant 0 : Kf_{i,j} = \begin{cases} K_{i,t} + K_{j,t} & \text{如果} i \text{ 和 } j \text{ 相连} \\ 0 & \text{如果} i \text{ 和 } j \text{ 不相连} \end{cases} \tag{5-10}$$

连接的知识流动总量表现为整体网络的知识流动量：

$$NKn_t = \sum_{i,j} Kf_{i,j} \quad \text{其中}, i \neq j \tag{5-11}$$

Lopolito 模型的仿真界定中对知识流动和能量描述并不多。但据此设计的仿真发现，与利润参数在均衡水平上下波动相比，知识流动和能量的增长过于迅速，呈现明显的 J 形曲线，与实际情况相去甚远。尽管知识流动参数和能量参数不是 Lopolito 模型考察的重点，但这种情况仍然呈现了一种不合理性。

本书根据实际情况对知识流动和能量进行重新描述：首先，企业占有的知识并不能够完全在网络中进行共享，因此连接上的知识流动总量将不再是两端企业的简单加和；其次，企业能量代表资源的获取，每一步长的利润虽能够成为企业的资源，但该资源具有耗损特征，使得能量的改变不会呈现加速增长。

三、Lopolito 模型的过程交互

三种内部过程机制中，一些参数之间能够互相影响。只有这些互相影响的参

数才能够保证当生态位达到稳定时，智能体模型仿真过程随之到达均衡状态，同时一定数量的企业永久地变成选择生态位技术。五种交互模式如下所示。

（一）期望水平影响网络活动

当从事生态位技术的期望增加时，企业的稳定性也会随之上升。Lopolito 模型中的表达即企业之间建立起来的连接并不是一直稳定的。当某一企业的期望水平降到一定程度（规定为 0.75）时，该企业不再从事技术生态位的生产。因此，发展中的网络其本质是一个动态结构，其存在性依赖于企业的期望水平。

（二）网络特征与构成在界定特定试验的时候至关重要

没有一个企业能够完全拥有试验活动所需的必要资源。因此，企业之间为了获取足够的资源而互相依赖。当网络成长时，这种资源就成为 R&D 活动所需要的。在 Lopolito 模型中，这个过程由个体和网络能量对成本结构的影响来表示。一方面，网络能量的增加使得企业能够获得更多的外部资源；另一方面，企业能够获得其他企业通过网络溢出效应而积累的资源。

$$C_{i,t+1}^{n} = C_{i,t}^{n} - cI_{i,t}^{\text{power}} - nN_{t}^{\text{power}} \qquad c \in [0,1]; n \in [0,1], \text{并且} c \gg n \tag{5-12}$$

（三）创新试验影响学习过程

该交互体现了“做中学”的观点。这个过程在 Lopolito 模型中通过知识流动以 θ 速率变化来实现。这种变化是一种简单的线性方式。

$$K_{i,t+1} - K_{i,t} + \theta K_{i,t} \tag{5-13}$$

（四）网络特征和构成影响学习过程

网络中，企业的知识能够共享与积累。随着整体网络关于生态位技术的知识存量增加，获得更高利润的概率 p 也随之增加。因为整体而言，所有的智能体都变得更富有知识，生产新技术伴随的风险降低了。这是一种系统特征，能够影响没有选择生态位技术的企业。Lopolito 模型将概率的变化简化为一种线性模式：

$$p_{t+1} = p_t + \varepsilon N k_t \tag{5-14}$$

其中，ε 是一个外生变量。

（五）学习过程的结果能够重塑期望

当获利机会增加的时候，企业的期望也能够随之增加，尤其是当企业的实际利润大于期望利润的时候。当然，如果企业的实际利润小于期望利润，企业的期望也随之降低。此时式（5-4）变为：

$$ex_{i,t+1}=\begin{cases}ex_{i,t}+\pi+\prod_{i,t}^{n} & \text{非预期事件未发生}\\ \left(ex_{i,t}+\pi+\prod_{i,t}^{n}\right)f & \text{非预期事件发生}\end{cases} \tag{5-15}$$

第二节　基于小世界网络和巨元组网络的仿真方案设计

信息时代，网络结构能够对多种社会经济活动产生重要的影响（Carayol and Roux，2009）。Jackson 和 Wolinsky（1996）、Bala 和 Goyal（2000）曾先后指出，网络结构通常由参与活动的个体战略性地形成。由于个体的行为存在目的性差异（鲜于波和梅琳，2009），网络模型可以模拟并反映多种不同的情境，如工作联系网络（Calvo-Armengol，2004）和研发合作网络（Goyal and Joshi，2003）、买卖双方网络（Kranton and Minehart，2000）等。随着理论研究的逐步完善，许多学者开始采用实证或案例分析的形式研究经济社会中的网络形成与发展问题。研究中学者发现，尽管不同的实际网络结构在诸多方面具有多样的复杂性和层级性，但均呈现出相同的结构性特征：首先，在计算个体之间的空间联系时，实际网络结构中的个体被证明具有较近的距离，即个体之间彼此很接近（Millgram，1967）；其次，实际网络结构具有高度集群化特征，即同一个体的相连个体彼此间存在关联的概率相当高（Newman，2001；Kogut and Walker，2001）。上述两种结构特征构成了实际网络结构的小世界效应。

Barton（1995）认为：创新发生在各种思想的交界处，而不是在某一种知识和技能基础的局限内。意即，创造性的碰撞更有可能产生于多种观点的交汇节点上。由于合作往往涉及两个或两个以上主体的知识交互，20 世纪 80 年代之后，一些技术创新领域的研究学者纷纷将关注点聚焦于知识基础上的合作网络研究中。Deroian（2002）认为，由于与创新相关的知识流动与传播受到网络结构、社会网络关系等诸多因素的影响，社会网络结构的形成及演化可能引发创新的集体演化。据此观点，Masuda 和 Aihara（2003）通过数值计算指出，社会环境体系中小世界网络结构对创新合作更为有利。类似地，Cowan（2004）考察了复杂网络演化对创新扩散的影响，结果表明小世界网络促进了更快速的知识流动和更有效的创新扩散。进一步地，Fleming 和 Marx（2006）以美国硅谷为对象验证了 Cowan（2004）等的观点。Bu 等（2013）在建立社会网络结构演化模型中发现，小世界效应保持了无标度网络演化中结构的鲁棒性并提高了技术创新的实现概率。本书梳理后发现，虽然部分学者证明了小世界网络对于创新活动的有效性，但研究过程均以小世界模型的初始界定为前提进行建模和仿真，即规定模型初始状态中已经存在个体间相连的网络，缺少以建立网络结构为出发点，运用智能体模型仿真的方法描述小世界形成和演化过程的研究。虽然 Choi 等（2010）创造性地运用计算机仿真技术对知识流动导致的创新扩散进行了分析，认为高度集中网络结构更有益于知识流动，侧面为小世界效应的研究提供了新的依据，但随后的学者并没有承袭其方法对知识流动的小世界效应进行深入研究。

为了从复杂网络角度对技术生态位网络协同演化模式进行深入分析，本书以创新网络的小世界效应作为突破点，结合巨元组网络的仿真思路进行创新网络的参数拓展，以期通过集聚系数（clustering coefficient）、平均最短路径等复杂网络参数对网络演化模式进行深入分析，为第五章的各模式分析提供仿真参数依据。

一、小世界网络和巨元组网络概述

（一）小世界网络和效应

1967 年，社会心理学家 Millgram 通过实验提出“六度分隔”（six degree of separation）的概念，即人际关系网络中任意两者间的分隔不会超过六个，为小世界网络的研究奠定了理论基础。此后，Watts 和 Strogatz（1998）将在网络中同时具有较大集聚系数和较小平均路径长度的两个重要统计特征称为小世界效应，并据此提出了经典的小世界模型。本质上，网络结构的形成并不完全规则也非彻底随机，而在现实社会活动中，多数网络均具有小世界效应（Cassar，2007）。小世界网络的优势体现在信息传播、创造力、信任、学习及合作等多个方面，能够解释诸如技术网络、生物网络、信息网络等多种网络形态的产生（David and Foray，2002）原理。鉴于其局部密集的特征，Dai 等（2010）强调，小世界网络的形成推动了网络成员间信任机制的形成，便于内部建立紧密的合作，更好地促进知识流动、信息传递的准确性与有效性。同时，较短的路径能够通过知识流动为网络成员带来全新的、非多余的信息，然后激发新思想和创造力的产生。

WS（Watts-Strogatz，瓦茨–斯特罗加茨）模型是小世界网络的基本模型，本书以 WS 模型为基础进行分析，其模型描述如图 5-2 所示。

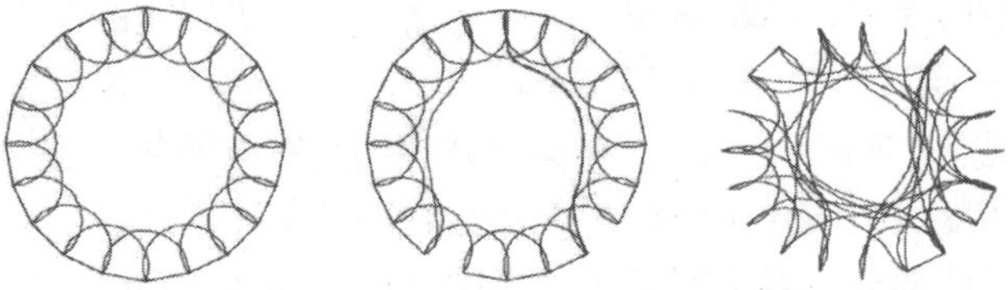

图 5-2　WS 模型中对小世界网络的描述

（1）初始建立一个节点总数为 N 的环形网络，每个节点与其最近的 k 个节点相连接。

（2）以概率 p 改写初始网络中的连接（edge），即给定连接的一个端点，将另一个端点随机放置在新位置上，但需要排除自身连接和重复连接。

但从现实情况中多数网络的形成过程来看，WS 模型在描述网络演化过程中存在两个问题：首先，WS 模型中节点间的连接在初始阶段已经默认形成，实际网络却通过许多节点的合作伙伴关系而建立，并非无原因而一直存在；其次，WS 模型以概率 p 改写旧连接，随着 p 的逐渐增大（从 0 到 1），网络经历了“常规网络—小世界网络—随机网络”三个阶段，而实际情况中节点间连接的产生均具备一些特定条件，如供应链关系、产学研关系等，合作双方必须有共同的目标和合作基础，并非以概率形式呈现。

综上所述，为了弥补 WS 模型存在的缺陷，本书在仿真中考虑加入网络的巨元组特征。

（二）巨元组网络模型及其特征

复杂网络研究体系中，巨元组是指对于给定随机图中的一个相连元组，每个可能的连线均以概率 p 存在一系列 n 个相连顶点且每条连接相对独立于其他连接（Bollobás et al.，2011）。该特点是 Erdős-Rényi 随机图模型（ER 随机图模型）中重要的理论核心。巨元组网络模型中，如果对于任意常数 ε 有 $p \leqslant (1-\varepsilon)/n$，则认为 ER 随机图模型中拥有巨元组特征的概率为 0。对于 $p \geqslant (1-\varepsilon)/n$ 的情况，ER 随机图模型中拥有巨元组特性的概率会突然变成 1，Bollobás 和 Riordan（2012）将该现象称为静态的巨元组特征。与静态的巨元组特征相比，动态的巨元组特征是指 ER 随机图模型在满足 $p \geqslant (1-\varepsilon)/n$ 的情况下，散点间形成动态结构，使得随机散点向巨元组特征进行转化。目前，运用数理建模的方法几乎无法描述和展现巨元组网络模型的动态复杂性，仅在智能体模型仿真的帮助下观测到巨元组网络模型的动态变化。

巨元组网络模型仅为复杂网络结构中的一个基本代表性模型，如果在模型的建立过程中加入其他条件，同时为散点赋予实际意义，则散点相互组合形成巨元组特征的过程将产生本质变化，存在可预见的短期内无法达到巨元组特征的情况。WS 模型的初始阶段呈现了一种典型的巨元组特征，即所有成员均被连接于同一个网络中，便于计算集聚系数和成员之间的最短路径。由此，将巨元组特征和 WS 模型相结合研究知识流动所建立网络的小世界效应，实现对小世界效应中集聚系数和平均最短路径时点的控制和计算，观察创新网络的演化情况。

二、仿真构建原理

本部分研究旨在运用巨元组网络模型的方法改进传统的小世界网络模型，通过仿真的形式揭示以知识为基础的信息网络中小世界现象产生的过程及演化规律。故该网络除具有一般社会网络的特征外，还需满足实际情况中合作伙伴产生的条件，由此提出如下假设。

假设 5-1：网络中的主体具有竞争性与差异性。

假设 5-2：网络中主体间合作关系的数量及知识流动速率呈非线性增长。

假设 5-3：若某一主体的资源（知识储备）被反复提取和使用且具有较强的资源优势，则该主体可以借助资源的重复性流动提高其在网络中的地位。

同时，考虑知识自身的异质性及流动过程中不易界定的情况，为清晰地论证基于创新网络演化的小世界效应，本书的仿真实现了前文中的修正措施，即将主体（从事技术的各企业）置于特定的三维社会空间中，但仿真表现为二维视图。故在创新网络的演化中，创新主体可运用三维空间表示，不同主体具有不同的社会空间结构，网络演化也在此基础上进行。

（一）合作伙伴选择

合作是为了进入新市场、分散风险或分担早期研发经费而采取的一种战略。尽管有些学者，如 Mowery（1988）认为这种战略是临时性或过渡性的，但随后的研究显示，合作关系是主体在知识时代的市场中生存所采取战略的核心组成部分（Singh，2005）。由于社会分工不同，同时为了规避风险并实现规模经济，市场中的主体往往采取措施寻找伙伴建立合作关系。Xu 和 Bernard（2011）认为，网络中的主体间存在伙伴关系，多个主体基于自身的共同观察行为，对是否合作及合作对象的选择进行决策，并根据竞争者、潜在伙伴、彼时伙伴及网络整体的机会与需求对当前的合作伙伴进行分析与评估。合作关系形成后，合作双方通过共同搜索和吸纳外部的知识资源，使得网络整体上产生竞争优势。

根本上，判断主体能否与其他主体建立合作关系的关键在于主体自身在环境中呈现出的显性特征及信息，即个体知识所属的职能范畴，对应社会空间中的主体的领域（x 轴）。同时，主体为了宣传与推广自身优势，倾向在环境中发布其相关范式的技术或产品信息，且需要拥有独特的竞争优势以在环境中立足，对应社会空间中的企业能力（y 轴）。而主体间、主体与环境间的动态博弈将赋予该主体某种地位，对应社会空间中的个体能量（z 轴，二维视图中为个体大小）。可见，社会空间是主体进行合作伙伴选择的重要依据。

Gilbert 等（2007）认为，在以市场为背景的知识流动过程中，主体选择合作伙伴的策略包括保守策略（conservative strategy）和进取策略（progressive strategy）两种。采取保守策略时，主体被具有相似领域的其他主体吸引，形成如无形学院网络和原始网络等非正式的合作网络形态（Fagerberg et al.，2004）；采取进取策略时，主体能够与其他领域相似的主体建立合作关系，通过合作的方式拓宽双方占有的知识空间领域，形成如供应链和战略联盟等契约化的合作网络形态。同时，双方主体的能力也将影响合作伙伴选择的决策效果。为了寻求合作伙伴，主体会以较高的概率选择与自身能力相近的其他主体达到范式匹配，相应地，能力相差较大的其他主体被选择的概率则较低。但领域或能力过于相似会导致两种主体在市场中占据的位置相近，以更大的概率出现竞争情况，或竞争的影响超过合作的影响，因此，合作伙伴关系建立在主体距离大于一定标准的基础上。故在社会空间中，以主体的位置为球心，以最小合作距离为半径做球体，主体倾向选择球体外与自身距离较近的其他主体进行合作。选择策略说明，一旦主体发现了一个具有足够吸引力的潜在合作者，便会停止搜寻并提议产生合作伙伴关系。如果潜在合作者同意该提议，合作伙伴关系便形成。基于此，运用合作伙伴关系的选择替代传统 WS 模型中的概率 p，在确保随机性的同时，遵守网络中特定的规则进行合作，令网络中的主体建立联系（图 5-3）。

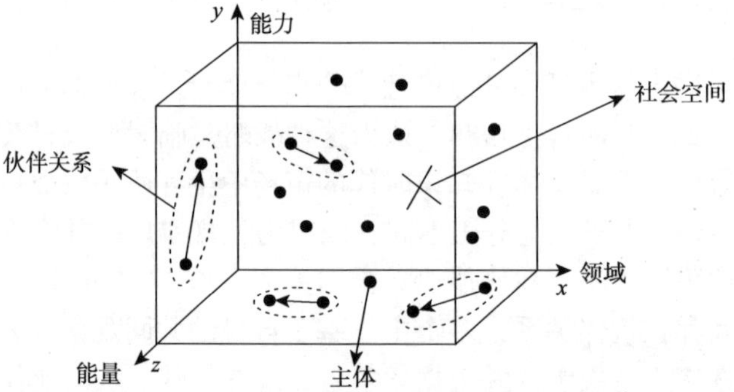

图 5-3　三维社会空间中的合作伙伴选择

（二）知识流动

在知识更迭速度越发快速的市场环境中，主体时刻需要获得与“任务相关”（task-relevant）的知识进行实际的操作（Liu and Lin，2012）。Afacan 和 Demirkan（2011）将这种对知识的操作隐喻为知识空间（本体内容）改变以产生适应性演化，其中知识流动代表任务中各主体间的知识根据需求而产生的流通与互动。合作本质地表现为不同主体的社会空间中知识的流动，该动态过程能够激发主体的创新过程，从而在更高层面上形成知识流动的网络。由于知识空间内主体具有不同的合作形式（非正式或正式），知识流动的形式也存在差别。

社会空间内，合作关系多存在于同领域的主体中，由于实际任务各异，主体间可能产生不同的知识需求。举例说明，如果主体在某些方面的能量较高，而其他主体缺乏该种知识或能量较低，若此时双方主体建立合作伙伴关系，知识将从能量高的主体流向能量低的主体，并在合作伙伴间产生以知识流动为基础的知识连接。一旦知识流动大量出现，多个主体间形成的知识连接也将增加，空间中逐渐产生网络形态，主体实际的工作效率，特别是与创新活动有关的工作效率将明显提高（Zhuge，2006）。

Holsapple 和 Singh（2001）、Carayol 和 Roux（2009）先后在不同合作形式的知识流动研究中指出，非正式合作的主体知识交流更加顺畅，直接促进了演化的进行。而在契约合作中，若主体能够明确实际任务的知识需求，提高知识流动效率，使得知识共享的作用被放大，则部分契约化的合作也能够呈现适应性的演化。实际上，契约化的合作关系中存在多种内容及方向不同的知识流动，如订单信息的知识流动为逆供应方向，传递了有关产品规格、质量和预期交货时间等一系列知识信息，而订单完成情况的知识流动则为顺供应方向（Childerhouse et al.，2003）。然而，无论是正式合作还是非正式合作，与知识创造活动相关的知识流动大多蕴藏于产品中，方向并不确定，故借鉴 Yang（2012）的观点，本书将知识流动分为自然流动和自觉流动两种方式。

自然流动是指主体的知识在合作中随产品、人员往来等方式自然流出。自然流动的本意并非输出知识，而是交易中所必须实现的环节。由于主体中知识的自然流动并非主动的知识流出，且其他主体仅需对相关的知识信息进行使用，并不需完全掌握核心知识，主体多会采取部分措施保护核心知识，防止合作伙伴盗取、剽窃或利用自然流动的知识获取主体核心知识的全貌。在此约束下，自然流动的方向具有单向性，合作伙伴间无法完全获取对方的知识空间，能够得到的知识极为有限。尽管如此，整体上知识依然产生了累积，社会空间随着合作程度加深和网络的形成与演化而逐渐扩大。

与自然流动相反，自觉流动的知识流出具有明确的方向性且蕴含较高的知识价值，是有目的、有计划的可控性知识流动。自觉流动的方向较为复杂，主要包括三种情况：①由核心主体向外扩散的流动；②一般主体向核心主体的汇聚流动；③扩散流动和汇聚流动同时发生。在当前的环境中知识更新速度较快，合作主体需在短时期内形成适应性匹配，因此，为了能够高效地完成协同任务，主体进行有目的性的知识流出的概率更高，对应地，自觉流动现象的发生更为频繁。

三、基于小世界网络和巨元组网络的仿真实验

基于上述理论分析，选择 NetLogo 平台将每个主体在智能体模型仿真的知识空间中独立表示并建立智能体仿真模型，论述合作条件下网络演化情况。设计仿真中主体的行为规则和网络的基本环境。

（一）仿真设计

1. 主体行为设计

网络中主体建立合作关系需要先考虑网络的连接成本问题。参考创新网络演化的研究方法（田钢和张永安，2010），选取效用函数作为主体连接的决策依据。

$$E = a\sum_{v=1}^{V} k - bC_{i,j} \tag{5-16}$$

其中，E 为主体的效用；$a\sum_{v=1}^{V} k$ 为知识流动的收益；$bC_{i,j}$ 为知识流动的成本（a，b 为常数）；k 为知识流动的流量（以下简称知识流量）。根据式（5-16），决定主体 i 与主体 j 能否建立合作关系取决于知识流量的大小和主体距离的远近。根据主体属性的设计，规定知识发送方至少在一个维度上超过知识接收方，知识流动才能发生。同时，空间内彼此距离越近的主体将以更高的概率产生较多知识流量，并对主体的能量产生影响。社会空间距离越远的主体间产生较多知识流量的概率则较低，对主体能量的影响也较小。规定企业主体的领域为 domain，能力为 abilities，能量为 energies。对于每个维度，知识流量的大小写为

$$k_{x_j \to x_i} = \max\left\{\frac{\text{abilities}_i}{\text{Nenergies}}(q_j - q_i)\right\} \tag{5-17}$$

其中，q 为主体拥有的知识存量。对于 Nenergies，规定仿真中主体间的最大距离为 Max(Dis)，具有合作伙伴关系的主体 A 与主体 B 之间的距离为 Dis，若主体 A 的能量大于主体 B，则主体 A 与主体 B 的空间距离表示为

$$\text{Nenergies(现)=energies(原)+}\frac{\text{Max(Dis)}-\text{Dis}}{\text{Max(Dis)}} \tag{5-18}$$

考虑到每个主体都可能凭借自身能力创造知识，加之知识存量在网络演化过程中并非持续增长，个体需要选择性地进行知识淘汰，故引入 Kim（2009）、Ahuja 和 Lampert（2001）关于知识价值和知识贬值的分析，选用知识创造系数 ω_i 和知识衰减率系数 λ 计算单位时间内主体的知识损耗。将知识创造与知识衰减后的个体知识存量表示为

$$q_{i,t+1}=(1+\omega_i\text{abilities}_i)-|\lambda q_i| \tag{5-19}$$

其中，知识存量代表显性知识与隐性知识的集合。Aladwani（2002）的研究证明，知识创造系数越高，对应主体的知识创造能力越突出，对于网络中的知识溢出及提高网络知识的时效性具有显著的促进作用。Yeh 等（2012）认为，较高的知识创造能力不仅能够加强主体在网络中的地位，而且可以帮助其他主体在知识流动的过程中获得价值性较高的知识。随着网络平均知识价值的提高，个体间的知识方差逐渐减短，小世界网络的演化更加稳定。

Kim（2009）在研究中指出，较高的知识衰减率会使小世界网络的平均知识存量减少。知识衰减率的增加意味着小世界网络中个体的知识结构和知识信息内容已经无法适应环境的变化。此时，为了实现与环境的匹配，主体会主动提高知识流动的频率，知识的更迭速度随之加快，导致主体知识创造的速率增加，小世界网络的演化周期就可能会缩短（Holsapple and Singh，2001）。但需要注意的是，如果主体的知识衰减率过高，加之知识创造的不及时或失败，主体就可能会由于无法适应其他主体和环境的需求而被淘汰（李柏洲等，2013）。

基于上述分析，参考 Ramasco 等（2004）的研究结论，在仿真中设定主体的知识创造系数 $\omega_i \in [0.05,0.07]$；为了保证知识衰减率的适度性，设定 $\lambda \in [0.002,0.006]$（每个主体均为随机取值）。

在每个时间单元中，主体会根据需要与没有建立合作关系的主体建立连接，也可能与现有合作伙伴终止合作关系。此时，主体的决策依据仍然为效用函数。

对于已经建立连接的主体，计算下次知识流动可能产生的效用值，若为正值，则保持连接，否则断开连接。对于没有建立连接的主体，采用拓扑距离法设定邻域集合：将与主体 i 间的拓扑距离小于最短路径长度的其他主体视为 i 的领域。用 θ_i 表示 i 的邻域集合，得到

$$\theta_i=\{i,j\in V\,|\,d_{i,j}<d\} \tag{5-20}$$

其中，d 表示距离。

2. 仿真环境设计

（1）模型中的海龟（turtle）为产生知识流动的每个独立主体。

（2）仿真为二维视图，x 轴为主体的领域，y 轴为主体的能力，视图方向为从能量的最大值向最小值延伸，表现为智能体的大小（size）。

（3）仿真中的瓦片为 104 个，即世界（world）视图的设置为 100×100，领域的取值为 0~100 的随机整数，能力的取值为 0~10 的随机实数，能量的取值为 0~10 的随机整数，其中能力在 y 轴上的分布均按 abilities×10 处理。

（4）能量代表主体的市场地位，虽然知识流动能够带来主体的绝对指标变化（如利润、技术水平等），但市场地位仅能相对提高，由此将能量标准化[主体能量的标准化过程见式（5-20）]，分别为所有主体中能量的最大值和最小值，为标准化后的能量值。同时，为了保持能量的初始取值范围，标准化后的数值以 10 倍计算。

$$\mathrm{Stan(energies)} = \frac{\mathrm{energies}}{\mathrm{Max(energies)} - \mathrm{Min(energies)}} \times 10 \tag{5-21}$$

（5）为了在同一水平上对小世界效应的两个参数进行对比，仿真曲线描绘过程对两个参数进行了标准化：在仿真初始阶段对知识空间中设定的主体进行 WS 模型化处理，计算在 WS 模型中主体间互相连接时的集聚系数和平均距离。以此为标准，当知识流动形成巨元组网络模型后，将每一步长计算出的参数结果分别与参数标准相除，其结果位于（0,1）区间内。但该结果仅反映在仿真曲线描绘中，以做对比之用。

需要说明的是，考虑知识流动网络具有典型复杂网络的时序特征，为了考察网络自组织演化中变量间的关系，引入相轨道的概念（将时间用步长对每个时间单元进行替换）对仿真中的相关变量进行分析。

（二）巨元组特征形成过程

仿真初始阶段，随机设定空间内存在 50 个主体。区别于 WS 模型，仿真初始阶段的主体按照环境设计进行社会空间排列，如图 5-4 所示（为了便于观察网络的巨元组特征，仿真初始阶段设定智能体颜色为灰色）。当主体数量为 50 时，若按照 WS 模型设定，假定每个独立主体与距离最接近的两个其他主体相连，得到集聚系数为 0.5，平均最短路径长度为 6.633。此时，社会空间内各主体间不存在任何形式的联系，巨元组网络规模为 0，整个空间不具有巨元组特征。

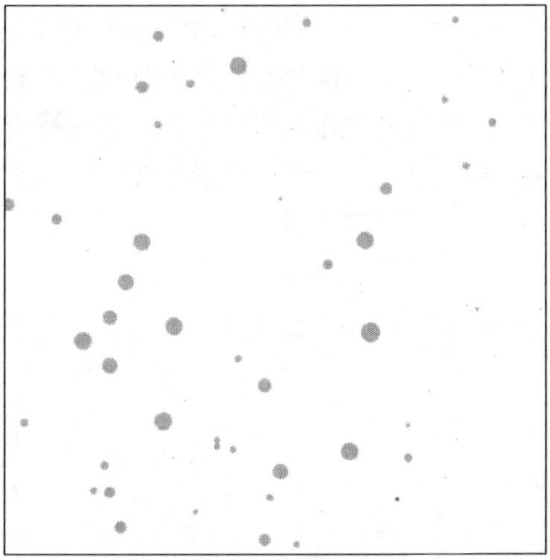

图 5-4　初始阶段主体在知识空间中的分布

仿真开始，知识空间中的主体均以保守策略或进取策略选择适合的合作伙伴，考虑成本等多种限制条件的约束，部分合作伙伴关系并不能取得成功。图 5-5 为仿真步长为 1 时知识流动网络的仿真界面，由知识空间内的合作情况，可知该步长中成功建立了 7 组合作伙伴关系，此时巨元组网络规模为 6，由颜色较深的一组主体形成。合作伙伴关系的建立标志着知识空间开始出现知识流动，但由于建立的连接较少，空间中的知识流动总量仅为 10.29。

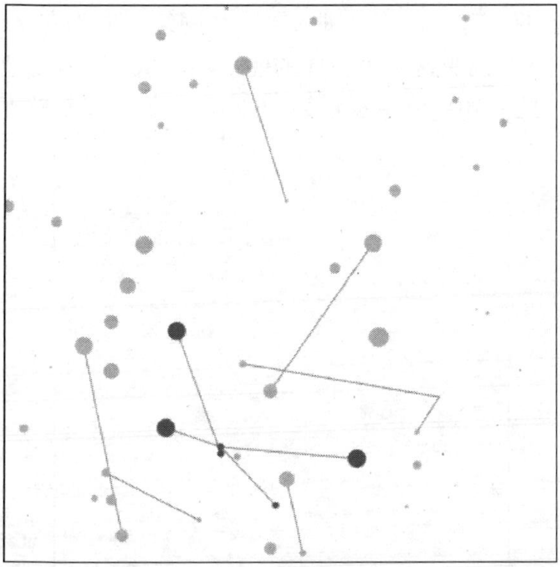

图 5-5　仿真步长为 1 时知识流动网络的仿真界面

当仿真进行至步长为 3 时，知识空间内主体的合作伙伴关系数量出现大幅度上升（图 5-6）。该阶段中知识空间内的网络程度逐渐加剧，多数主体逐渐被合作伙伴关系集聚到同一网络中，此时知识空间内的巨元组网络规模为 33，另有一组独立的合作伙伴关系，其网络规模为 2。知识流量总量为 28.37，呈现快速增长趋势。

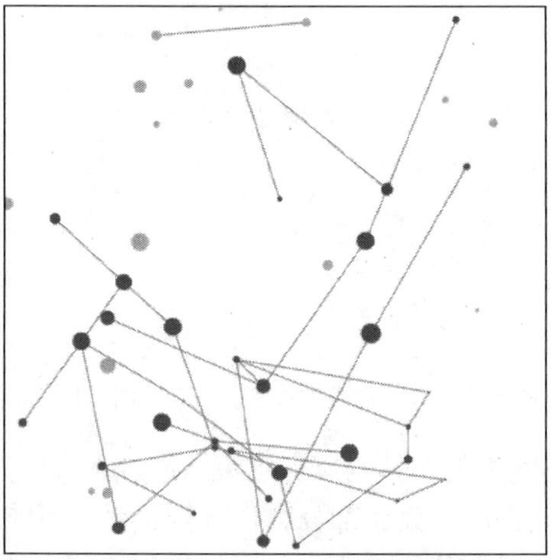

图 5-6　仿真步长为 3 时知识流动网络的仿真界面

当仿真进行至步长为 7 时，知识空间内主体间的合作伙伴关系继续增加（图 5-7）。该阶段知识空间内的网络化程度较深，巨元组网络规模为 45，能够产生合作伙伴关系的所有主体均已进入同一个网络，但仍有 4 个主体尚未建立合作伙伴关系。图 5-7 说明这 4 个主体的能量均较低，即市场地位低于加入知识流动网络的主体。此时知识流量总量为 56.25，增长速度依然保持较快水平。

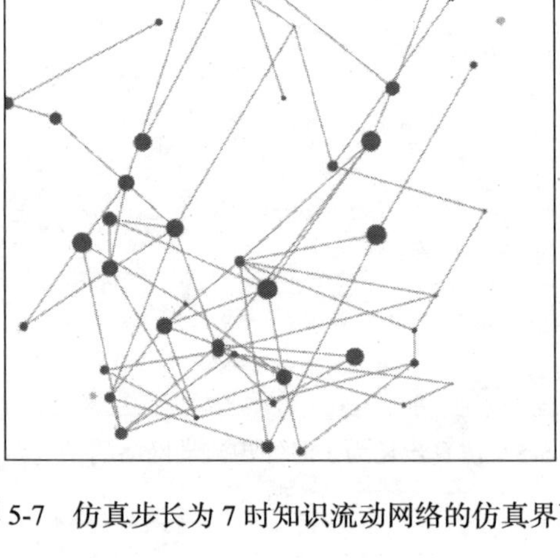

图 5-7　仿真步长为 7 时知识流动网络的仿真界面

当仿真进行至步长为 15 时，知识空间内的所有主体均加入同一网络中（图 5-8）。该阶段巨元组网络规模与随机设定的仿真主体数量相同，即巨元组网络规模为 50，整个知识空间出现巨元组特征。知识流量总量为 106.28，达到较高的水平。仿真中设定，当知识空间内形成巨元组特征时开始计算小世界效应的两个参数，此时知识空间中整体网络的集聚系数为 0.197，平均路径长度为 2.904，近似于食物网（集聚系数 0.22，平均路径长度 2.43）或电话线路网（集聚系数 0.34，平均路径长度 3.17）的网络参数结果（Albert and Barabási，2002），已经产生小世界效应。

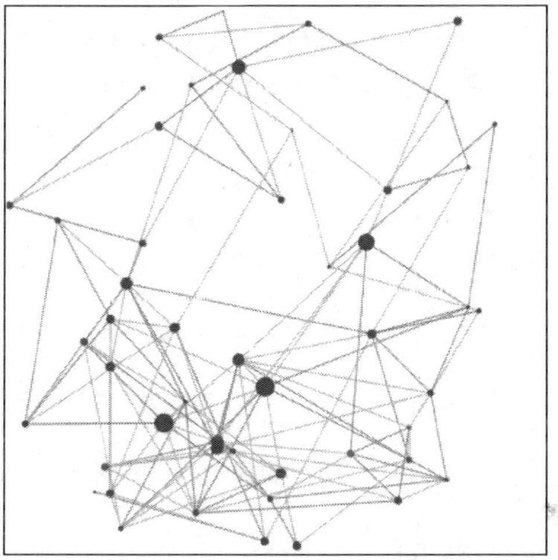

图 5-8　仿真步长为 15 时知识流动网络的仿真界面

在仿真步长从 0 进行到 15 的过程中，社会空间内的巨元组网络规模从 0~50 并形成巨元组特征。图 5-9 描绘了巨元组网络的形成曲线，其中横轴为平均每个节点对应的连接数，纵轴为巨元组网络结构的比例，可见二者之间存在积极的正向作用；但在仿真进行至某几个步长时（10~12），巨元组网络规模并没有增长，故在一定阶段内呈水平直线状。此外，由图 5-9 计算得到，当巨元组网络规模达到一定程度，且平均每个节点有 1.74 条连接时，曲线的增长速度整体逐渐放缓。当知识空间内形成巨元组特征后，由于节点连接仍然持续增长，图 5-9 将始终在纵轴为 1 处保持水平直线。同时，在 15 个步长的仿真过程中，知识空间内的知识流量总量呈波动增长（图 5-10），说明虽然在网络形成和演化过程中知识流量总量增加的速度并不稳定，但在产生巨元组特征前，知识空间内整体知识流量总量仍极为明显。

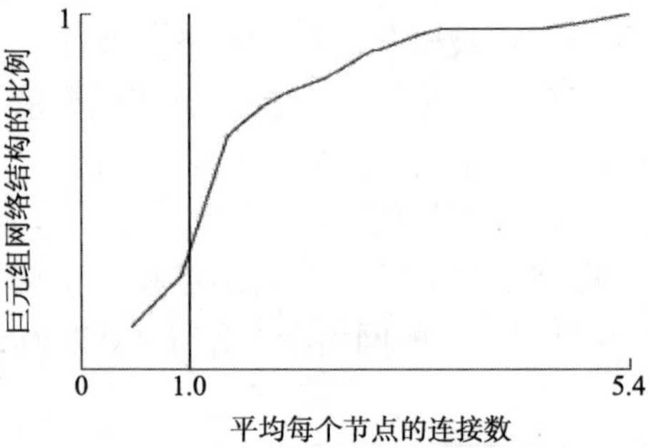

图 5-9　巨元组特征的变化情况

图中竖线表示平均每个节点都有 1 个连接

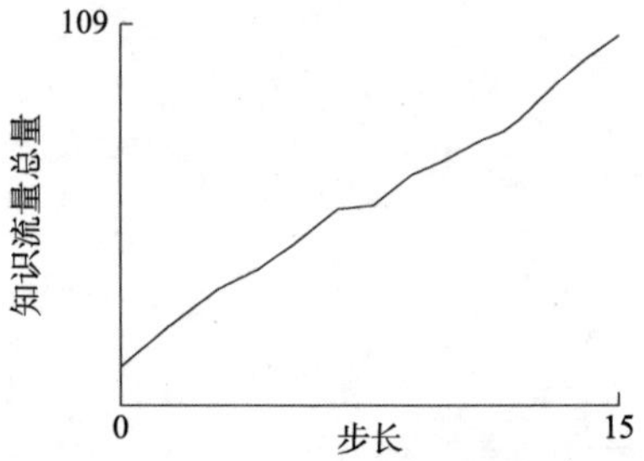

图 5-10　步长 0~15 知识流量总量的变化情况

（三）小世界效应的演化

以步长 15 为节点，此时巨元组网络刚刚形成，网络的小世界效应尚不明显（集聚系数 0.420，平均路径长度 2.742），没有达到其他知识流动网络的水平（Cowan，2004）。故为更好地观测知识流动网络演化过程中的小世界效应，继续进行仿真。由于仿真初始条件的控制，程序开始不断计算每一步长的集聚系数和平均路径长度两个参数。

当仿真持续进行至步长为 35 时，知识流动网络中出现大量的合作伙伴关系（图 5-11）。此时网络中的集聚系数为 0.430，最短路径长度为 2.196，呈现出明显的小世界效应。观测图 5-11 可以发现，在界面左下角主体聚集的区域中主体的能量明显高于其他区域的主体，同时该区域的合作伙伴关系也多于其他区域。计算后得到，该区域中合作伙伴关系最多、能量值最大的主体在以自身为核心的知识流动网络中，集聚系数增至 0.475，平均路径长度降至 1.900，形成了局部知识流动极为有效的小世界效应。事实上，由于合作伙伴关系已经十分成熟，在图 5-11 形成的网络内部每一个点均能进行有效的知识流动。此时，网络中知识流量总量已经达到 213.953。

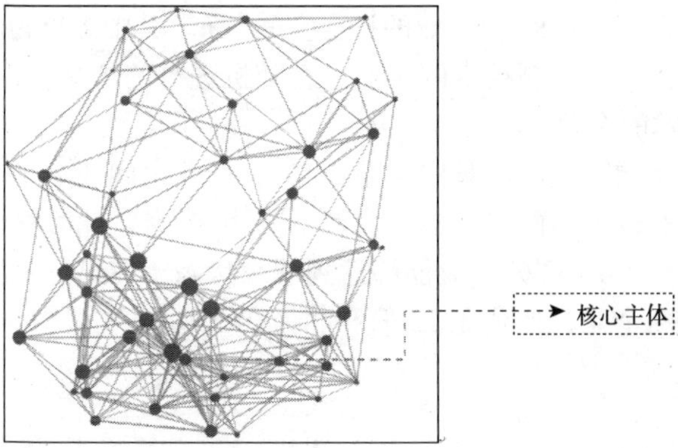

图 5-11　仿真步长为 35 时知识流动网络的仿真界面

在步长从 0~20 的演化过程中，小世界效应中的两个参数不断发生变化（图 5-12）。随着合作伙伴关系的不断增加、知识流量总量的持续增长，知识流动网络的集聚系数不断上升，而平均路径长度则逐步下降。

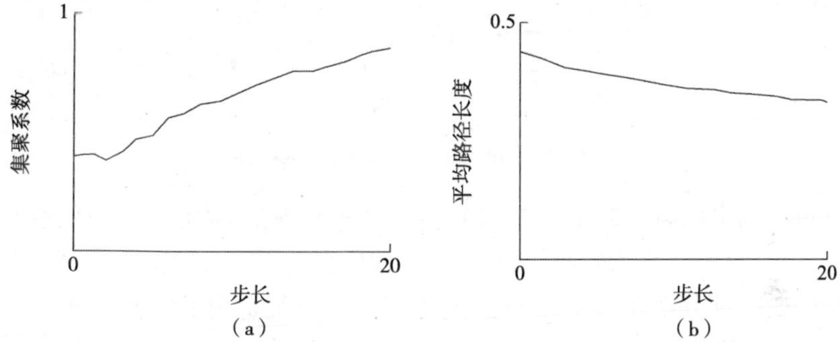

图 5-12　步长为 0~20 时知识流动网络集聚系数及平均路径长度的变化情况

第三节　演化模式的基础仿真实验

在改进后的 Lopolito 模型基础上，加入小世界网络和巨元组网络的参数与网络仿真设计框架，本书在 NetLogo 6.0 环境下设计了仿真程序，并对仿真条件的细节进行适当调整，包括参数取值和概率（取值和概率部分将在后文根据不同模式进行具体约束，此处仅作为基础仿真模型存在）。本书假定环境为某区域的某一特定创新系统，因此设定初始企业数量为 80 家。为方便比较，以下称该基础仿真模型为 M0 模型。

本次 M0 模型表现了 80 家企业的社会空间分布。其中黑点为从事生态位技术的企业，而灰点为从事体制技术的企业。在随机进行的仿真中，初始状态有 15 家从事生态位技术的企业。

随机仿真开始的第一个步长中（图 5-13），企业之间建立了两条连接。但整体系统中从事生态位技术的企业数量大幅下降为 9 家。此时整体系统的平均利润为 0.083，略高于 0，部分企业能够达到理想状态（在第一个步长中利润普遍为 0.500），但个别企业，如企业 53 的利润为−0.250。

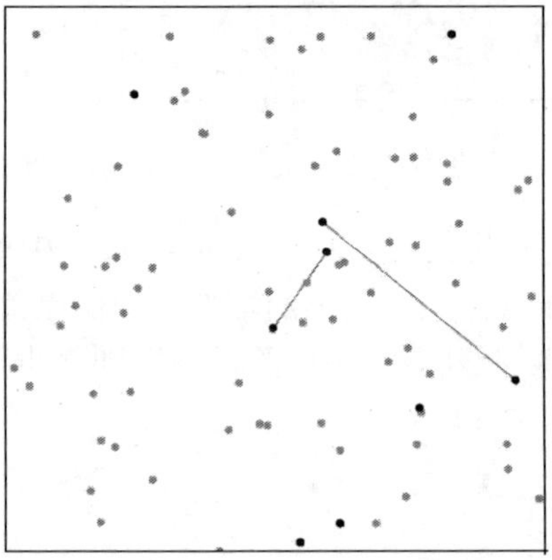

图 5-13　M0 步长为 1 时的仿真视图

仿真进行到步长为 5 时（图 5-14），系统中连接增加为 10 个，而从事生态位技术的企业变为 19 家。平均利润变为 0.140，但仿真过程中在步长为 4 时平均利润降为 0（图 5-15）。部分企业的利润过低导致期望下降从而退出了生态位的 TIS，5 个步长中，一些连接出现，但另外一些连接消失，连接总数也在第 4 个步长中出现下滑。

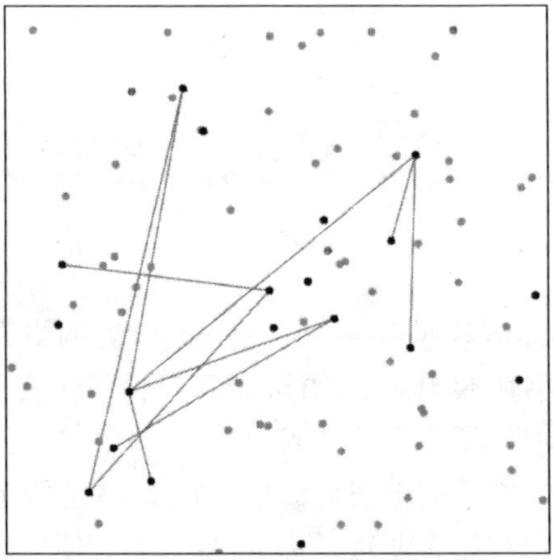

图 5-14　M0 步长为 5 时的仿真视图

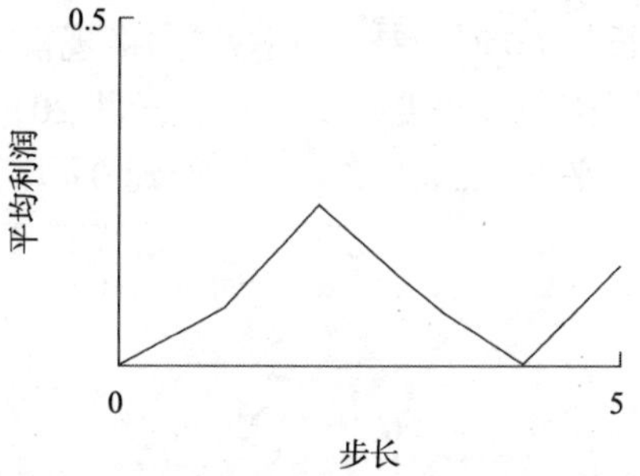

图 5-15　M0 步长为 0~5 时的平均利润

仿真进行到步长为 20 时，系统以肉眼可见的速度演化壮大，连接数达到 55 个，从事生态位技术的企业有 41 家。从图 5-16 可看出，技术生态位网络已经颇具规模。此时平均利润在剧烈波动（图 5-17）后为 0.115，低于第 5 个步长。

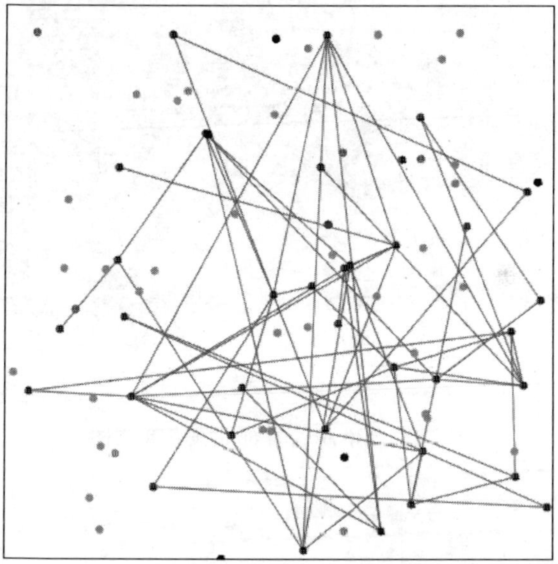

图 5-16　M0 步长为 20 时的仿真视图

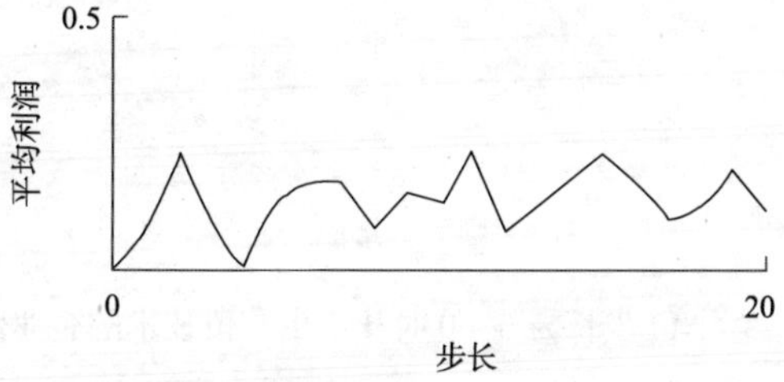

图 5-17　M0 步长为 0~20 时的平均利润

仿真继续进行到步长为 60 时，技术生态位网络规模已经较大（图 5-18），从事生态位技术的企业虽在剧烈波动变化后仅比步长为 20 时增加了 2 家（图 5-19），但连接数达到了 306 个，平均利润在波动中增加到 0.447（图 5-20）。

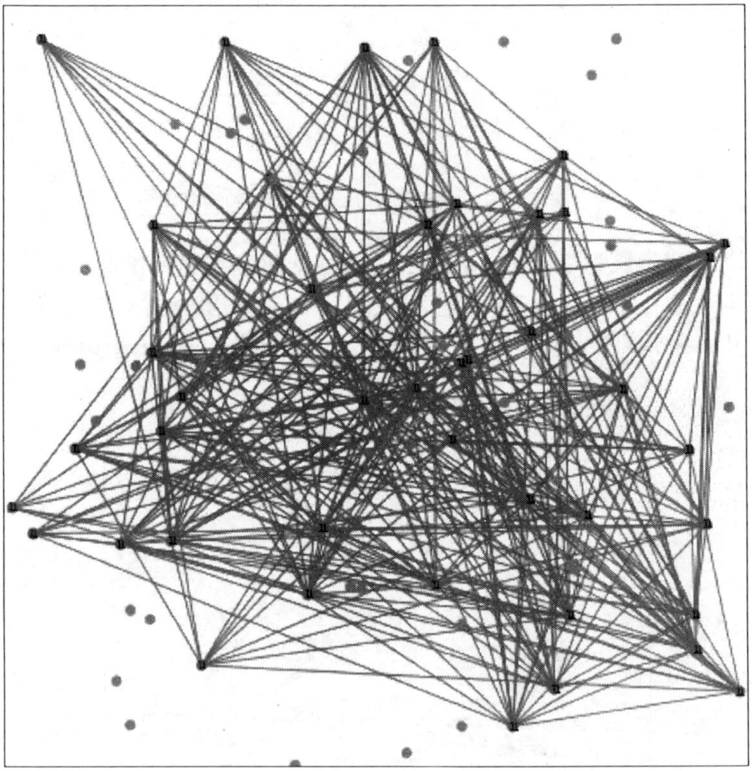

图 5-18　M0 步长为 60 时的仿真视图

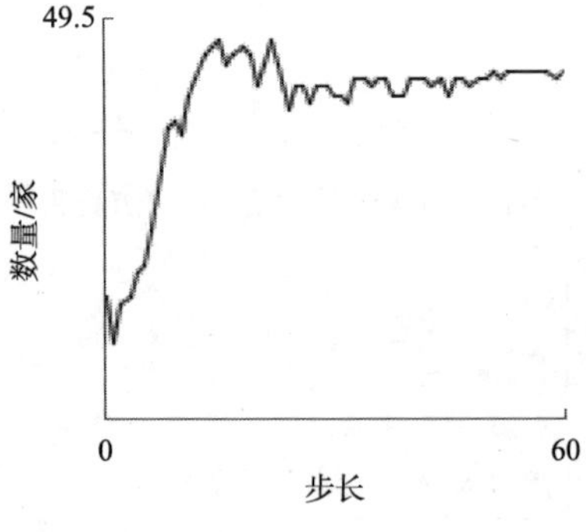

图 5-19　M0 步长为 0~60 时从事生态位技术的企业数量

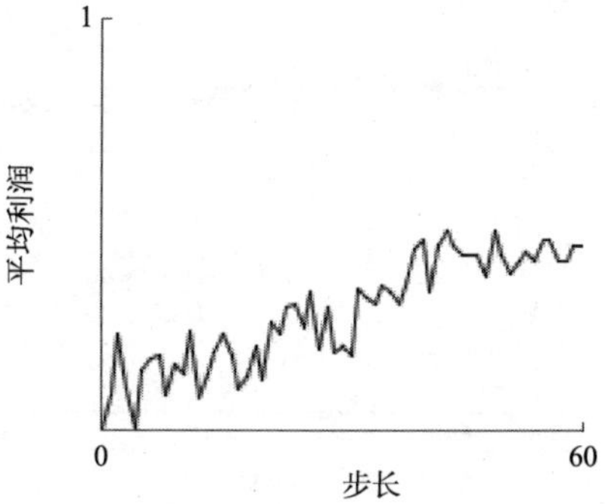

图 5-20　M0 步长为 0~60 时的平均利润

当仿真持续进行时，已基本出现了一种均衡状态，即平均利润和从事生态位技术的企业处于相对稳定情况。由于未添加限制条件，TIS 中网络连接逐渐增加，但从事生态位技术的企业在 37~40 家波动，而平均利润在 0.478~0.336 波动。以步长为 180 为例，仿真的均衡状态如图 5-21、图 5-22 和图 5-23 所示。

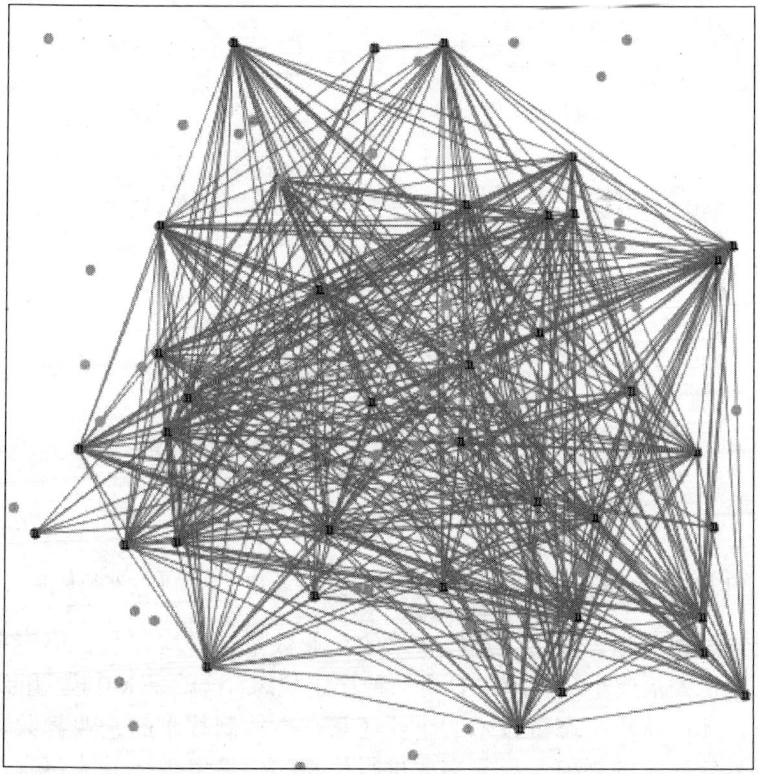

图 5-21　M0 步长为 180 时的仿真视图

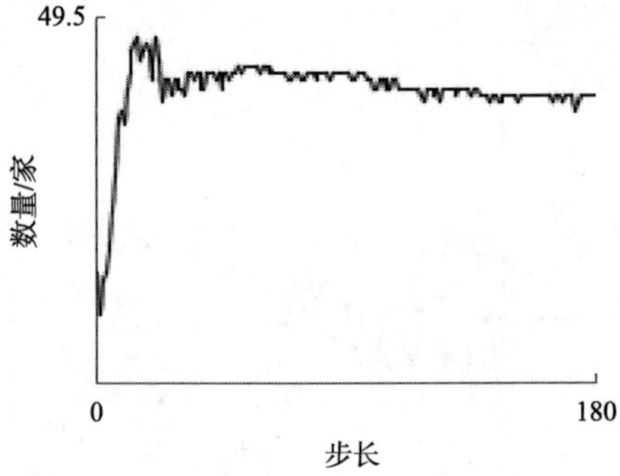

图 5-22　M0 步长为 0~180 时从事生态位技术的企业数量

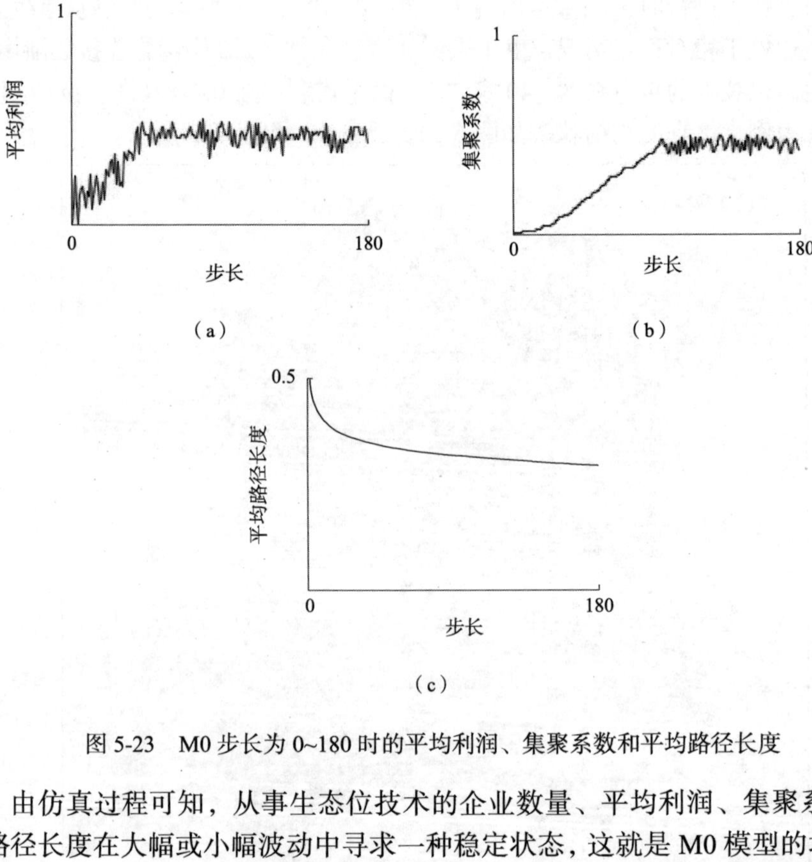

图 5-23　M0 步长为 0~180 时的平均利润、集聚系数和平均路径长度

由仿真过程可知，从事生态位技术的企业数量、平均利润、集聚系数和平均路径长度在大幅或小幅波动中寻求一种稳定状态，这就是 M0 模型的均衡，在该状态下，无论从事生态位技术的企业还是从事体制技术的企业都共存于系统中，网络具有一定的规模。反复多次进行仿真实验后发现，并非每次仿真都能够出现大规模网络节点和大量连接的过程，某次仿真进行到步长为 370 时，出

现了如图 5-24 所示的网络。

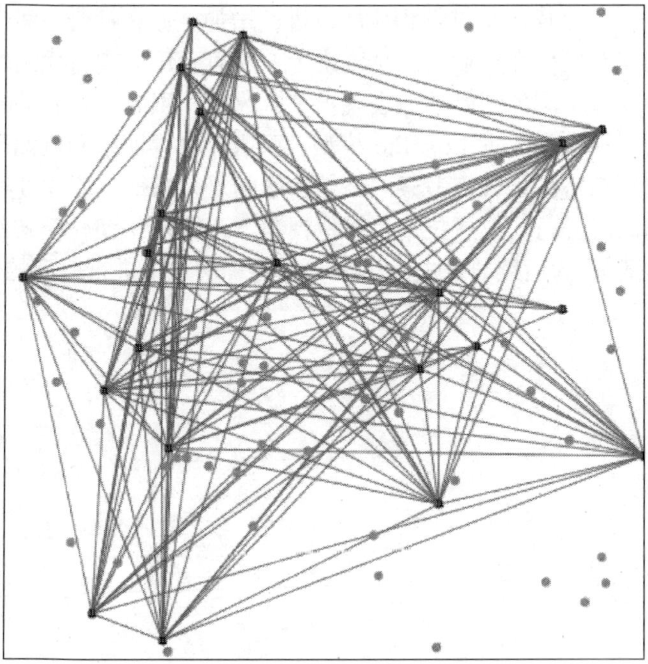

图 5-24　M0 某次仿真步长为 370 时的视图

在原始的 Lopolito 模型仿真中曾界定了 1 步长为 1 周的时间对应关系。反映在 M0 模型仿真中，达到均衡的时间在设定企业为 80 家时大概为 50 周左右，时间较短。因为 M0 模型仿真将一些条件简化，使得达到均衡的时间提前。而 TIS 网络均衡的时间并不随着企业的多少而产生较大变化，在设定企业为 200 家时，随机仿真的均衡状态同样出现在 50 周左右甚至更提前。另外，M0 模型仿真中随机能够进行大量的网络连接，实际情况中并不能达到如此多的连接数，因此 M0 模型仿真仅作为本书的基础仿真和理想状态。

第四节　本 章 小 结

本章构建了技术生态位视角下 TIS 网络演化模式仿真的基础模型。

首先，本章借鉴 Lopolito 模型，改进了 Lopolito 模型中存在的缺陷：一是各行动者在仿真视图中的位置并没有相关内涵；二是宏观层面的景观压力并没有相关的仿真说明；三是知识流动和能量曲线在结果中的不合理性。针对这三方面缺陷，在 NetLogo 平台代码中进行相应的改进，增加企业在社会空间中的定位，使得技术之间的交互发生在企业的三个维度上；对景观压力进行代码的定义，使得不同景观压力通过不同的初始参数表现出来；改进知识流动和能量的变化条件。

其次，为了进一步改进 Lopolito 模型，引入小世界网络和巨元组网络概念，将两种网络的复杂特征结合，考察网络结构中的复杂特征。该改进和 Lopolito 模型的修正措施同时进行，形成技术生态位视角下 TIS 网络演化模式的基础仿真模型（即 M0 模型），为后续研究内容进一步在各种模式下进行模型的仿真做铺垫。

第六章 转变模式的仿真分析

Anderson 和 Tushman（1990）认为，几乎所有的技术都在经历一种转变模式的演化。首先，经济、人文等环境都随着社会的逐渐发展而变迁，消费者的观念和技术应用惯力也随着这种缓慢的改变而经历一种类似“温水煮青蛙”式的变革。其次，行动者普遍无法预知未来的技术发展方向，加之对创新风险的忌惮，导致他们保守且倾向各自为政。Smith（2007）以有机食品的动态演化为例，指出有机食品的演化是显著符合转变模式特征的技术变迁过程，因为推动有机食品技术变迁的主体最早可追溯至 20 世纪中叶对绿色食品这种隐藏生态位有所追求的群体。随着宏观背景下人类健康意识的增加，以及对健康饮食的追求，有机食品才逐渐被体制行动者接受，证实有机食品技术的变迁并没有经受环境显著变化的刺激，暗示了转变模式的技术变迁可能需要经历长时间的检验。时至今日，有机食品仍然没有完全实现在全球范围内推广，其在部分国家的发展仍然存在较大的阻力，甚至人群也无法形成利于有机食品发展的共同认知和期望。由此，转变模式下，温和的宏观作用、较高的技术体制桎梏及极小的微观行为驱动可能令行动者之间无法形成对于同一种新技术体制的“共同期望”，愿景机制无法建立导致行动者之间很难进行知识的交互与学习，致使生态位呈现极不成熟的 0 期现象。

为了验证第四章中提出的假设，本部分内容调整第五章 M0 模型中景观压力的参数，以每步长期望增加 0.001 单位的速度代表常规型压力，形成技术生态位网络协同演化的转变模式仿真模型（以下称为 M1 模型）。

第一节 无外力干扰的转变模式仿真实验

初始设定参加仿真的企业数量为 80 家，无外力的干扰下（模型为 M1-a）的转变模式仿真过程如下。

本次随机仿真共进行了 14 个步长，仿真初始，由于系统中本身存在潜在的从事生态位技术的企业，在步长为 1 时即建立了 8 条连接，但很快社会空间中由于大部分企业对景观压力的反应较小，加之从事体制技术的企业对景观压力的反应并不是转向新型技术或突破型创新，而是选择渐进型创新进行生产工艺流程改进甚至是服务模式更新，许多从事生态位技术的企业发展遇到问题，纷纷退出生态位的市场以谋求发展，在步长为 2 和步长为 4 的时候连接数量降到 3 条，步长为 5 时连接数量为 2 条，最后在没有任何外力的作用下，于步长为 6 时 TIS 网络消失，但所有从事生态位技术的企业直至步长为 16 时才最终消失。

随着网络从无到有并最终消失的过程，如图 6-1 所示，首先，系统的平均利润也在波动中最终趋于 0（系统仍处于完全竞争市场的环境中），在整体演化过程中，生态位技术的平均利润经常处于小于 0 的状态，尽管某些步长的平均利润能够高于 0，但整体盈利情况并不稳定，无均衡状态的出现也直接导致生态位技术的最终消失；其次，网络整体的连接能量也随着连接数量的起伏而呈现两次波动的演化状态，但最终趋于 0。

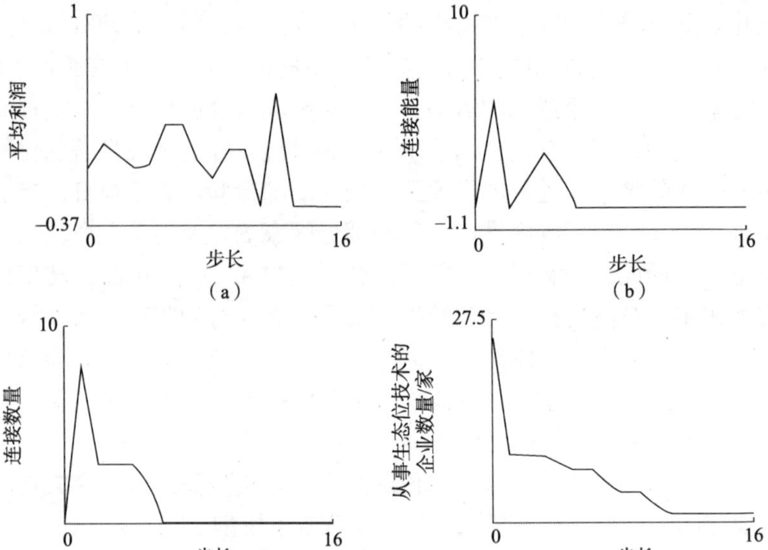

图 6-1 M1-a 模型随机仿真的平均利润、连接能量、连接数量和从事生态位技术的企业数量的变化

在随后进行的多次仿真实验中，所有的演化结果均与本次随机结果一致，仅结束（仿真的结束条件为系统中所有从事生态位技术的企业均消失）的步长有区别。多数仿真在步长为 14~16 时结束，最多进行的步长为 27，最少进行的步长为 6。在多次的仿真实验中，一些实验呈现几次演化的起伏，而一些仅有一次波动；一些仿真实验的平均利润一直处于低于 0 的状态，并有可能最终的利润停留在 0。

由此可见，在无外力干扰的前提下，生态位技术很难发展，网络无法构建，整体系统无法对温和的景观压力做出正确的反应。在此情况下，技术生态位网络协同演化过程和结果都不呈现任何的复杂网络特征。

第二节　外力干扰下的转变模式仿真实验

如前所述，外力干扰主要通过外部科学家等技术知识的主要载体将景观压力转换为系统愿景而实现，这种转换的过程也导致对体制技术的评判，将引起从事体制技术的企业的对抗和冲突。本书将这些转换、评判与冲突代入 M1 模型的仿真交互关系中，具体设计如下所示。

（1）外部知识载体对景观压力的转换通过改变愿景增加的幅度而实现（即 π 大于 0.001），这个幅度是一个关于企业能量（即仿真中的个体能量）的函数，并以一定概率发生。企业的生态位利润也与这种愿景转换机制相关，但由于利润在每次步长结束后均已成为企业能量的一部分，两个变量存在很大的相关性，此处将利润与企业能量进行合并。

（2）与 Lopolito 模型不同的是，M0 模型和 M1 模型为各企业的个体能量赋予了新的内容，使之成为从事技术开发、生产企业的重要属性之一（z 轴）。为了表现在转变模式下常规型的景观压力对体制技术的评判，本书规定体制技术将受到来自景观的温和但持续的影响，M1 模型中从事体制技术的企业的 I^{power} 参数将以一定概率在仿真的任何步长中均有机会小幅下降。当 I^{power} 参数降到 0 以下时，该企业消失。

（3）企业与企业之间的冲突具体表现形式为在有限资源基础上的市场竞争行为。激烈的市场竞争将导致利润下降。由此，本书设定在新旧体制的竞争过程中，冲突对从事生态位技术的企业的利润产生一定影响，通过式（5-14）中 ε 取值降低来实现。由此降低 p 的取值，企业以更小的概率获得正常收入。

由此，调整仿真参数，初始仍然设定企业数量为 80 家，加入外力干扰（模型为 M1-b）的转变模式仿真过程如下。

本次随机仿真共进行了 17 个步长。与无外力干扰下的转变模式不同，M1-b 模型的网络演化显然持续时间较长、网络结构较为复杂。仿真初始即很快于步长为 3 时建立了 16 条连接，且组成了相当规模的巨元组网络。连接数量并没有在压力下迅速消失，而是在步长为 5 时增加到 19 条。随后连接数量在短期内并没有发生明显变化。但由于 TIS 中对抗和冲突无法消除外部干扰对技术生态位的趋势影响，在步长为 13 时整体巨元组网络的规模降低，直至达到步长为 17 时的状态。TIS 中退出生态位的技术企业数量并不十分明显，仅是一种缓慢但趋势明显的状态。可见外力干扰下的技术生态位的转变模式并不能够扭转体制技术对 TIS 的占领地位，仅能够使得生态位技术获得较好的发展机会。但系统内部动力不足仍然无法使得生态位技术在温和的景观压力下成功转变为市场利基。如果能够预见到生态位技术的明显优势，则相应的其他措施的干扰才能够确保景观层面压力的导向。

外力干扰下的转变模式演化中，平均利润能够较为理想地位于 0 以上，说明在短期内（步长为 17 之前）已经初步脱离了完全竞争市场呈现垄断竞争市场的状态，连接能量也随着连接数量的波动而波动，从事生态位技术的企业的数量在初始设定基础上有所下降，但在短期内可以维持在一个均衡值动态稳定。如图 6-2 所示，说明加入外力干扰的 M1 模型的 TIS 整体效率与效用已经明显好于 M1-a 模型，进一步证明了外力干扰对技术生态位有益演化的积极作用。

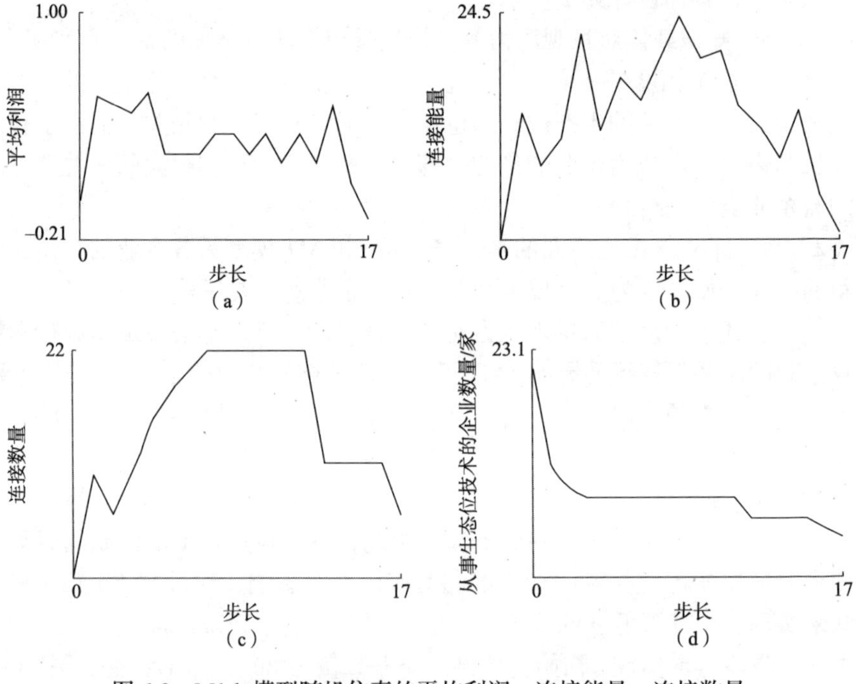

图 6-2　M1-b 模型随机仿真的平均利润、连接能量、连接数量和从事生态位技术的企业数量的变化

为了对第三章的假设进行验证，M1-b 模型加入了无标度参数（如图 6-3 所示，图 6-3 中灰色线为 y=0.8，即达到无标度网络的阈值）。M1-b 模型的任意随机仿真均无法使无标度参数达到 0.8，即 M1-b 模型在任何情况下都无法出现无标度网络结构。唯一例外的情况是，当网络仅余 3 个节点时，该参数达到 1，但该种情况

根据无标度网络理论尚不能算作无标度网络结构，因此忽略。

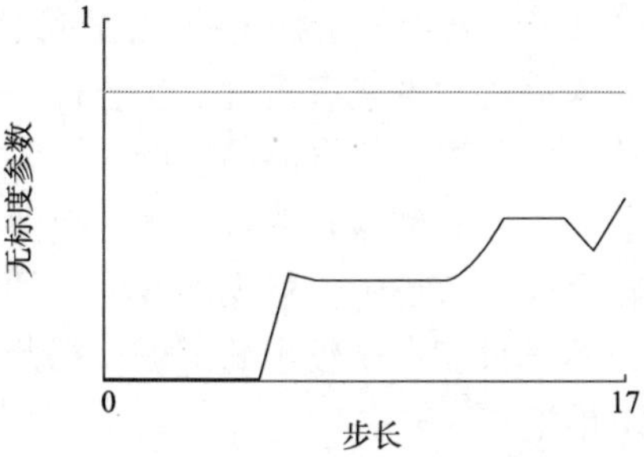

图 6-3 M1-b 模型随机仿真的无标度参数变化

M1-b 模型的仿真仍需考虑平均路径长度、集聚系数等小世界参数，但由于所形成的巨元组网络过于简单，该两种参数的计算条件并未达到，或很快随着生态位技术的消失而消失，并不具有考察价值。同时，社会网络的一般参数，如中心度等也处于同样考虑而在该模型中忽略不计。

在随机进行的多次仿真实验中，仿真过程均呈现该种情况，仅在节点数量和网络规模上有微小差别：一些仿真的网络呈现了明显增长后稳定较长时间的演化过程，如某次随机仿真进行到步长为 50~70 时仍呈现了 10 个稳定连接，在步长为 80 后才逐渐消失；少数随机仿真中网络规模极小，并在几个步长后不存在巨元组模型。

M1-b 模型仿真证明了转变模型下的网络形态较为简单，过于温和的宏观压力并不能使得生态位技术朝向理想趋势进行演化。即使加入外力干扰（该情况贴近现实状态），虽然短期能够取得较有规模的网络，也会因为系统内的对抗而趋于消失，不利于生态位技术的发展。事实上，这种情况与 Geels 和 Schot（2007）研究中的转变模式描述略有不同：该研究中举例认为荷兰的卫生系统从粪坑到下水系统的转变就是一种转变模式，并没有提及这种转变模式的具体演化过程。由仿真结果推断，该案例的转变不会由系统自行完成，应是加入了诸如行业标准、市场导向、政府强制等其他外力作用的结果，并区别于本书仿真中的知识载体外力协助下的景观压力转换作用。另外，外力干扰下转变模式的技术生态位网络并不呈现任何复杂网络特征。

第三节 本章小结

在温和的压力下，技术变迁的转变模式相当缓慢。这一点在如前所述的有机食品变迁中也可以得到印证：尽管世界各国都在逐渐增强人民对于有机食品的认知程度（对应为仿真中源自技术外部的干扰），但由于成本高的显著劣势，以及有机食品普及与认可程度尚未完善，推崇有机食品生态位的行动者仍然被看作市场中的试验者，且少有企业专门从事有机食品的生产，大多在原有业务基础上将有机食品看作另一项增值业务，并非利益相关者（生产企业、超市等）的主要盈利产品。可见，有机食品在今天的市场中仍然无法成为一种稳定的技术制度，在无剧烈的外部压力条件下，始终只能占据较小的市场。据此，综合实现过程和参数的仿真结果，并得到如下推论。

推论 6-1：转变模式能否持续取决于技术外干扰的作用形式与强度。

第七章　去结盟与再结盟模式的仿真分析

美国在19世纪末仍以马车作为主要的出行方式，然而，当时政治、社会和文化环境正经历前所未有的技术转型和经济体制变化，诸如区域城市化、移民、卫生运动、电力发展和中产阶级群体扩大等环境变化导致巨大的环境压力和技术变革潜在需求逐渐出现。在此情境下，传统的马车出行受制于成本高、客观卫生条件差、无法满足长途要求等缺陷，受到一系列先进可替代技术的挑战：自行车、电动车和汽车均在当时技术去结盟的变迁过程中成为技术选择，并带动新技术制度再结盟的过程，即传统以马车出行为核心的联盟形式开始瓦解，并逐渐被以自行车、电动车和汽车为核心的再结盟形式取代。

去结盟与再结盟模式下，巨大的环境压力推动、较低的旧技术体制桎梏，以及生存与发展驱动下的创新动力促使行动者产生重建技术制度的共同愿景，并试图通过新的结盟关系推动新技术体制的产生，进而促进网络演化并进入生态位技术萌芽（胚胎期）的网络阶段。

为了验证第四章中的假设4-2，本部分研究通过对M0模型的进一步改进进行具体仿真分析。

第一节　去结盟与再结盟模式的仿真设计

由于去结盟与再结盟模式面临的是来自景观层面的崩溃型压力，调整M0模型中景观压力的参数，以式（5-4）中每步长期望以2倍的速度代表崩溃型压力对期望造成的影响（f取值为2），但式（5-2）中生态位技术面临的利润风险将显著增加，即p取值由0.5提高为0.6。由此形成技术生态位视角下TIS

网络的去结盟与再结盟模式仿真模型（以下称为 M2 模型，为加以区分，每次仿真实验的去结盟阶段为 M2-a 模型，而再结盟阶段为 M2-b 模型），具体设计如下。

（1）为了突出显示去结盟的过程，M2 模型初始阶段设定从事体制技术的企业均位于体制技术的 TIS 网络中，该网络已经较为成熟。出于简化仿真模型的考虑，设定所有企业从事同一体制技术，景观压力所导向的技术生态位发展为单一方向，两种新技术体制并存的竞争关系见第五章第二节第三部分的研究内容。

（2）由于企业对体制技术丧失了信心，纷纷选择削减体制技术的 R&D 投资，或进入观望态度，或增加其他突破性技术的 R&D 投资。仿真实验中设定企业的社会空间位置处于不断变化中，企业拥有的能量也相对变化较大。在崩溃型压力的宏观作用下，一些企业很可能由于不适应景观压力或做出有悖景观导向的技术选择而破产清算（仿真程序中即为 die）；另外一些企业可能由于做出了正确的 R&D 投资决策而迅速壮大，此时从事的部门与技术能力发生显著变化；更有甚者，由于体制技术的崩溃，行业的进入门槛降低，许多新进入者趁机占领市场，获得市场利基。由此可推断，M2（尤其是 M2-a）模型的仿真视图中各智能体的社会空间与形态变化较显著。

（3）再结盟过程中随机出现多个网络，系统的网络参数以最大网络为基础进行计算。最大网络的判断标准为巨元组网络，即仿真模型中套用巨元组网络模型，并不以单一企业或单一连接关系作为观察点。

（4）无论通过正确的 R&D 决策成为从事生态位技术的企业，还是新进入的从事生态位技术的企业，根据波特五力模型理论，其都面临或大或小的进入壁垒。M2 模型设定这种进入壁垒带来的障碍大小是一个现有 TIS 网络规模的函数：无论体制技术的 TIS 网络还是生态位技术的 TIS 网络，规模越大，新进入企业面临的障碍越大；反之，障碍越小。新进入的从事生态位技术的企业所面临的风险还包括市场准入等方面，因此以一定概率在市场中生存。

（5）仿真模型中加入技术生态位发展态势的判断参数，即愿景机制、力量机制和知识机制，计算方法参照笔者前期研究（孙冰等，2013a），此处不予赘述。

第二节　去结盟过程的模式仿真实验

为了突出显示去结盟的过程，M2-a 模型初始阶段设定从事体制技术的企业均位于体制技术的 TIS 网络中，该网络已经较为成熟。在本次随机仿真中，初始仿真设定存在 80 家从事体制技术的企业，该网络较为成熟，存在 194 条连接，所有企业均存在于同一巨元组网络中（网络数量并非影响 M2 模型研究的主要因素，去结盟过程仿真并未特殊约束所有企业均位于同一巨元组网络中，因此在其他多次的随机仿真中，初始状态存在多个网络的情况）。

仿真进行到步长为 5 时，去结盟已经非常明显，崩溃型压力导致 4 家从事体制技术的企业退出市场，剩余 176 条连接，在系统中留下了较为松散的合作关系，系统中从事体制技术的企业的能量显著降低；而从步长为 10 之后，由于体制技术的系统已经无法在中观层面为生态位技术带来有效的阻碍作用（Verbong and Geels，2010），第一次出现了从事生态位技术的企业（2 家），此时体制技术网络连接愈加松散，剩余 51 家从事体制技术的企业，85 条连接，许多关键节点之间的连接断开，但此时尚未出现从事生态位技术的企业之间的合作关系；到步长为 18 的时候，再结盟过程正式开始，出现第一对从事生态位技术的企业之间的连接，从事生态位技术的企业增至 13 家，从事体制技术的企业降至 17 家的 23 条连接，体制技术仅剩余极为松散的连接，从该步长开始，去结盟和再结盟过程同时存在；到步长为 20 时，体制技术网络仅剩 12 条连接，但生态位技术的连接增至 3 条，此时从事生态位技术的企业数量为 16 家，超过从事体制技术的企业数量 11 家；去结盟过程进行至步长为 25 时，此时从事体制技术的企业剩余 29 家，而从事生态位技术的企业数量为 4 家（从事生态位技术的企业早在步长为 16 时即出现）；去结盟过程进行至步长为 25 时结束（为加以区分，去结盟过程结束后，仿真视图界面由灰色变为白色，表示 M2-a 模型与 M2-b 模型的界限），此时存在 31 家从事生态位技术的企业，7 对从事生态位技术的企业进行合作，但合作规模均不大。在步长为 18 到步长为 25 的阶段内，体制技术的 TIS 网络与生态位技术网络并存，但均为结构较简单的网络，新旧体制技术的网络之间存在微弱的竞争关系。

在去结盟随机仿真实验进行的过程中，仿真的参数变化曲线中出现了几个值得注意的节点（图 7-1）：一是在步长为 18 时，从事生态位技术的企业（图中为黑色）和从事体制技术的企业（图中为灰色）数量变化曲线出现了交叉，此时双方企业数量均为 14，在步长为 18 之后，从事体制技术的企业数量逐渐降为 0；二是体制技术的 TIS 中总连接数量在步长为 3 之前未发生变化，表现出体制技术网络对来自景观的崩溃型压力仍然有一段时间的反应时滞，也代表出较稳定的体制技术网络仍带有一定程度的技术惯性，并未产生及时的应对措施，体制技术在中观层面上的稳定性也使得原有体制能够持续一段时间，但在步长为 3 后体制技术网络的能量已无法负担崩溃型的景观压力，连接数量开始显著下滑；三是尽管在步长为 10 时即出现了第一家从事生态位技术的企业，行业中平均利润却是在步长为

16 之后开始扭转亏损局面，可见从事生态位技术的企业尽管迎合了景观压力下的演化方向，其成长过程却不能一蹴而就；四是平均的连接数量在最初的下滑后趋向一种稳定的动态变化，其数值大概为 1 左右；五是技术生态位的愿景机制达到了 0.304，但力量机制和知识机制与愿景机制相比结果并不突出，可见在去结盟的后期和再结盟的前期，技术生态位处于胚胎期。

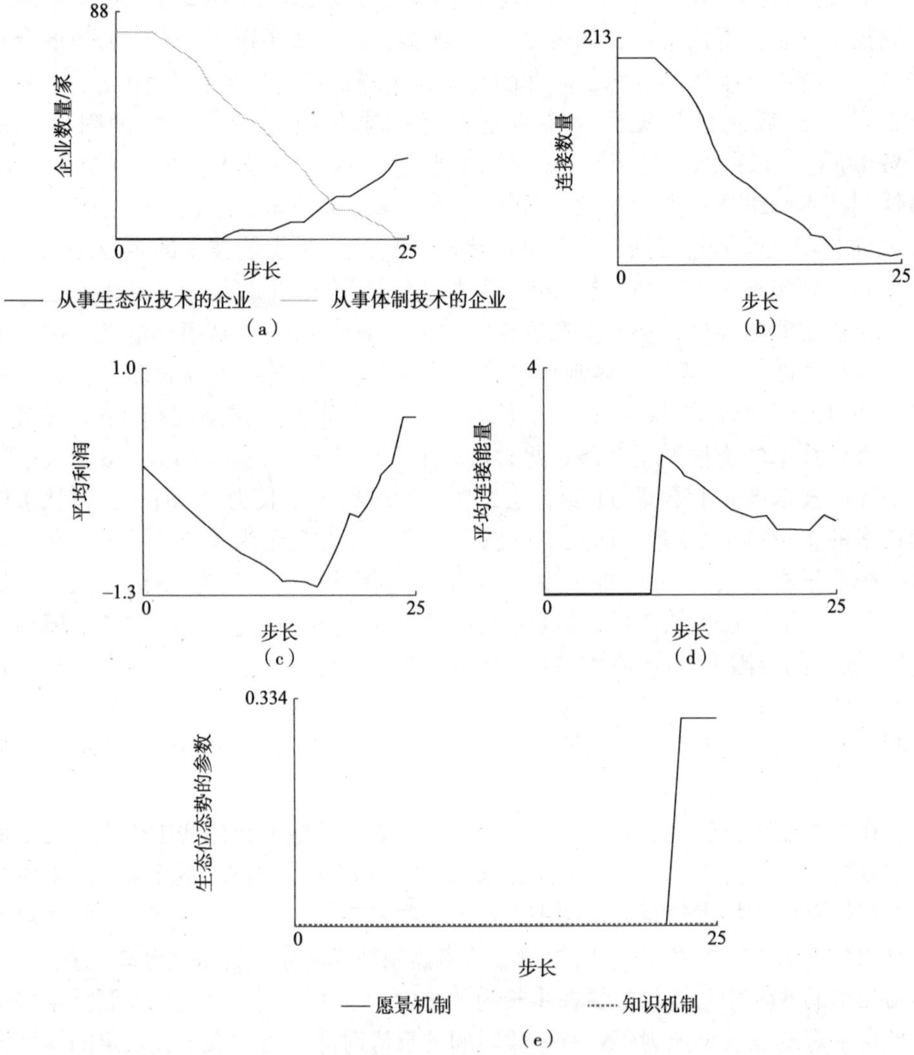

图 7-1　M2-a 模型随机仿真的企业数量、连接数量、平均利润、平均连接能量和生态位态势的参数的变化

在随后进行的多次仿真实验中，所有的演化结果均与 M2-a 模型仿真随机结果

一致，仅正式结束去结盟阶段的步长有区别。多数仿真在步长为22~30时结束。在多次的仿真实验中，所有的参数（企业数量、连接数量、平均利润、平均连接能量和生态位态势的三个参数）变化趋势均基本一致，仅参数大小随每次仿真实验有并不显著的差距，初步形成了一定的路径依赖现象。

由此可见，在去结盟的模式中，生态位技术在体制技术越来越弱的干扰下不断发展并建立彼此的合作关系，崩溃型压力使得生态位技术网络协同演化不可逆，并且每次仿真都呈现相同的变化规律，出现路径依赖现象，并且仿真后期技术生态位态势进入胚胎期。

第三节　再结盟过程的模式仿真实验

去结盟与再结盟模式是一个连续的过程。为了使仿真实验具有连续性，本书在M2-b模型分析中持续进行第五章第二节第一部分中M2-a模型的仿真实验，并未重新开始。

当M2-b模型进行到步长为40时，系统中出现了46个从事生态位技术的企业，建立了19条连接，但并非所有连接都位于同一网络中，网络中的合作是分散且并不相连的，M2-b模型继续借鉴巨元组网络模型的思路，着重分析最大网络的网络特性，此时巨元组网络规模为5，所有的8个网络均规模较小，平均利润较低，合作建立的速度较慢。仿真随机进行到步长为48时，第一次出现了集聚系数0.292，此时TIS中存在54个从事生态位技术的企业，25条连接，8个较小规模的子网络，其中巨元组网络是在步长为40时巨元组网络的基础上增加而形成的合作网络，巨元组网络规模为11，因此，尽管该巨元组网络的集聚系数并不低，但并不代表网络的复杂网络特征。仿真进行到步长为65时，集聚系数降低到0.099，此时TIS中存在70个从事生态位技术的企业，39条连接，巨元组网络的规模得以提升，融合了更多的从事生态位技术的企业，巨元组网络规模达到14。当仿真进行到步长为80时，系统中产生82家从事生态位技术的企业，61条连接，集聚系数为0.049，巨元组网络规模达到25，覆盖了系统所占社会空间的大概四分之一的部分。虽然巨元组网络规模与整体地从事生态位技术的企业规模相比，只占据小部分比例，但网络初具规模，能够形成一定创新效益。

在M2-b模型进行的持续随机仿真实验过程中，从事生态位技术的企业数量随之稳步增加，尽管初始条件设定新企业进入门槛和已形成的TIS网络规模呈正比关系，此种设定却并未对新企业的进入产生实质性的影响，原因就在于网络规模仍然较小，未达到形成进入门槛的条件。再结盟形成的生态位技术网络的无标度参数并未达到界限，其网络中连接数量在去结盟阶段极速下降后缓慢而平稳的增长，相应地，平均利润也随着这种增长呈现稳定增加的现象，而网络中平均连接能量也在小幅波动后达到一种动态稳定的状态，始终大于 2。进入再结盟过程后，M2-b 模型增加了对巨元组网络的观测，所绘的观测点均位于斜率为 3 的直线附近，但并不沿直线随步长延伸，而是处于往复的变化中。技术生态位态势始终处于胚胎期阶段，愿景机制在波动中达到较高水平（图 7-2）。

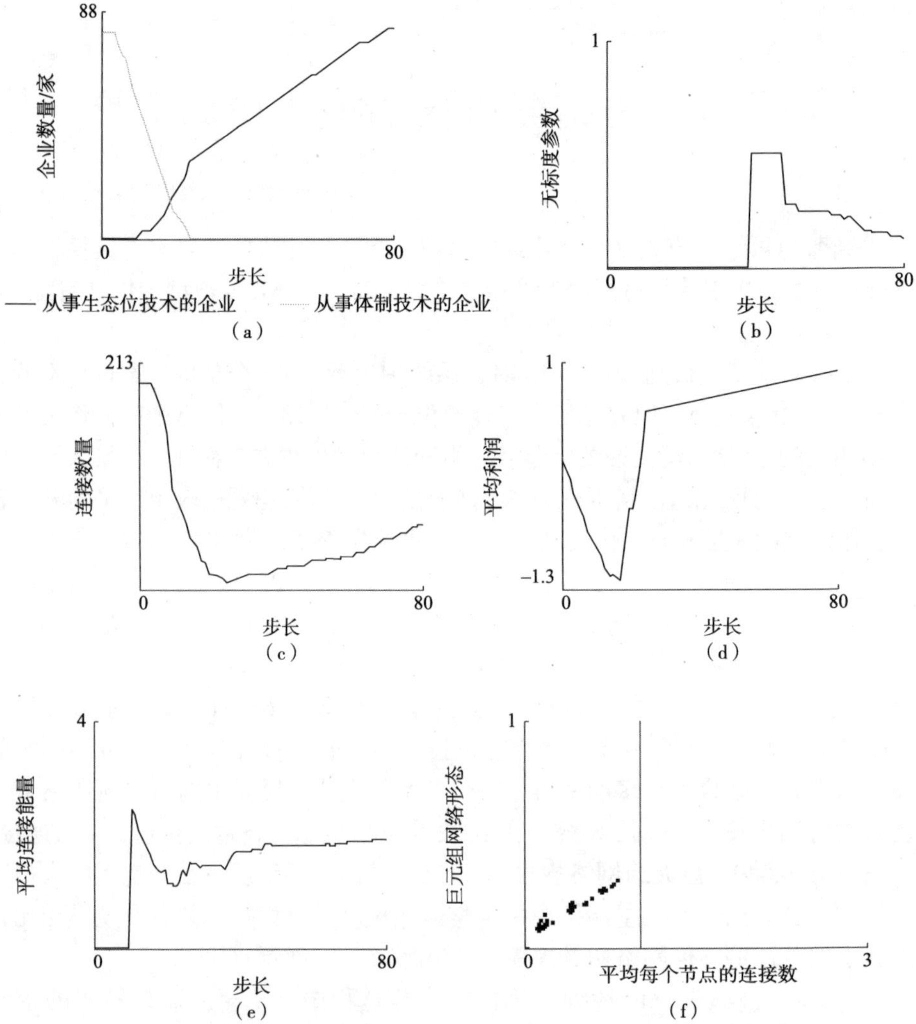

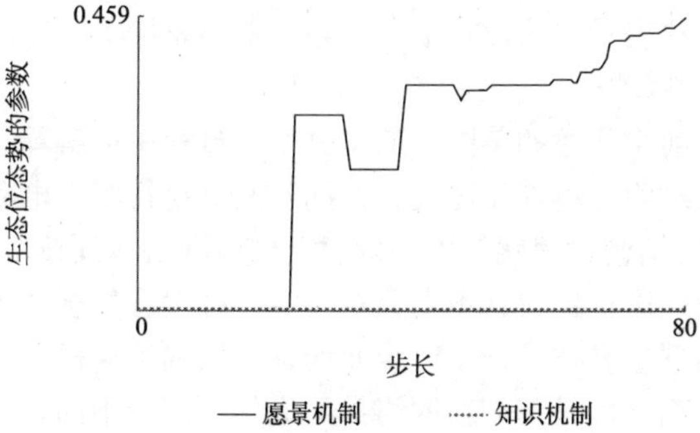

（g）

图 7-2　M2-b 模型随机仿真的企业数量、无标度参数、连接数量、平均利润、平均连接能量、巨元组网络形态和生态位态势的参数的变化

由于 M2-a 模型和 M2-b 模型本身的条件限制，研究控制每次仿真最多不超过 90 个步长，每次仿真结果均和上述随机仿真实验基本一致，仅在参数的大小方面有些许差别，各参数的变化趋势和曲线走向并无随机偶然的例外，表现出较强的路径依赖特征。值得一提的是，几乎每次仿真到 80~90 步长时，形成的巨元组网络都“偏安一隅”，虽每次规模并不大，但占据的社会空间位置并不相同，这种相同设定下产生的随机演化结果与仿真过程中偶然产生的事件相连，如某一从事生态位技术的企业拥有较大的能量，或新进入的从事生态位技术的企业偶然集中于某一空间，导致随机步长范围内一部分距离较近企业之间以较大概率进行合作，引致该范围内巨元组网络的产生。这也是历史微小事件所引发的路径依赖结果，也是复杂适应系统中的连通性（connectivity），即微小部分的变化引起了其他相关系统单元的整体变化。

第四节　本 章 小 结

去结盟与再结盟模式的平均利润呈现稳定增加的态势，说明生态位技术将逐渐被市场接受，进而带来高于体制技术的收益。平均连接能量也在小幅波动后达到一种动态稳定的状态，但并未持续上升，而且生态位技术的巨元组网络规模呈现区域集中的态势，这种结果证实了典型的区域特性，即合作连接的密集程度将决定生态位技术推广和扩散的效果。此外，愿景机制在再结盟阶段能够达到较高水平，代表生态位技术进入胚胎期态势。但力量机制和知识机制并没有达到阈值条件，说明结盟与再结盟模式的技术变迁无法产生“技术锁定”，很难建立新主导技术的创新轨道。这表示在该模式中，主导技术并非技术变迁整体的“最优解”，网络无法涌现复杂性特征。

该观点能够在前文所述的美国交通工具变迁过程中被解释。压力维度的巨大作用使得马车的去结盟过程首先出现，并同时凸显自行车、电动车和汽车三种技术的生态位选择。再结盟过程就是生态位建立创新网络达到技术锁定目的的过程。为了方便与其他模式进行比较，本书只对其中一种生态位选择进行过程仿真。由于马车之后并未出现主导技术，生产企业面临大量的市场机会，整体产业对于新生态位期望水平较高，但是，创新网络并不成熟，产业中尚未出现核心企业、网络集聚和高效知识流动等现象，导致了生态位态势阶段为胚胎期的结果。

需要关注的是，美国由马车到汽车的变迁并不如仿真显示的效率低，甚至是较快地完成了演化过程，其原因在于以福特公司为代表的美国汽车产业的成本的降低是大规模生产带来的，即再结盟过程伴随重组模式，也就加速了汽车成为主导技术的进程。据此，综合实现过程和参数的仿真结果，并得到如下推论。

推论 7-1：技术变迁的去结盟与再结盟模式的分散的区域连通性可能导致主导技术出现空白期。

第八章　替代模式与重组模式的仿真分析

Geels（2002）以英国帆船到汽船的演化为例解释了基于替代模式的协同演化过程：19 世纪 50~60 年代，帆船仍然是船舶及海上运输行业中占据核心生态位的技术制度，汽船仅在内陆水运、港口拖船中被尝试性地使用。1838 年开始，英国政府为了扩大汽船的使用范围，决定对使用汽船进行邮递业务的市场进行补贴。尽管成本更高，但是汽船速度更快、安全性更高、可循环利用次数更多等技术优势更利于邮递业高效地完成投递任务。同时，以欧洲至美洲大量移民为触发条件的人口转移环境压力为汽船市场直接提供了更多的实际需求和更有前景的发展空间。因此，随着欧美大陆间海洋货运贸易的开展、大范围移民活动的兴起，汽船得以广泛使用，特别是苏伊士运河的开放尤其刺激了汽船替代帆船的演化。为了减少多重压力的影响，降低传统惯力对新技术的作用，内生一定的创新动力，行动者更可能萌生对新技术体制的共同愿景，并主动围绕新技术逐步形成一系列的商业化行为（Geels，2005a；Turnheim and Geels，2013），进而形成基于新技术的亚成熟网络阶段（原型期）。

与替代模式相对，美国工厂从传统生产到大规模生产的演化是显著基于重组模式的演化过程（Geels and Raven，2006）：19 世纪 50~90 年代，美国的传统制造工业见证了工业生产与作业机械的重要动态变化。19 世纪 50 年代初至 60 年代中叶，由于当时车床、刨床、钻孔机及铣床等单一设备的流程化生产存在成本高、效率低、应用范围有限等缺陷，以传送带与滑轮的组合机械生产开始出现，并通过对加工工艺流程的重组实现了第一次技术变迁。19 世纪 60 年代末至 70 年代末，显著的技术进步需求和美国市场经济的复苏使得基于电池驱动的小型电动生产设施、钢化及宝石钻头、小风扇等技术再一次完成了制造业生产技术的重组模式变迁。19 世纪 80 年代初期至 90 年代中期，产品生命周期的缩短、顾客需求的精细化等外部环境的多重压力使得精益且通用的零部件生产工艺，以及人工智能的流水作业型技术快速实现了由传统简单生产技术到复杂工艺与人工智能相结合的制造业技术重组，进而扩散到全产业（尤其是加工业、化学工业、石油工业等）并获得可观的规模经济效应（Geels，2005b）。由此，在重组模式的技术变迁过程中，多重的压力作用、微弱的惯力桎梏，以及显著的动力驱动使得技术变迁过程摆脱路径依赖，不同行动者借助生态位技术改善创新局面的共同愿景一定存在，并产生频繁的学习与试验活动，创新的扩散效应促使新技术构成的网络进入复杂程度更高的阶段（Geels，2002；Geels and Schot，2007）。

为了验证替代模式和重组模式的网络协同演化过程，本部分研究在第五章M0模型的基础上进行了改进。

第一节　替代模式的仿真设计

在技术替代模式下，多种压力同时发生，并作用于体制技术网络和技术生态位网络。由此调整M0模型中的景观参数，以式（5-4）中每一步长期望以倍数和调整参数同时增加的方式表示多种压力作用下的景观条件。同时，由于两种技术体制同时存在，并在一段时间内形成竞争关系，成本与收益都会受到影响。由此形成技术生态位网络的技术替代模式仿真模型（以下称为M3模型），具体设计如下所示。

（1）仿真的初始阶段即出现生态位技术，但与M2模型不同的是，M3模型中从事生态位技术的企业非常具有内部动能，合作的意愿非常大，也较容易建立网络关系。虽然在技术体制层面上发展生态位技术有一定程度的惯力，但根据Vonberg等（2010）的研究体系，事实上来自中观的较稳定的技术体制并不会对生态位技术产生负向作用，反而有利于技术生态位的TIS构建与形成。

（2）体制技术的行动者同M1模型和部分M2-a模型中的企业一样，仍然在多种压力的作用下倾向选择渐进式创新迎合消费者的市场需求。短时间内，这种对技术的部分创新、工艺流程创新或市场营销渠道改进以一定概率取得成功，并由于一些企业退出市场或转变技术体制且生态位技术尚未完全发展起来，能够增加部分企业的资源占有量，获得较高的市场占有率。但由于不符合景观压力的发展趋势，一部分企业转变生产方式进行生态位技术的开发与生产，加之另一部分企业由生态位技术进入市场，竞争的压力导致体制技术缓慢退出，产生技术替代现象。

（3）M3模型中所显示的技术替代在网络形态上类似于M2-a模型和M2-b

模型同时发生。而这种技术替代现象与 M2-b 模型所描述的过程相似，都存在临界质量和技术锁定问题。关于该问题的讨论需要不同的参数系统，因此在第九章中借助 M2 模型的补充仿真架构进行系统分析，本节不予赘述。

第二节　替代模式的仿真实验

M3 模型初始阶段设定体制技术的 TIS 网络已经较成熟，但压力作用下已经出现一定数量的从事生态位技术的企业。由于仿真过程中涉及多种类型的企业，还将辨别从事生态位技术的企业的 TIS 网络中的巨元组网络，M3 模型仿真的视图较 M1 模型和 M2 模型更为复杂一些。在步长为 0 时，初始设定从事体制技术的企业为 80 家，从事生态位技术的企业为 15 家。从事体制技术的企业的 TIS 网络连接较多，有 278 条连接，但从事生态位技术的企业只形成 1 条连接。仿真进行到步长为 10 时就在景观压力的作用下产生 4 对从事生态位技术的企业连接，生态位技术的巨元组网络规模为 5。但此时 7 家从事体制技术的企业从原有 TIS 中消失，连接降为 255 条，从事生态位技术的企业数量增加至 26 家。仿真进行到步长为 25 时，从事体制技术的企业又减少至 53 家，连接降至 148 条，而从事生态位技术的企业增加到 39 家，连接增加至 11 条，最大巨元组网络规模仍然为 5。从步长为 25 之后，技术生态位网络增长速度加快，网络扩展现象十分显著。仿真进行到步长为 45 时，从事体制技术的企业降至 33 家，连接为 65 条，而从事生态位技术的企业增加至 62 家，连接为 27 条，此时巨元组网络规模为 7，且每家企业的能量也同时显著增长。生态位技术网络继续保持显著扩张的演化状态。当仿真步长为 60 时，从事体制技术的企业为 16 家，连接数量显著降低至 19 条，从事生态位技术的企业增加至 85 家，连接数量为 59 条，巨元组网络规模为 22。仿真进行到步长为 85 时，体制技术彻底消失在市场中，仅剩余生态位技术，此时生态位技术替代体制技术成为新的技术体制。

尽管体制技术在技术替代的演化模式中呈逐渐衰退的趋势，仿真过程中某些特定企业获得了更多资源，仍然能量较大。究其原因应该是体制技术的市场资源集中到少数仍然“存活”的从事体制技术的企业上，而这些少数的企业由于能够获得更多的体制技术订单而短期利润增加，但这种情况并不能持久。长期而言，激烈的技术体制之间的竞争导致体制技术不可避免的衰退及从事体制技术的核心企业的消失。

在 M3 模型进行的持续随机仿真实验过程中，图 8-1 显示了上述各项参数的变化，能够充分体现两种技术在演化中的替代过程。这种替代包括三个方面：其一为数量的替代，发生在步长为 30 的时候，从事生态位技术的企业数量首次超过从事体制技术的企业数量；其二为连接数量的替代，发生在步长为 53 的时候，技术生态位网络连接数量超过体制技术网络连接数量；其三为平均利润的替代，发生在步长为 41~46 阶段，在 5 个步长的阶段内，两种技术产生了一定竞争。M3 模型增加了集聚系数和平均路径长度。仿真过程发现，集聚系数随着替代模式演化的深入而逐渐增加，但平均路径长度则相反。这种现象与第四章中仿真结果一致，属于网络扩张过程中的普遍趋势，体现了技术生态位网络的逐渐发展成熟。当仿真进行到步长为 78 后，集聚系数进入稳定阶段，在 0.4~0.5 波动，说明技术生态位网络已经趋于一种相对稳定增长的状态。复杂网络理论表明，更高平均集聚系数的网络具有模块结构，同时在不同节点中还有更小的平均路径长度。图 8-1 能够更好地表现出高集聚系数对应较小平均路径长度的关系。但模块结构问题需进一步结合凝聚子群参数进行深入分析，且该次仿真中巨元组网络规模仍然较小（未出现整体巨元组网络），因此模块结构仍需未来研究进行证明。

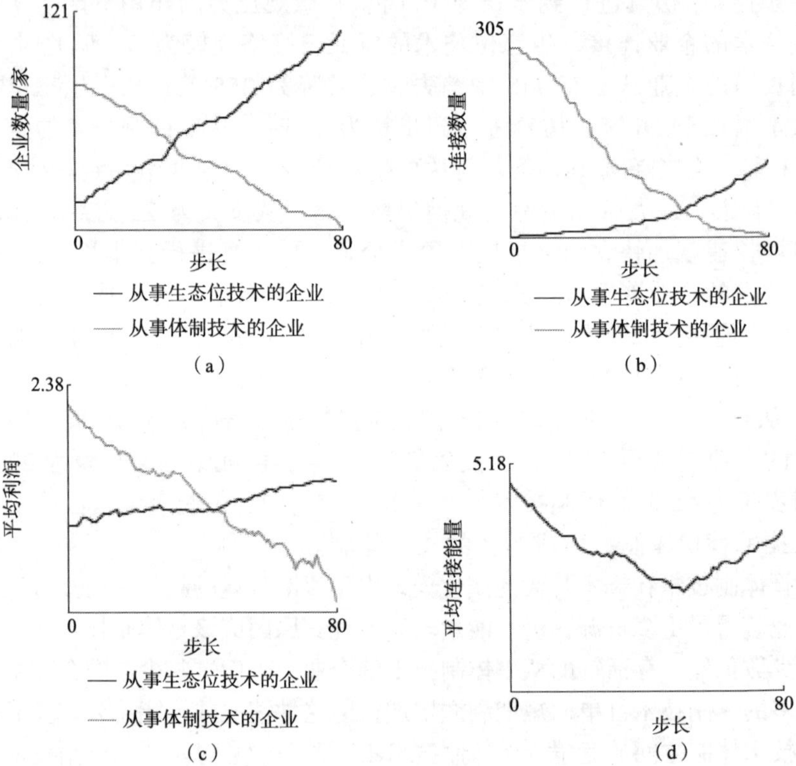

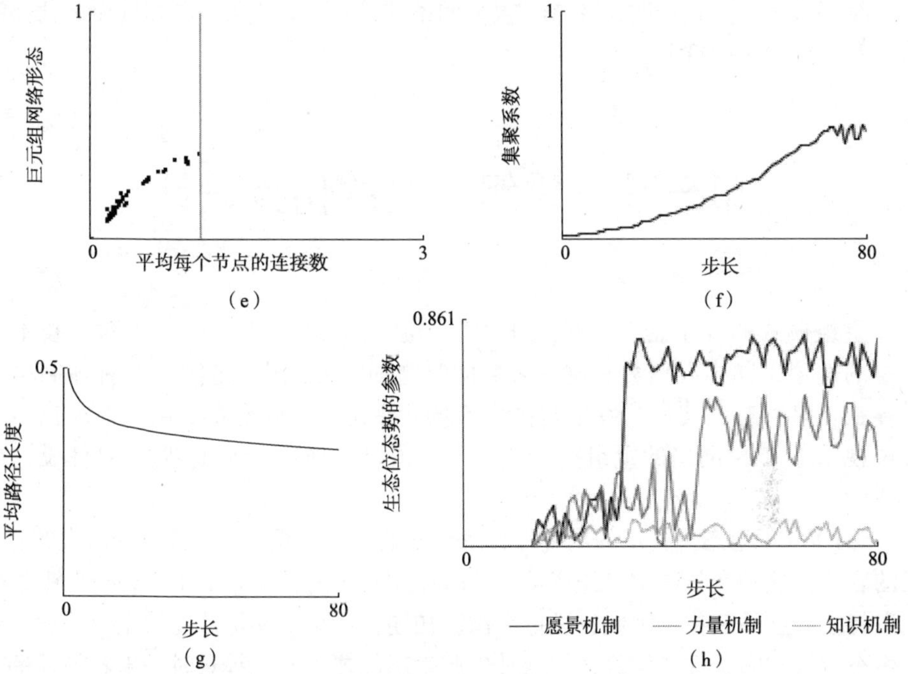

图 8-1　M3 模型随机仿真的企业数量、连接数量、平均利润、平均连接能量、巨元组网络形态、集聚系数、平均路径长度和生态位态势的参数的变化

图 8-1（h）也明显反映出愿景机制和力量机制在生态位技术网络具有一定规模后，二者均在特定范围内波动，但知识机制的结果并不高，由此可推断 M3 模型的态势位于原型期。

由于赋予的初始条件和演化条件足够复杂，M3 模型具有集中非典型的随机仿真结果。第一种情况为 M3 模型随机仿真实验中出现替代现象的步长并不相同，一些随机仿真实验甚至能够出现较大巨元组规模的网络和体制技术网络同时存在的情况，即市场中存在具有较大“力量”的生态位技术网络，但同时原有的体制技术并没有完全消失，如某次随机仿真实验中，当步长进行到 80 时，两种技术的 TIS 都同时存在，生态位技术占绝对优势，但原有体制技术并未完全消失。

第二种情况为近似 M2 模型的结果，即两种技术虽同时存在，但并非“此消彼长”的关系，而是在某个阶段均未占有大部分市场，此时两种技术体制的网络规模均较小，如某次仿真中，当步长进行到 67 时，体制技术已衰退，但生态位技术尚未完全成长，巨元组网络规模较小，此时两种技术体制非常容易遭到外部的冲击而遇到发展瓶颈。

经多次仿真实验证明，在 M3 模型的条件设定下，生态位技术完全替代体制技术的步长为 70~90 时。

第三节　重组模式的仿真设计

重组模式的发生是多种景观压力下的必然结果。式（5-3）中对于技术生态位的期望也同样以倍数和调整参数同时增加的方式进行演化。两种体制虽同时存在，但生态位技术的发生与占领市场几乎是不可避免的，由此形成技术生态位视角下 TIS 网络的重组模式仿真模型（以下称为 M4 模型），具体设计如下所示。

（1）由于生态位技术的出现是技术要素的整合与重组，也是一种重大的、彻底的变革，这种变革通常最先产生于从事体制技术的核心企业中，即行业中的领先者将主导这种演化。因此，设定在仿真初期，系统中能量最高的企业就拥有生产生态位技术的条件与优势，但这种生产生态位技术的优势暂时并未获得外部效应，也尚未得到市场认可。随着时间的推移，生态位技术的优势才逐渐凸显，在整体体制技术的系统中得到扩散。

（2）重组模式是生态位技术在网络中的一种创新扩散，由核心企业开始，沿着网络关系向外传导。与从事生态位技术的企业进行合作的从事体制技术的企业是否采用生态位技术遵循一定的概率（50%）。若采用，则生态位技术的网络期望增加，满足景观压力的趋向使得该企业能量增加；若不采用，则该企业的能量可能减小。但这种选择并不是只有一次，从事生态位技术的企业的溢出效应在每一个步长中都会影响到相连企业的技术选择，除非从事体制技术的企业消失，否则技术选择机会发生在每一个步长中。

（3）在重组模式的生态位技术演化中，并非所有从事体制技术的企业都会最终选择生态位技术。在创新扩散的过程中，一些企业的经营状况无法负担转换技术体制的成本，或在转换之前已经被市场淘汰。这些情况都将导致市场中原有从事体制技术的企业不会完全保留下来，在仿真中就表现为后期企业数量的减少。但 M4 模型仿真并未设定新进企业加入市场的情况，因为该种情况虽然在现实中发生概率很高，但对该 M4 模型仿真并不具有研究价值。

第四节　重组模式的仿真实验

M4 模型仿真初始设定体制技术下 80 家企业的网络非常成熟，拥有 329 条连接，该网络已经具有巨元组网络规模，并且具有一定的利润水平。此时网络中的核心企业具有生态位技术的条件并进行了开发，但在步长为 0 时，这种生态位技术并未得到网络中其他企业的认可，即创新扩散尚未发生。在初始阶段相当长的时间中，市场一直对这种生态位技术进行检验与测试，但这种测试过程通常要经历很多步骤（小试、中试、试销等）才能够在保护状态中被市场接受。

在 M4 模型的随机仿真中，这个步骤直到步长为 23 时才在市场中产生了第一次成功的创新扩散，此时有 7 家从事体制技术的企业已经在景观压力下消失在市场中，一些能量较弱的连接消失，从事体制技术的企业产生的连接数量为 295 条。核心企业所引发的创新扩散引起了积极的外部效应，到步长为 45 时，第二次创新扩散出现，从事体制技术的企业减少为 64 家，连接数量降至 224 条。但随着第二次创新扩散的出现，这种技术重组带来的创新利润在体制技术网络中迅速产生较高的期望，使得市场中对于这种重组的生态位技术存在较好的预期。从步长为 45 后，生态位技术呈现了指数增长的情况。当步长为 62 时，生态位技术的 TIS 网络明显扩大，网络成员数量为 16 家，从事生态位技术的企业产生的连接数量为 48 条，从事体制技术的企业减少到 44 家，体制技术连接数量为 152 条。随后生态位技术继续扩张，在仅 8 个步长后，即步长为 70 时，生态位技术网络规模就扩大至步长为 62 时的 2 倍，出现 106 条连接，此时生态位技术已经在市场中超越体制技术占领优势地位，从事体制技术的企业剩余 24 家，连接数量为 56 条。当步长为 77 时，市场中从事体制技术的企业完全消失，56 家从事生态位技术的企业的 172 条连接完全占领该领域市场。

在随机仿真中，企业数量和连接数量分别在步长为 69 和步长为 68 时产生了生态位技术超过体制技术的情况。与 M3 模型不同的是，M4 模型仿真在结束的时候，无论企业数量和连接数量均未超过初始状态，这与 M4 模型仿真并未添加“新企业进入市场”这一条件相关。平均利润也在步长为 69 时产生了替代现象，说明整个生态位技术的 TIS 网络在步长为 69 时已经取得了完全的市场优势。值得注意的是，整个随机仿真过程的平均连接能量变化如下：生态位创新产生在核心企业内部，因此当步长为 23 出现第一次创新扩散时，唯一的连接能量较高，连接也较紧密，因为该连接来源于核心企业的合作伙伴，这种生态位创新的连接质量较高，连接能量也较高，直至步长为 45 出现第二次扩散时，生态位技术的连接能量都是较强的。但在生态位创新由从事生态位技术的企业向外扩散后，一些小企业（或边缘企业）也逐渐采用了生态位技术，但此时连接质量相对降低，降低了平均连接能量；而就体制技术来说，尽管在生态位技术的演化过程中平均连接能量缓慢降低，但后期坚持从事体制技术的企业均为在市场中拥有一定市场力量（号召力、利润率等）的主体，故后期连接能量并未完全低于从事生态位技术的企业。另一个重要的原因也在于，从事生态位技术的企业之间初期建立的连接尚未得到巩固，尽管得到景观压力的导向作用，但 TIS 网络并非较稳定状态。此外，由于生态位技术沿已有的网络扩散，巨元组网络一直存在。集聚系数和平均路径长度的变化趋势与 M3 模型相似，均呈现网络成熟过程的正常发展状态。

在 M4 模型仿真中，第一次创新扩散出现之时即产生了较高的愿景机制，但力量机制和知识机制并未随之增高。直至技术生态位网络发展至一定规模（45~59 步长），两种机制得分的波动幅度上限超过了 0.2。当技术生态位网络到了步长为 59 之后，整个网络的三种机制均在各自范围内小幅波动，但总体而言，三种机制均得分较高。由此可判断 M4 模型后期达到了生态位发展的成熟阶段。上述描述的各项参数见图 8-2。

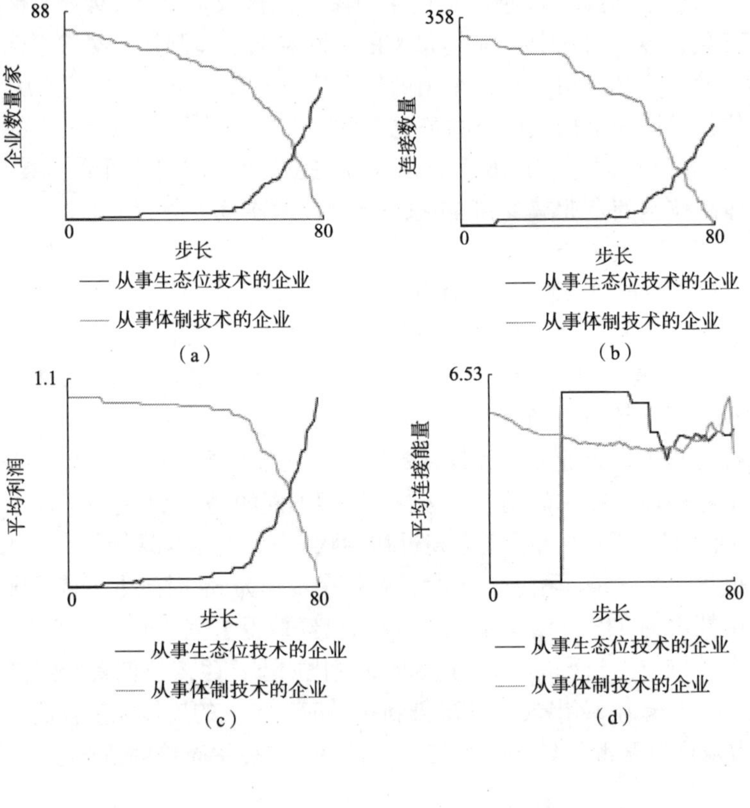

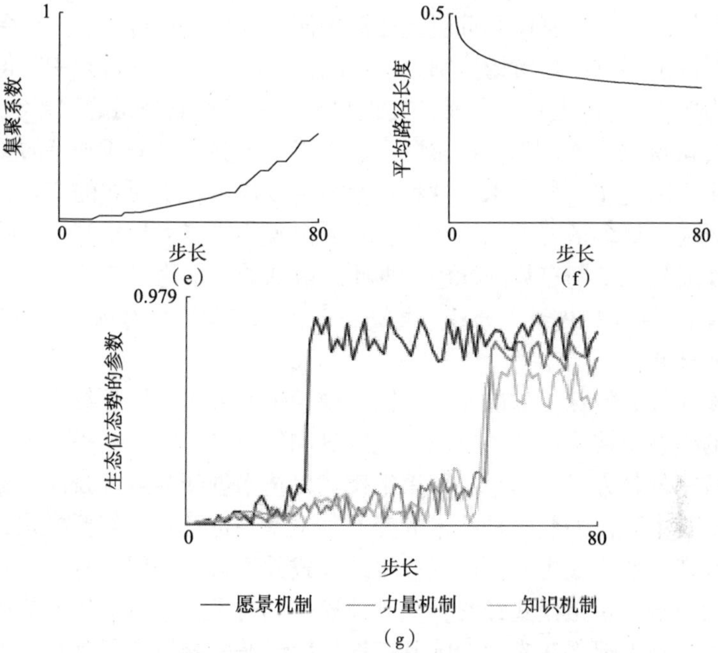

图 8-2　M4 模型随机仿真的企业数量、连接数量、平均利润、平均连接能量、集聚系数、平均路径长度和生态位态势的参数的变化

M4 模型仿真经过了多次仿真实验。最快速达到从事体制技术的企业消失状态的实验步长为 35，最慢的步长为 86，相差较大。其原因在于，不同市场和景观压力的随机作用导致核心企业的生态位技术被市场完全接受的时间不同。无论何时产生第一次创新扩散，生态位技术都将在之后飞速占领市场（事实上，大部分占领市场的时间都产生在第一次创新扩散后，少部分出现在随机仿真过程中，两次创新扩散才出现生态位技术的飞速增长）。所有仿真实验中的参数演化规律均与图 8-2 所示的趋势相当，同样呈现路径依赖现象。

第五节　本 章 小 结

技术替代是目前主流的演化模式，如正在进行的传统能源向新能源的转变，其大部分技术的演化过程就属于该种模式的协同演化。技术模式中的生态位技术并非绝对意味着新产生的技术，帆船和汽船技术替代的例子充分说明，生态位技术（汽船）可能出现较早，但在发展的过程中被其他技术（帆船）占领了市场利基，直至环境压力（大移民和苏伊士运河）使得其重新获得了发展机会。替代模式一个重要的发展节点是市场控制力的形成，汽船就是在19世纪中叶得到了发展市场控制力的机会，海上货运贸易的出现与需求使得汽船公司的重要性逐步提升，许多汽船公司得以在该过程中积累资金、发展市场势力，形成独特的竞争力，使得汽船技术逐渐赶超帆船技术。这种控制力可以代表技术形式的变化，更可能成为创新的风向，更多情况则二者皆是，它的出现代表着力量机制的成熟，也是技术生态位发展到原型期态势的标志。据此，得到如下推论。

推论8-1：技术替代模式的技术变迁是新技术借助“生态位积累与扩张”塑造市场权力的过程。

重组模式极为特殊，如前文的美国大规模生产方式，该类技术变迁的情境必须以成功的生态位技术创新（车床、铣床等和传送带、宝石钻头、小风扇）为前提，并以重塑创新方式为结果，即重组模式以技术创新为触发条件，更可能是颠覆性创新，其中不仅涉及多种技术的变革与发展，也意味着创新模式，乃至整个创新环境及产品的彻底更新。因此，重组模式并不常见，但一旦发生，就可能产生更深远的影响。重组模式经常伴随其他模式同时发生。目前传统能源向新能源技术转化的过程迟迟无法实现，除基础设施建设等问题没有得到普及等外生因素外，还与全产业核心技术并未触发整体生态位创新（如电池续航能力、电池制式）等内生因素有着无法割裂的重要关系。换言之，若要达到市场认可的最终目标，重要途径之一就是将生产过程中的关键技术进行变革，使得新的生产过程和生产标准迅速在全产业进行普及。据此，得到如下推论。

推论8-2：技术变迁的重组模式是行动者借助创新的突破性成果实现颠覆性技术变迁的途径。

第三篇　决 策 模 型

第九章　技术锁定与解锁决策：临界质量模型

第七章与第八章中的 M2 模型与 M3 模型体现了从系统内生角度出发而言新技术产生与旧技术消亡的网络特征。但新技术的产生过程并不如 M2 模型与 M3 模型一样以单一选择出的满足新景观趋势的技术体制进行演化，而是多种技术体制竞争的过程，最后满足景观发展趋势的技术体制取得竞争优势。但仅有 M2 模型与 M3 模型还不能表现出不同技术体制之间的竞争。出于该考虑，作为第七章与第八章中技术生态位网络协同演化模式（主要为去结盟与再结盟模式和技术替代模式）的补充研究，本章侧重分析体制技术与生态位技术的竞争状态与过程，并根据 Zeppini 等（2014）的研究选择从临界质量角度考察技术锁定的条件。

第一节　演化中的临界质量问题

自 20 世纪 70 年代以来，作为经济增长的重要依托，如何促进技术创新的形成并实现可持续发展已经成为技术管理与创新管理等多领域学者致力于解释的核心问题。聚焦于创新影响经济增长话题的本质，技术创新过程中体现的非线性、波动性等特征使得学者逐渐意识到传统式的机械论或线性式的方法论已经无法解释技术创新的动态变化过程。加之环境多样化和要素多元化的共同作用，技术创新呈现出典型的复杂性特征，进而加大了其演化过程中的不可控性及不可预知性。Breschi 和 Lissoni（2009）研究证实，创新本身是一个具有非线性特征的复杂系统。Bergek 等（2008a）、Markard 和 Truffer（2008）进一步指出，系统的非线性特征源于系统内部互补性质的行动者、交互递归的学习过程共同导致的技术变迁结果。市场经济学理论认为，社会技术变迁的过程被认为是社会和市场双重作用造成的叠加效用（Dolfsma and Leydesdorff，2009），其作用在于直接增加了复杂性。Zeppini 等（2014）在关于演化的研究中发现，技术演化过程的动态模式与自然系统中的进化模式相似，即来自自然科学中的一些工具和视角，如复杂性科学可以为演化过程提供研究参考。Nicolas 等（2014）发现，演化过程中阈值处的放大效应是影响技术演化方向的核心因素，倘若能够对演化临界处的趋势性因素加以控制，那么纵使技术的演化变迁具有不确定性，也可以降低技术演化失败的风险。遵循该思想，作为控制技术演化临界的重要概念，演化的临界质量成为目前解释创新非线性和技术演化等问题的主流观点。

临界质量概念来源于原子反应过程，在系统中又可称为间断平衡（puntuated equilibrium）（Loch and Huberman，1999）。普遍的观点认为，临界质量使得“扩散能够自我维持”（Rogers and Singhal，2003）。Zeppini 等（2014）在其研究体系中提出技术变迁的临界质量，用以指代技术演化路径中渐进性创新的知识技术积累所导致的急剧变化。意即当演化达到临界质量点之时，新技术会犹如裂变反应一样爆发，并剧烈扩展。然而，需要注意的是，通过临界放大的技术爆炸现象虽然可能在短期内提升技术的效用性和扩散性，但这种现象在技术演化的过程中也被称为系统走向技术锁定的标志性节点。节点之后，系统在内生要素作用下锁定于单一技术体制，从而产生演化的路径依赖。由此，从内生要素作用角度分析临界质量观点下的技术变迁过程，有助于解释系统中的技术锁定问题，从而克服技术变迁的路径依赖。

与传统新古典经济学和创新经济学中依赖外生顾客和价格质量的技术扩散原理最大的区别在于，临界质量视角下的技术变迁依赖于随动态时间快速演化的系统内生过程（Grajek 和 Röller，2012）。诸多学者在创新演化过程和技术变迁的研究中都相应提出了基于临界质量或临界阈值的分析模型，如渗透模型、社会影响模型和信息流（informational cascodes）模型就分别从物理学、社会学和经济学为基础来源，详细描述了技术变迁的大部分过程。进一步地，以报酬递增（increasing returns）为理论基础的三种模型，即来源于生物学的超级选择模型，来源于经济学的协调博弈模型及报酬递增模型从系统动态性的角度弥补了渗透模型、社会影响模型等的不足，从全局性的角度刻画了技术变迁的完整过程。其中，报酬递增模型在效用最大化的情境下借由技术之间的竞争关系对系统演化过程进行分析，着重强调内生要素间作用关系引致技术变迁的结果，能够更加清晰地显示临界质量出现的关键节点，是目前技术创新领域学者普遍接受和使用的经典模型。鉴于此，本部分基于报酬递增模型的思想，在临界质量观点下分析演化中的技术锁定问题并创造性地进行智能体模型仿真研究，以形象描绘产业中主导设计的产生过程，并根据智能体模型仿真提出解锁方案。

第二节　Arthur 模型的改进

报酬递增模型由美国学者 Arthur 于 1989 年提出，他根据递增的报酬和历史事件锁定的角度提出了一种基于竞争的技术变迁模型。由于该模型侧重研究市场“采用”(adoption)视角下两种技术的竞争博弈关系，故该模型又称为采用模型或 Arthur 博弈模型（以下简称 Arthur 模型）。从宏观角度来看，Arthur 模型分析了技术和市场之间的交互过程，在该模型描述的环境中，技术扰乱了市场均衡，而这种扰乱又导致了市场刚性，并导致了自组织市场的形成（Dolfsma and Leydesdorff，2009）。

传统的 Arthur 模型中，市场存在两种为了争取采用量而竞争的技术 A 和技术 B，两种技术向整个市场开放。而市场中同时存在简单的技术顾客，即两种类型（R 型和 S 型）的采用者，其初始数量上基本相等，两种类型相对选择时间独立。R 型采用者对技术 A 存在自然偏好，而 S 型采用者对技术 B 存在自然偏好。对于 R 型采用者而言，采用技术 A 和技术 B 的报酬分别是 a_R 和 b_R；而对于 S 型采用者而言，采用技术 A 和技术 B 的报酬分别是 a_S 和 b_S。根据自然偏好，设定 $a_R>b_R$ 及 $a_S<b_S$。r 与 s 代表市场中的采用者在选择采用技术的时刻所得到的报酬，该报酬为或增加或减少的一个常数（正数、负数或 0）。模型中存在反馈机制——报酬依赖于先前的采用量，每个采用者选择的技术 A 或技术 B 在选择时刻上是固定的，故其选择结果受过去采用技术的影响。设定 n_A 和 n_B 分别为使用技术 A 和技术 B 的采用者数量。

如前所述，技术的协同演化导致临界质量的过程是内生因素导致的，即发生在系统内部。因此，排除技术与市场外其他因素的 Arthur 模型相对其他模型更适合对该问题进行分析。技术演化的本质在于技术体制间的不断互动与竞争（Dolfsma and Leydesdorff，2009），因此，本书范畴中的 Arthur 模型侧重于对产业技术体制竞争关系的分析，若忽略技术与市场之外的其他要素，其技术演化结果将导致系统中的技术锁定，即美国产业经济学家 Utterback 所描述的赢得市场信赖的“主导设计”，具有加强或鼓励产业中技术标准化的作用。典型例子如 20 世纪 50 年代日本录像机市场上 Beta 制式和 VHS 制式的竞争，以及目前汽车市场上传统能源汽车和新能源汽车的竞争。孙冰和姚洪涛（2014）在对 Arthur 模型的研究中提出，由于技术本身使用的差异，同类型的采用者在技术选择时刻所获得的报酬仍然存在偏差。由此对 Arthur 模型进行改进，设定 R 型采用者使用技术 A 和技术 B 的选择时刻报酬分别为 r_A 和 r_B；而 S 型采用者使用技术 A 和技术 B 的选

择时刻报酬分别为 s_A 和 s_B。另外，目前的社会经济环境中，所有技术主体均追求投入产出效率的最大化，新技术带来的报酬需规模递增，并不会产生边际成本随时间不断增加或报酬不受创新成果影响的情况。因此，产业中的 r_A、r_B、s_A 和 s_B 应为正实数。由此临界质量观点下 TIS 中 Arthur 模型的采用者报酬矩阵如表 9-1 所示。

表9-1 临界质量观点下TIS中Arthur模型的采用者报酬矩阵

采用者	技术 A	技术 B
R 型采用者	$a_R+r_An_A$	$b_R+r_Bn_B$
S 型采用者	$a_S+s_An_A$	$b_S+s_Bn_B$

第三节　技术锁定的临界质量模型

技术锁定、路径依赖和市场失灵是几乎所有产品和技术应用研究均会面临的核心问题。尤其技术锁定能够描绘最优选择可获得的条件下仍然产生次优市场均衡结果的情况。Arthur 模型就解释了随机事件或偶然事件能够导致这种非帕累托最优均衡的过程。一旦系统中内生要素（即前文所述的技术和市场）的互动作用涌现出技术锁定现象，即某种产业技术体制“被选择”，技术变迁中就产生路径依赖，同时导致诸多“网络外部性”，包括一些正反馈机制。一旦技术锁定于某种非帕累托最优均衡，该技术将在市场中保持稳定并持续锁定。由于该技术非最优选择，而仅凭系统中内生技术和市场力量并不能有效进行自组织调节，产业中的技术体制发展因技术锁定而凝滞。当市场由于网络外部性被强化（如快速的技术扩散），新技术的发展与锁定技术的相关性也将消失，此时市场失灵，直到外来冲击打破这种均衡。

一、模型设计

尽管技术锁定现象大部分阻碍了技术演化，但锁定本身导致了稳定的技术扩散，也就致使 Zeppini 等（2014）所界定的临界质量产生。关于系统中技术锁定临界质量的研究，以往的 Arthur 模型分析均集中于公式推导和参数比较，并未将其技术变迁路径和临界质量形成过程形象地描绘出来。孙冰和姚洪涛（2014）的仿真研究侧重于分析竞争关系下的产业技术创新演化，仅针对 Arthur 模型中的相关参数进行了简单仿真模拟，并未关注其实际经济意义。由此，本书的研究在相关领域学者研究的基础上建立智能体仿真模型，通过多次仿真实验对技术锁定的临界质量进行仿真分析，以寻求临界质量的形成规律。

基于 Arthur 模型的技术锁定临界质量的智能体仿真模型规定如下。

（1）仿真中以采用者为智能体。智能体并非蜂拥进入市场，而是遵循一定的次序关系。智能体只有认为旧技术过时才会选择新技术而停用旧技术。

（2）仿真中存在观察者，该观察者了解所有条件和报酬函数。不同类型的智能体以一定顺序进入市场时，观察者将该顺序看作一个包括 R 类型和 S 类型的二进制序列，即 R 型和 S 型采用者每次进入市场的概率都为 0.5。

（3）尽管 R 型智能体对技术 A 存在自然偏好，而 S 型智能体对技术 B 存在自然偏好，智能体进入市场后，仍然以报酬作为选择技术的标准。换言之，只要 $a_R+r_An_A<b_R+r_Bn_B$，R 型智能体也将选择技术 B。

（4）模型设定 TIS 中技术 A 和技术 B 总是在进行持续的研发，追求创新。当成功的创新以一定概率出现时，r 或 s 将一定程度增加，从而改变报酬函数的斜率，带来更多的市场机会。

（5）仿真中的一次步长代表一个创新周期。每个步长完成后，技术自身将根据创新结果随机调整 r 和 s 的数值。

二、四次仿真实验

为了进一步探索并直观反映技术生态位竞争中技术锁定的临界质量，本书的研究根据以上仿真规则建立了智能体仿真模型。该模型中的海龟为系统中的采用者，仿真初始状态均设定技术 A 和技术 B 的采用者数量相同，并运用滑动条设定表 9-1 中的其他所有参数。为更清晰地观测仿真结果，本书的智能体模型仿真采用仿真实验方式进行，即反复运行仿真程序，在相同的步长中寻求运行规律，并将所有仿真结果描绘在同一张市场占有率图（仿真中命名为“market-share”，x 轴为仿真步长，y 轴为两种技术的市场占有率）中；为辨别技术 A 和技术 B 的市场竞争情况，仿真程序将分别在市场占有率图中描绘两种技术的市场占有率（仿真中命名为“market-share-a”和“market-share-b”）。所有市场占有率图中均以黑色实线代表技术 A，灰色实线代表技术 B。本书的该次仿真采用 NetLogo 软件进行编程和运行。

（一）第一次仿真实验

为了与参数调整改进后的 Arthur 模型相对比，第一次仿真实验为一次对比实验。设定所有相关参数初始均相等，即市场相对静态，创新与市场之间变化的弹性较小。该设定下报酬模型呈现原始 Arthur 模型所描述的情况，技术 A 或技术 B 在系统中的锁定完全依靠随机 R 型采用者和 S 型采用者的出现概率。设定实验步长为 1000，在一次随机仿真后呈现了如图 9-1 所示的结果。此时系统中已锁定技术 A，市场中新进的无论 R 型还是 S 型采用者，都将在报酬的驱使下选择技术 A，而另一技术 B 的市场占有率将在未来无限接近 0。该仿真中技术 A 并非持续占有市场，而是在步长为 55~87 时曾短暂地被技术 B 的占有率超过，但在系统内生要素的作用中仍然取得竞争优势，并于步长为 372 时达到临界质量，取得 TIS 中的技术锁定。

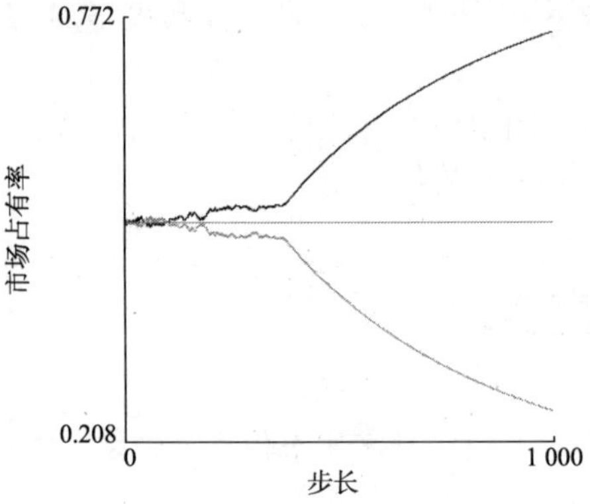

图 9-1　第一次仿真实验的随机结果（一）

在充满随机性的 Arthur 模型中，该设定下的仿真结果并非唯一。保持参数不变的情况下仍然能够出现如图 9-2 所示的仿真结果。此时，在步长为 235~339 时由技术 A 取得市场优势，而其他情况下技术 B 占领大部分市场份额。但值得注意的是，该次仿真并未出现技术锁定现象，即临界质量不存在。若给定足够多的时间（ticks>10000），系统中总会出现技术锁定，但该时间已超出技术体制能够经历的创新周期长度，尽管技术锁定在仿真中存在，但并不具备任何经济意义（事实上步长为 1000 也不具有较大经济意义，但第一次仿真实验仅用作基础对比）。

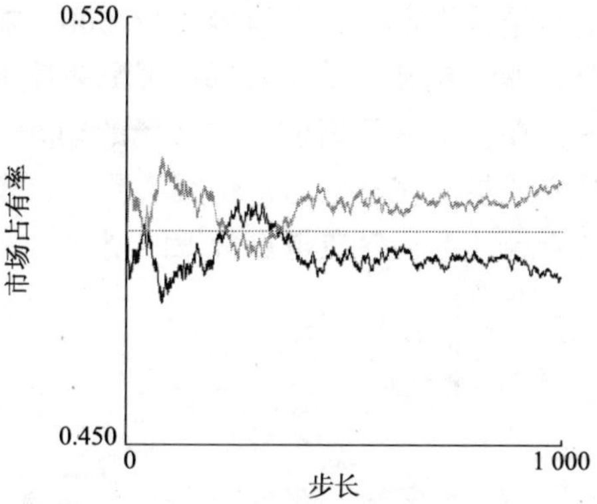

图 9-2　第一次仿真实验的随机结果（二）

由此，该仿真实验在相同参数设定下反复进行 10 次（出于仿真图片清晰度考虑仅给出技术 A 的实验结果）。由图 9-3 可以明显看出，10 次仿真实验中有 4 次得到了锁定于技术 A 的结果，3 次锁定于技术 B，3 次并未达到锁定状态。最早一次的临界质量出现在步长为 291 的时刻。若仿真实验进行 100 次，则有 36 次锁定丁技术 A，33 次锁定于技术 B，而 31 次未达到锁定状态。最早的临界质量可出现在步长为 200 之前。由此可推断，当给定足够多的实验次数，三种情况的发生概率基本相同。

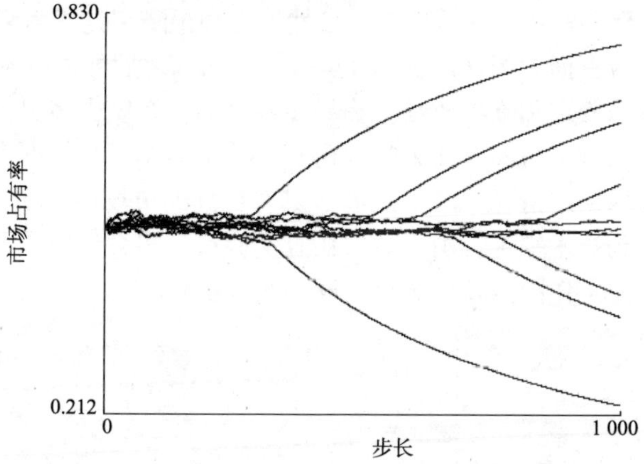

图 9-3　第一次仿真实验技术 A 的 10 次实验结果

（二）第二次仿真实验

第二次仿真实验分析市场中绝对优势技术的存在情况。设定 $a_R>b_S$、$r_A>r_B$、$s_A>s_B$，或 $a_R<b_S$、$r_A<r_B$、$s_A<s_B$，以前者为例，即技术 A 优势于技术 B。以市场的帕累托效应而言，技术 A 是系统的最佳选择。

调整仿真参数运行程序，由于该次技术 A 全面优势于技术 B，仿真更容易达到技术锁定，根据预实验结果设定仿真实验步长为 500。随机进行的仿真实验如图 9-4 所示，此时无论 R 型还是 S 型采用者都在报酬驱使下最终选择技术 A，尽管在技术演化的过程中存在技术 B 短时间占领市场的期间，系统在步长为 170 时达到技术锁定，达到临界质量。在某些随机仿真实验中，还可能存在从步长为 1 开始就取得市场优势，直至达到临界质量点位置的情况。

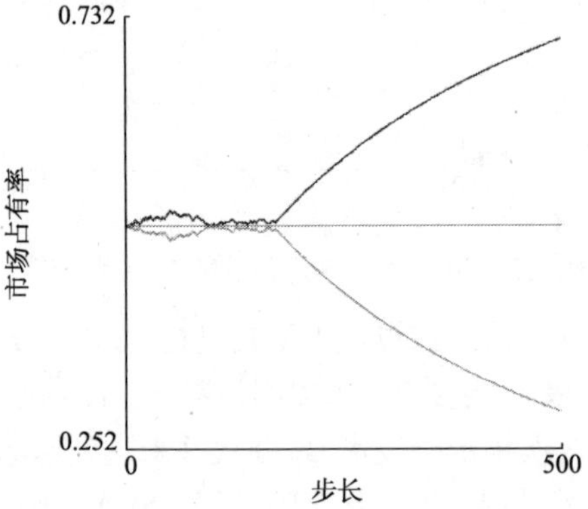

图 9-4 第二次仿真实验的随机结果（一）

然而，占绝对优势的技术并非以 100%的概率在短时间内占领市场。如图 9-5 所示，在忽略外部要素作用的情况下，自然偏好和报酬率处于劣势的技术 B 仍然在相当长的时间内占据大部分市场，直至步长为 426 之后才由技术 A 重新取得市场优势，达到技术锁定和临界质量。临界质量之前，系统由劣势技术主导，市场为非帕累托最优均衡。事实上在第二次仿真实验中，小部分情况在步长达到 500 之时仍未达到技术锁定情况，甚至技术 B 具有更高的市场占有率，但若给定足够步长仍然能够达到技术锁定。由于该次仿真实验设定参数优势较明显，大多临界质量出现较早，为了作图清晰仍选择 500 为实验步长。

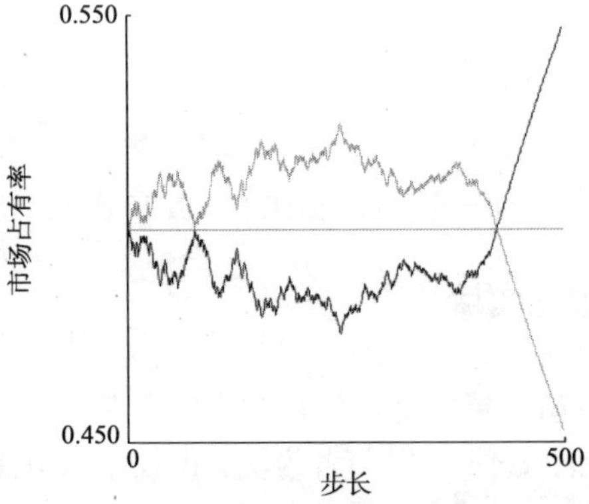

图 9-5 第二次仿真实验的随机结果（二）

由此，该仿真实验反复进行 10 次后技术 A 的市场占有率如图 9-6 所示，10 次实验 TIS 全部锁定于技术 A，其中最早一次临界质量出现在步长为 73 的时刻，而最晚一次临界质量出现在步长为 465 的时刻。若仿真实验进行 100 次，94 次实验能够达到 TIS 的锁定，其中 72 次实验的临界质量发生在步长为 100~250，8 次实验的临界质量发生在步长为 100 以下，而 14 次实验的临界质量发生在步长为 251~500；余下 6 次实验并未在步长为 500 内达到技术锁定。100 次实验中，非帕累托最优均衡状况的产生较为频繁。

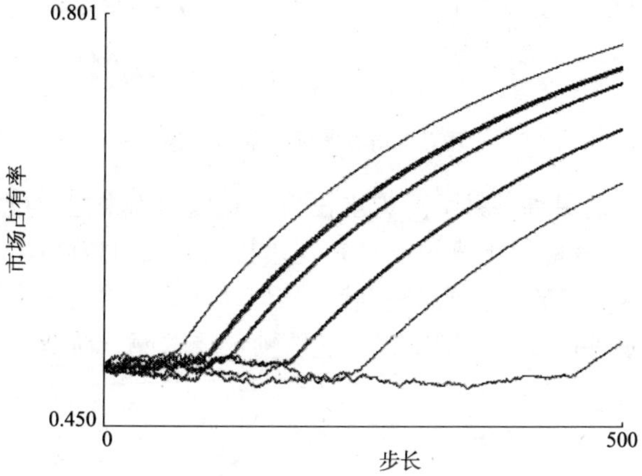

图 9-6　第二次仿真实验技术 A 的 10 次实验结果

（三）第三次仿真实验

第三次仿真实验分析系统中相对优势技术的情况，实验建立在技术的报酬率和自然偏好不一致的条件下。仿真设定 $a_R<b_S$、$r_A>r_B$、$s_A>s_B$，或 $a_R>b_S$、$r_A<r_B$、$s_A<s_B$，以前者为例。技术 B 在自然偏好方面拥有更大的优势，但技术 A 在两种采用者中拥有更高的报酬率，且系统中技术 A 的研发成功率更高。由此可根据前两次仿真判断，技术 A 为市场的帕累托最优均衡，将以更大概率成为锁定技术。

调整仿真参数运行程序，技术 A 和技术 B 在报酬率和自然偏好方面的优劣并不一致，仿真相对于第二次仿真达到技术锁定的条件更苛刻，因此根据预实验结果设定仿真实验步长为 600。随机进行的仿真实验如图 9-7 所示，所有的采用者均在步长为 337 之后选择了报酬率较高的技术 A，系统的技术演化过程中相当长的时间内由技术 B 支配市场，但变迁结果更偏向利于报酬率高的技术方向。某些随机仿真中会出现技术 B 短暂支配市场的情况（更少的情况不出现技术 B 的市场优势），但该仿真以技术 A 最后快速取得系统的技术锁定而结束，临界质量出现较早。

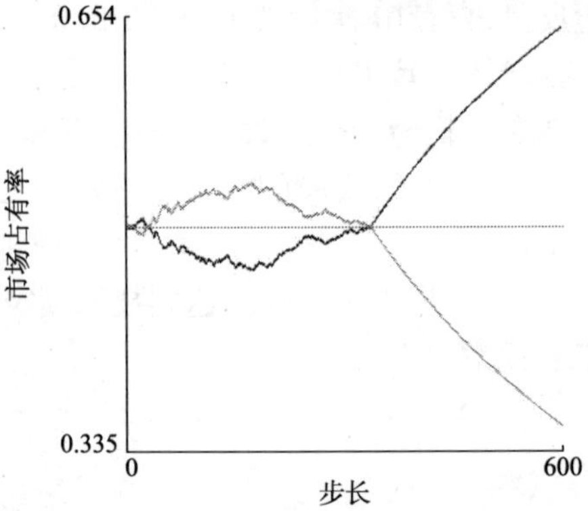

图 9-7 第三次仿真实验的随机结果（一）

仿真实验出现的另外一种情况为步长为 600 以内尚未出现技术锁定情况。如图 9-8 所示，自然偏好取得优势的技术 B 在步长为 95 的时刻以后长时间占据大部分市场，直至步长为 600 时仍保持该状态。但如同第二次仿真实验的随机仿真结果一样，若给定足够的步长，TIS 仍然能够锁定技术 A，临界质量出现在步长为 600 以后。

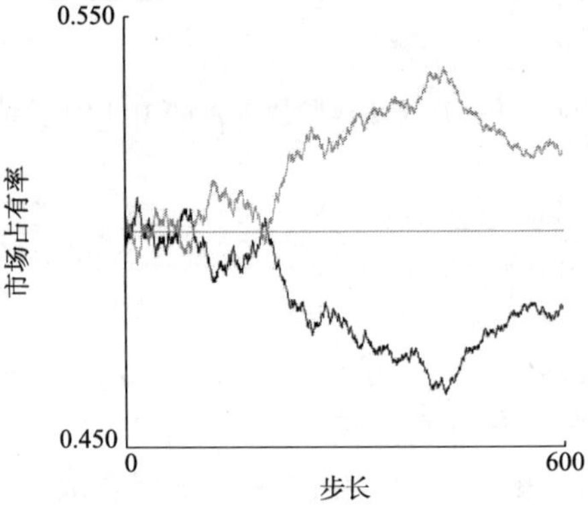

图 9-8 第三次仿真实验的随机结果（二）

由此，该仿真实验反复进行 10 次后技术 A 的市场占有率如图 9-9 所示，10 次实验系统中有 8 次锁定于技术 A，其中最早一次临界质量出现在步长为 98 的时刻，而最晚一次临界质量出现在步长为 537 的时刻；其余 2 次实验在步长为 600 内尚未出现临界质量，且技术 B 占据更高的市场份额。若仿真实验进行 100 次，88 次实验能够达到技术 A 锁定，其中 70 次实验的临界点发生在步长为 130~400 时，且整体仿真实验中临界质量的发生点分布相对第二次仿真实验更均匀；余下 12 次实验并未在步长为 600 内达到系统的技术锁定。100 次实验中，技术 B 占领市场的总时间较第二次仿真实验更长。

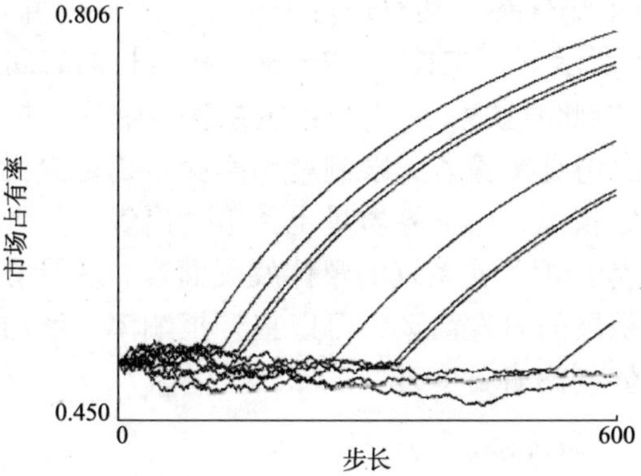

图 9-9　第三次仿真实验技术 A 的 10 次实验结果

（四）第四次仿真实验

第四次仿真实验侧重于分析一种更为复杂的系统。仿真设定 $a_R>b_S$、$r_A>r_B$、$s_A<s_B$，或 $a_R<b_S$、$r_A<r_B$、$s_A>s_B$，以前者为例。在该仿真模拟的系统中，技术 A 在自然偏好方面更占据优势，同时 R 型采用者在技术 A 中有更高的报酬率，而技术 B 在 S 型采用者中的报酬率更高。由于该系统中参数关系较复杂，仅从公式推导无法判断帕累托最优均衡。

调整仿真参数运行程序，技术 A 和技术 B 之间的参数关系并不一致，因此仍较第二次仿真实验需要更多步长，故设定仿真步长仍为 600。随机进行的仿真实验如图 9-10 所示，技术 A 和技术 B 交替取得市场优势，但直到仿真实验步长结束为止并未出现任何一种技术锁定，仅由技术 A 取得更大的市场占有率，临界质量并未出现。

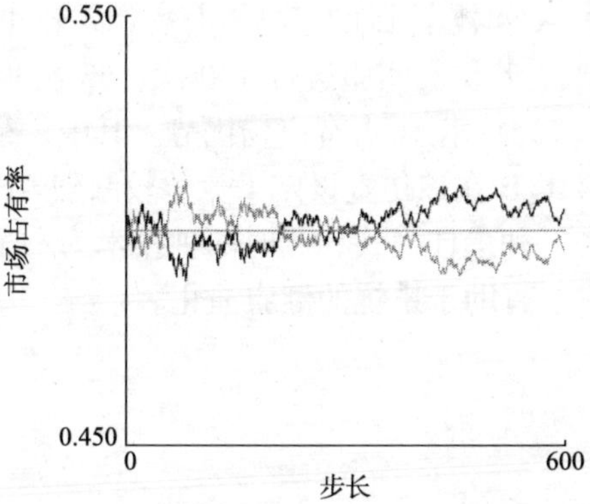

图 9-10　第四次仿真实验的随机结果（一）

尽管技术 A 从表 9-1 而言更占据市场优势，但仿真实验显示系统中技术 A 和技术 B 交替取得市场优势，甚至进行至步长为 600 时并非完全由技术 A 占据市场，如图 9-11 所示。在步长为 170~600 相当长的时间内，市场的相对优势由技术 B 取得。但此时技术 B 也未锁定系统，临界质量并未出现。与其他仿真实验不同，该次仿真实验若无限制增加实验步长也毫无经济意义，系统内仍然不出现技术锁定情况，而临界质量也并不会出现，仿真实验将保持技术 A 和技术 B 的交替优势情况。就系统的整体发展而言，该种情况能够刺激两种技术的内生发展，即积极的研发活动，可以提升报酬率、增加报酬函数斜率，综合促进系统中技术体制的有益变迁。

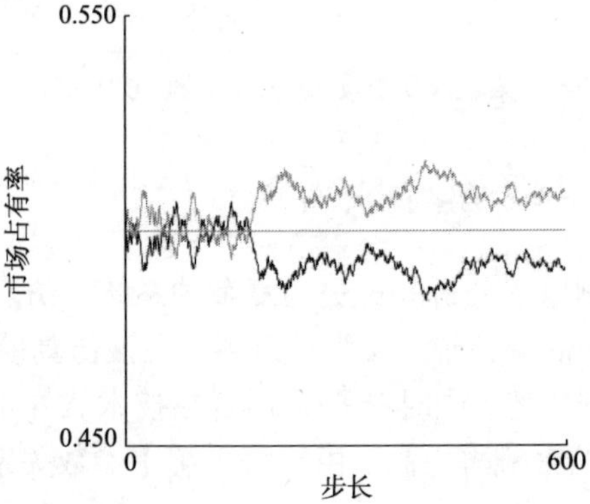

图 9-11　第四次仿真实验的随机结果（二）

由此，该仿真实验反复进行 10 次后技术 A 的市场占有率如图 9-12 所示（由于系统并未出现临界质量，为方便观测结果采用两种技术叠加的市场占有率图），10 次实验系统中仍然全部未出现技术锁定现象，但有 5 次由技术 A 在市场中取得较高的市场占有率，而另 5 次由技术 B 在市场中取得较高的市场占有率。与前三次仿真实验相比，技术 A 和技术 B 的市场占有率相差较小，10 次实验中最高市场占有率未超过 53.72%。若仿真实验进行 100 次，53 次实验结果为技术 A 占有市场优势，而其余 47 次为技术 B 占有市场优势。其中，最高市场占有率仍未超过 55%，即技术 A 和技术 B 在该仿真设定下竞争较激烈。该情况从智能体模型仿真的观察者角度而言为一种最佳模式，此时两种技术为了争取市场份额不断进行创新实践而提升报酬率，有助于系统的健康演化。

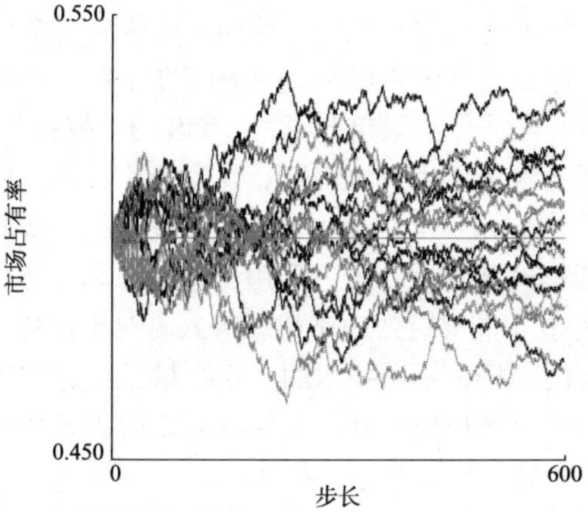

图 9-12　第四次仿真实验技术 A 和技术 B 的 10 次实验结果

以上四次仿真实验分别模拟了无外界干扰情况下，系统内生要素作用下技术和市场的交互结果，并根据仿真结果分析临界质量的出现时间。除第一次仿真实验起基础对比作用外，其余三次仿真实验分别模拟了系统中存在绝对优势技术、存在相对优势技术和不存在优势技术的三种情况。该仿真实验结果说明，系统中优势技术的存在能够引导 TIS 向优势技术方向进行锁定，其中报酬率能够带来的优势将在技术的长期变迁中大于自然偏好的优势。但优势技术并不能够在系统中从始至终占领市场，非优势技术仍然能够短期甚至较长期取得较高市场占有率，尽管此时市场出现非帕累托最优均衡。若存在绝对优势技术，其临界质量出现的时间较存在相对优势技术的情况更早，即系统更易演化至技术锁定状态。但若 TIS 本身情况较复杂且并不存在优势技术，则技术演化将持续保持两种技术相互竞争的情况，而竞争过程更能带来系统的不断发展和进步。

第四节　演化临界质量的解锁措施

随着时间的推移，系统在市场选择的作用下出现临界质量并产生锁定的技术，进而产生稳定的技术体制。技术体制本身被认为具有潜在的次优性。如前文所述，若系统在临界质量出现后完全任由锁定的技术主导，由于缺乏竞争激励，系统中创新活动停滞。自组织的市场并非能够带来更好的技术变迁方向与结果，此时市场失灵。系统需要持续的创新以扰乱这种临界质量带来的市场均衡，而该扰乱能够导致市场刚性。在现实的系统中，优势技术总在短期内普遍存在，但并不是所有技术都能够在技术轨道中被永久锁定。例如，手机应用系统在十年前以塞班系统为主要技术体制，但目前 iOS 系统和安卓系统在手机应用系统市场上占据强势地位。从创新导致更好的演化结果角度而言，TIS 的“解锁”意义更大于锁定。

由于锁定是使用技术 A 和技术 B 的 R 型采用者与 S 型采用者之间数量方面产生了较大差异，即 $|n_A-n_B|$ 无限增加，解锁在该情况下就简单地可以化为缩小这种数量差距，尤其是这种数量差距占采用者数量总和的比例，即使得 $|n_A-n_B|$ 与（n_A+n_B）的比值最小化，能够有效地干扰新进入者对于优势技术的判断。由此可以判断，在规模越大的市场，不同技术的采用数量差距越难以判断，当新进入者对采用者差距的感知被市场规模与其他条件混淆之后，运用何种技术将更多依靠自然偏好，更易在技术之间形成竞争平衡状态。

为了抑制临界质量的出现，达到如第四次仿真实验所示的理想竞争状态，来自竞争技术以外的冲击需要成为系统的主要“干扰源”，此时系统的观察者（产业组织、政府等机构）将发挥更大作用：一方面对竞争技术的报酬率和自然偏好进行干扰；另一方面引进新技术进行干扰。

（一）对竞争技术的报酬率、自然偏好进行干扰

一是可通过构造“完全信息环境”（王子龙和许箫迪，2012）改变采用者的自然偏好，在产业之间和消费者之间充分共享技术信息，使得采用者偏好倾向有益技术，避免出现低效率技术充斥市场的情况；二是构建产业的区域创新联盟，增强劣势技术的网络外部性，通过积极外部效应的带动，增强区域供应链上下游网络企业之间的知识流动，以有效的知识流动速率提升改变技术的报酬率，如吉林省为了发展新能源汽车产业于 2009 年成立了吉林省新能源汽车产业联盟，将中国第一汽车集团有限公司、吉林大学、长春锂源新能源科技有限公司等整车、电池电机配套和科研机构紧密联系在一起，有效提高了该产业联盟整体的技术水平，从而提升了吉林省新能源汽车的产品地位；三是通过税费等形式改变报酬形式，综合影响采用者对技术的自然偏好和技术本身的报酬率，如光伏发电成本过高是我国光伏产业发展遇到的最大障碍，导致其电价约为煤炭发电的两倍左右，我国从国家到省级、市级的各层级均出台了较大力度的相关扶持补贴政策或奖励政策，上海市对学校用户的补贴达到了 0.4 元/千瓦时，而陕西省则实行光伏发电增值税即征即返 50%政策，以吸引更多企业投入光伏发电的技术发展中，并以低价格提升消费者的消费需求。

（二）引进新技术进行干扰

一方面，若临界质量尚未出现，则可在系统趋向锁定之前始终将新技术置于“保护的生态位”中，通过人、财、物的多方面保障强制推广新技术的使用，全面确保新技术能够如生态位的本意一样“在夹缝中生存”，并逐渐在发展过程中形成创新网络，出现积极的外部效应，并涌现新技术体制，最后得以成功脱离保护；另一方面，若临界质量已然出现，则采用者惯性使得原有系统的状态难以被打破，突破性创新的形成和发展将成为解锁的最优途径，以“创造性毁灭”重新建立新的技术秩序和网络外部效应。

另外，由于第二次仿真实验、第三次仿真实验、第四次仿真实验中临界质量的出现随优势技术的优势程度降低而越来越晚直至消失，可推定为解锁系统，干扰出现的时间将根据技术的优势程度而定：若绝对优势技术存在，则干扰出现的时间需较早；若相对优势技术存在，则干扰出现的时间可较晚。

第五节　本章小结

本章基于临界质量的视角对技术生态位的技术锁定进行综合分析。以收益率为切入点对 Arthur 模型予以改进，建立智能体仿真模型进行模拟实验，以四次仿真实验揭示技术锁定本质，描绘临界质量的出现时间，同时对系统的技术解锁进行进一步分析，主要得到以下结论。

（1）优势技术的存在将使得临界质量的发生时间提前，导致系统更快走向技术锁定；若优势技术的优势越降低，系统的技术锁定就出现得越晚；当优势技术消失时，系统难以出现技术锁定现象。

（2）在自然偏好和报酬率方面具有优势的技术更易获得系统的技术锁定，但技术演化过程并非简单由优势技术持续占主导。非帕累托最优均衡时有发生，然而给定足够时间仍能达到技术锁定。自然偏好率和报酬率关系越复杂的系统，临界质量越推迟出现，甚至被抑制。

（3）技术锁定将导致系统的创新过程凝滞，因此技术解锁具有重要意义。改变自然偏好和报酬率，或引进新技术可对技术锁定进行干扰。其中，前者可通过构建完全信息环境、构建产业创新联盟和税费改革进行干扰，后者可通过保护性的技术生态位与突破性创新实现干扰效果。

第十章　低碳技术体制的扩散选择决策：逾渗模型

在40多年的发展过程中，以生物质气化能源、风能、电能、太阳能、燃料电池等技术为代表的低碳技术成为全球无可争议的能源目标和创新途径，促进这种新的技术体制在市场中扩散直到对传统技术体制的替代，也是目前技术变迁研究体系（Pant et al.，2015；Boschma et al.，2017）所要解决的核心问题。关于技术（创新）扩散的问题，很多学者运用不同的方法先后进行了诸多研究，典型如S型扩散模型和传染病模型。但是，以往的模型很大程度上针对单一企业的技术扩散进行研究，并不能就技术体制扩散至替代传统技术体制的问题（如新能源汽车的扩散以期能够最终改变并取代目前传统汽车的市场优势）进行中观层面的分析。基于此，本书选择源于统计物理学的逾渗模型，用来分析考虑市场基础、价格、学习参数等情况的低碳技术体制在整体产业市场中的扩散过程和结果。

逾渗模型是研究系统结构无序与随机问题的方法之一（Cohen and Haclin，2010），与自然界中许多现象有着非常紧密的联系，如森林火灾、流行病传播等。根据其模型特点，学者认为在社会问题中运用逾渗模型进行扩散问题的研究具有非常成熟的条件，并尤其适用于"口口相传"（word-of-mouth）的扩散，或称口碑宣传。基于此认知，Solomon 等（2000）首先将逾渗原理用于社会学的研究，用来分析消费者偏好对电影产品在市场中成功与失败的影响；Gupta 和 Stauffer（2000）在逾渗模型中强调了个体的异质性，并借助网络关系分析了社会结构的相互关系；Cantono 和 Silverberg（2009）设计了一种针对生态创新的逾渗模型，将创新扩散中的学习曲线和政府补贴等各因素加入模型中，并与概率模型进行对比分析；Kanai 等（2015）提出了逾渗的现象—价格模型，用以分析抽象的社会现象，并解释商业周期对于价格分布的影响；Zhukov 等（2018）认为逾渗模型能够描述社会网络中的状态和过程、预测消费者的行为、管理网络中的消费者群体。

第一节 逾渗原理

逾渗理论的基本模型（本书采用点逾渗模型）建立在一个 L×L 的二维平面上，平面上的每一个点存在两种状态，随机分布{0,1}值。每个点均有一次机会以概率 P 取值为 1。每个点值的分配相对其他点的取值是随机独立的。当平面上两条边界能够通过一条由取值为 1 的点相连组成的路径而连通时，逾渗现象发生。对于概率 P 而言，逾渗现象存在临界阈值 Pc，使得当 P>Pc 时，逾渗现象出现的概率为 1；而当 P<Pc 时，逾渗现象出现的概率为 0。在二维平面的逾渗中，临界阈值 Pc=0.592743。

逾渗模型的已有成果对研究热力学统计物理中的相变和临界现象有着重要的借鉴意义。如上文所述，逾渗模型提供了对于口口相传的社会扩散研究的一种思路，因此，在逾渗的扩散模型设计中，社会空间距离最短成为逾渗模型的基础设定。如图 10-1 所示，在截取的 3×3 二维平面构成的社会空间中，中心点 X 取值为 0，A~H 点为 X 点的邻居（neighbors）。逾渗模型假设邻居的取值（0 或 1）可被获得，则 X 点能否转变为 1 的意愿取决于该点的直接邻居（上、下、左、右）中是否存在取值为 1 的点，即点 A~D 中是否存在值为 1 的情况，与点 E~H 的取值是否为 1 并不直接相关。

E	*B*	*F*
A	*X*	*C*
H	*D*	*G*

图 10-1 逾渗原理中平面上的邻居示意图

由上可知，逾渗现象产生的条件中，取值为 1 的点应以直接邻居相连形成连通路径。当逾渗现象形成，取值为 1 所代表的事件（信息、产品、技术等）的传播则被认为是得到了整体系统（社会、市场等）的整体接受。

第二节 技术体制在市场中的扩散机理

本书规定研究所指技术体制的市场范围由政府政策的一致性决定，即位于同一政府政策下的市场规模为研究所指定的区域，由于我国不同省（区、市）对于低碳技术往往有不同的政策支持，本书所指的技术体制变化的市场为各省、自治区、直辖市。低碳技术体制在特定区域的市场中得以扩散，但是这种扩散与 Hohnisch 等（2006）运用逾渗理论所分析的新产品延迟扩散有所不同，长期而言以形成稳定的主导技术为目标，并达到市场占有率为 1 的市场状况。

与传统逾渗模型相比，技术体制在市场中的扩散需要考虑技术发展的如下几个问题：其一，由于新技术的产量增加，生产成本往往下降，即新技术在发展过程中的学习曲线问题；其二，每个消费者对新技术的购买意愿均不同，且随着新技术在市场中的扩散及政府政策的支持，消费者的购买意愿将随之增加，即消费者的消费偏好异质性与从众心理；其三，政府对新技术的支持力度影响新技术扩散的速度，往往以政府补贴形式存在。

一、学习曲线

低碳技术在市场中的扩散符合 20 世纪 70 年代能源危机所推动的能源系统发展的时代趋势。然而，尽管低碳技术已经进入生产阶段，其研发过程仍然是各个国家和地区在发展低碳技术中的重点。随着低碳技术在市场中的扩散，技术成本随产量扩大而下降，满足 Wright（1936）提出的学习曲线。低碳技术的成本曲线受多种因素的影响，因此，学习曲线有多种类型的表现方式，如牛衍亮等（2013）对低碳技术成本的学习曲线变化进行分类分析，并构建包括研发、累计产量与技术成本间的关系。本部分研究由于仿真设计以产品价格为市场最终表现，考虑到目前低碳技术尤其是新能源汽车的整车生产中研发往往以合作或技术交换形式进行，因此仅考虑价格与累计产量之间的学习曲线关系，如式（10-1）所示。

$$p_t = p_0\left(\frac{N_0}{N_{t-1}}\right)^{\alpha} \tag{10-1}$$

其中，p_0、N_0 分别为初始阶段的低碳技术价格和采用低碳技术的消费者数量；p_t 为 t 时刻的低碳技术价格；N_{t-1} 为 $t-1$ 时刻采用低碳技术的消费者数量；α 为学习系数。

二、消费意愿异质性与从众心理

Monroe（1990）认为，消费者对商品的感知不同决定了对商品需求的异质性。消费者的异质性消费意愿普遍存在于各种商品的市场中，学者通常采用对消费者分类[两类（计国君和孙忠锋，2018）或三类（赵爱武等，2018；刘新民等，2018）]的方式进行异质化的研究分析。与前述研究不同的是，本部分研究进一步为消费意愿的异质性赋值，以每个消费个体采用不同的消费意愿取代对消费者进行分类的异质化处理。根据 Gupta 和 Stauffer（2000）对异质化的分析，本书设定初始状态市场中的单独消费者对低碳产品的消费意愿 $\theta_0^i \in [0,\infty]$，而市场中的消费者群体的消费意愿 θ_0 满足对数正态分布，即 $\theta_0 \sim \exp \mathrm{N}(\mu,\sigma)$，其中 $\mu \geqslant 0$ 且 $\sigma \geqslant 0$。本部分研究根据 Cantono 和 Silverberg（2009）的研究设定 $\mu = 1$，$\sigma = 2$。

石洪景（2018）的研究表明，低碳消费意愿受从众心理和生态价值感知的正向影响。这也是低碳技术体制扩散过程区别于一般性产品扩散的最显著性差异：一般性产品扩散虽然在一定程度上受从众心理影响，但影响范围有限，受个性化消费影响程度较高，鲜有能够导致某一产品完全占领市场的情况，即存在市场占有率的上限；而低碳技术体制的扩散代表了主导技术的形成轨迹，受个性化消费影响程度较低，从众心理的影响较大，并随着市场占有率的增加而程度加深，最终将形成新的稳定技术体制并完全占领市场。为表现从众心理对消费意愿影响的动态过程，进行如下设定：

$$\theta_{t+1}^i = \theta_t^i \left(1 + \frac{\mathrm{e}^{k_t}}{100}\right) \tag{10-2}$$

其中，θ_t^i 为 t 时刻 i 消费者的消费意愿；k_t 为 t 时刻低碳技术体制在市场中的占有率。

三、政府补贴

目前，我国对于低碳技术（或新能源产业）的政府政策支持主要表现在政府补贴方面，这也是长期以来政府扶持新兴产业发展的主要方式（邵慰等，2018）。近年来，关于政府补贴对于低碳技术体制在市场中扩散作用的研究逐渐增加，主要集中于以下几个方面的结论：第一，从产业链协调的视角出发，基于消费者续航能力需求，可进行产业链内补贴机制的设计，这种补贴机制是目前补贴策略的最优化方案（马亮等，2018a）；第二，目前关于低碳技术体制的补贴主要分为三种，即研发补贴、生产补贴和消费补贴，研究发现生产补贴具有最好的政策效果（马亮等，2017；熊勇清等，2018；高新伟和闫昊本，2018），对于环境绩效的促进作用强于税收优惠政策（尚洪涛和祝丽然，2018）；第三，面对即将到来的“后补贴”时代，补贴退坡政策将产生重要影响，当政府补贴突破合理区间时，低碳技术的市场认可度越高，企业变相提价幅度越会增加，消费者获得的正补贴越会减少，补贴政策效率越会降低（程永伟和穆东，2018），此时有效的限制性政策安排可以作为替代政策（马亮等，2018b）。由上可知，低碳技术体制的政策补贴根据续航能力需求而设计，作用于生产补贴效果最优，且即将进入补贴退坡。为了简化补贴的复杂步骤，本书对政府补贴的设计主要在于生产端的最优实现，使补贴直接作用于产品价格和所表现的市场价格的区别之上，并分析补贴退坡对低碳技术体制长期发展的影响。

第三节　低碳技术体制扩散的逾渗模型

一、模型建立

基于上述理论基础和机理分析，本书选择 NetLogo 6.0.4 软件将消费者主体在智能体模型仿真的社会空间中独立表示并建立智能体仿真模型，分析低碳技术体制在市场中扩散的情况。设定智能体仿真模型构建的规则如下。

（1）模型中的瓦片为市场中的消费主体（或消费者）。

（2）仿真为由横轴 x 与纵轴 y 形成的二维视图，在仿真中是一种社会空间，其整数围成的格子（grid）的集合就是该低碳技术体制的区域性市场容量。

（3）仿真初始阶段有 n 个低碳技术体制的采用者随机散落在该二维社会空间内，与其直接相邻的瓦片是社会空间中距离最近的消费者，消费者对该技术体制的消费意愿呈对数正态分布。

（4）仿真初始需要设定的参数包括市场价格 p_0、学习系数 α 及补贴强度 S。

该智能体仿真模型的运行规则如下。

（1）当市场价格 p 低于消费意愿（即消费者的观望价格），且在社会空间中至少存在一个使用该技术体制的直接邻居时，该消费主体产生购买行为。

（2）市场价格按式（10-1）沿学习曲线下降。

（3）消费意愿随市场占有率的上升呈现对数增加。

（4）市场中存在补贴机制，使得消费者的购买价格低于产品价格。

二、参数赋值测算来源

为使智能体仿真模型的结果能够支持低碳技术的发展及相关政策的实施，模型初始参数的输入均来源于现实产业数据的计算与测试。为了突出“口碑”作用在低碳技术体制扩散中的作用，本部分研究排除客车市场和专用车市场，针对狭义乘用车的新能源汽车（以下简称新能源乘用汽车）市场进行数据整理，数据来源包括《中国新能源汽车产业发展报告（2018）》和《中国汽车工业发展年度报告

（2018）》，以及其他新能源汽车产业公开披露的相关信息。通过对该产业从2014年初到2018年末的时间序列数据收集并进行参数的初步计算，智能体仿真模型初始参数的赋值如表10-1所示。其中，国家和地区补贴按续航能力和电池能量密度补贴程度不同，因此根据仿真情况单独设定。

表10-1　低碳技术体制在市场中扩散的智能体仿真模型初始参数

初始主要参数	赋值区间	测算来源
r	[0.1，4.6]	新能源乘用汽车占汽车总保有量比例（单位：%）
p	[10，45]	新能源乘用汽车的市场价格区间（不同品牌和型号）（单位：万元）
α	0.1	2014~2018年新能源乘用汽车销量和价格测算

三、模型分析过程和结果

仿真进行300个步长，根据参数的变化区间，本书将仿真结果进行如下分类。

（一）保有量变化

根据《中国新能源汽车产业发展报告（2018）》“中国新能源汽车城市指数评价报告”，对报告中选取的30个重点城市按新能源乘用汽车保有量进行排序，取第1位、第10位、第20位、第30位城市（分别为上海市、南昌市、宁波市和长春市）的保有量作为智能体仿真模型的输入参数，初始价格设定为13万元，学习系数为0.1，并对结果进行对比如图10-2所示。

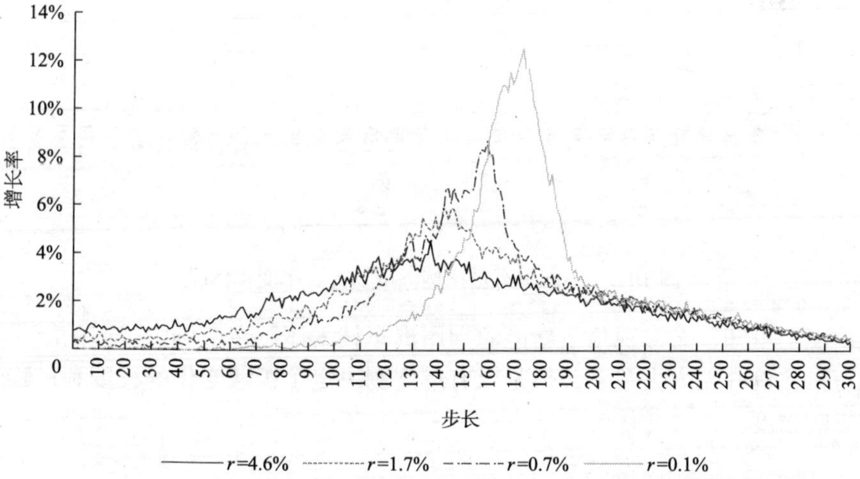

图10-2　不同保有量比例下市场扩散的增长率变化情况

如图 10-2 所示，不同保有量比例下市场扩散的情况呈现不同形态：初始保有量比例越高，市场扩散曲线的峰度越低；而相对保有量比例较低的初始情况则导致峰度较高，且相对保有量比例低的情况而言偏度结果较高。这说明在市场条件较好的环境中，新能源汽车的市场扩散较为稳定，其增速能够平稳地上升和下降，最终达到市场的动态稳定饱和状态（即保持一定的增长率范围区间）。但与此相对应，在市场条件较差的环境中，新能源汽车的市场扩散并不稳定，在相当长的时间内只能低速发展，而后在其他区域的影响下市场扩散的增长率急速上升而后急速下降，并达到市场的动态稳定状态。在步长大概为 190 时，无论初始保有量比例是否高、市场扩散过程急剧增加或减少，均达到同一增长率水平，并在之后的步长内几乎无区别地同步发展。

与此相对应地，市场占有率在仿真的 300 个步长中呈现 S 形曲线变化，且随着初始保有量比例的降低，曲线呈 S 形的程度越深。仿真普遍进行到步长为 190 以后时，市场占有率的变化明显变缓，进入稳定而平缓的发展阶段。图 10-2 和图 10-3 均表现出，初始保有量低的情况会导致市场扩散的急剧变化（r=0.1% 时步长在 150~190），该情况发生的过程中，系统外力的作用可能导致较大的系统波动并出现不可预知的扩散结果。

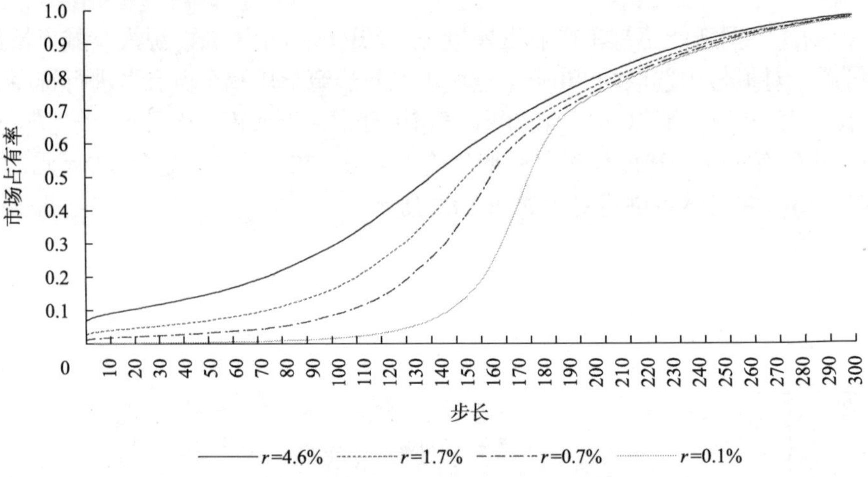

图 10-3　不同保有量比例下市场占有率变化情况

由以上可知，逾渗视角下新能源乘用汽车技术体制在市场中扩散的结果与初始保有量比例并无太大关系，但是保有量比例决定了扩散变化的程度和过程受干扰的影响程度。

（二）价格变化

保有量比例设定为 30 个城市的中位数 1.0%（西安市），学习系数为 0.1。价格选取的原则如下：首先，确定企业范围，在《中国新能源汽车产业发展报告（2018）》“中国新能源汽车企业指数评价报告”中选取新能源乘用新能源车产品竞争力前三位国有品牌生产企业——比亚迪股份有限公司、上海汽车集团股份有限公司、北京汽车集团有限公司，以及具有代表性的进口品牌企业——宝马集团；其次，在四个企业中选择明星产品汽车，即比亚迪宋、上汽荣威 eRX5、北汽新能源 EC、宝马 i3；最后，计算该款新能源汽车的平均价格，分别为 6 万元、20 万元、26 万元和 38 万元，作为智能体仿真模型的价格参数输入。此外，研究运用 2018 年新能源汽车行业销售数据进行主要新能源汽车型号的加权价格计算，结果为 13 万元，作为价格的对比参数进行仿真比较。

由图 10-4 可知，市场价格的变化对市场扩散的增长率的影响体现在随时间分布的偏度上：价格越低，市场扩散越快，随后达到动态稳定状态并持续发展；价格越高，市场对于新能源乘用汽车技术体制的接受越慢，要经过更长的时间（等待市场消费意愿增加、从众心理涌现，或/和学习曲线开始发挥作用导致市场最终的产品价格下降）才能够开始进行市场扩散过程，达到动态稳定状态也就随之越晚。当价格达到 38 万元时，前期市场对新能源乘用汽车技术的观望时间过长，容易引起不确定性风险。

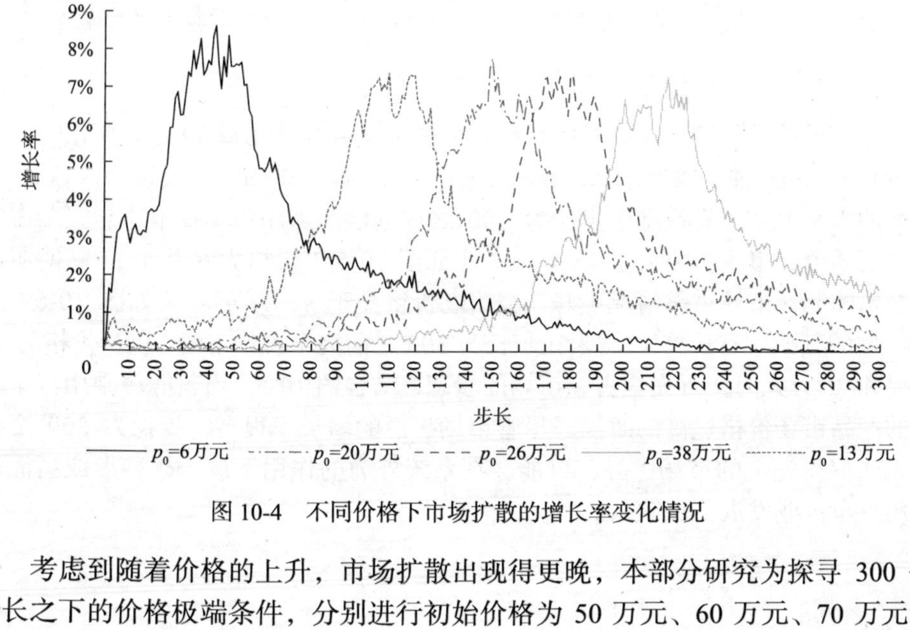

图 10-4　不同价格下市场扩散的增长率变化情况

考虑到随着价格的上升，市场扩散出现得更晚，本部分研究为探寻 300 个步长之下的价格极端条件，分别进行初始价格为 50 万元、60 万元、70 万元和

80 万元条件下的仿真实验。该四种价格均出现在进口新能源乘用汽车的较高端产品中（如特斯拉），但并非考虑到销量影响的平均市场价格，现实新能源乘用汽车市场中并不会出现，因此在本书仅做理想状态的实验对比之用。由图 10-5 可知，当价格达到 50 万元以上时，市场对于新能源乘用汽车的观望时间过长，导致步长为 300 之内无法达到理想的市场扩散状态，尤其是当价格达到 80 万元时，步长为 300 时市场扩散仍处于增长率较高状态，并没有进入平稳下降阶段产生动态稳定的发展趋势。这说明新能源乘用汽车产业的市场平均定价至少在初始状态并不适宜过高，否则不确定性风险持续过长，无法对新能源乘用汽车技术体制起到保护和支撑作用。

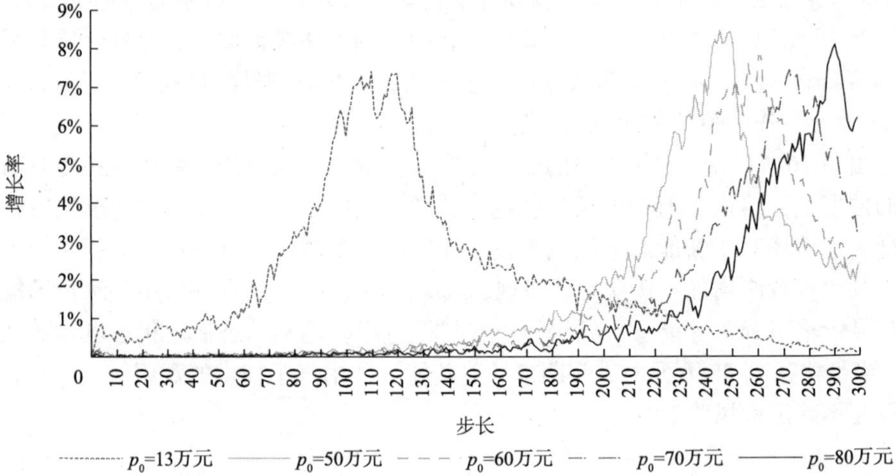

图 10-5　价格调高之后市场扩散的增长率变化情况

与市场扩散的增长率相对应，初始市场价格从 6 万元到 80 万元变化时，市场占有率的变化曲线如图 10-6 和图 10-7 所示。能够推断，市场价格大概在 13 万元的水平上是仿真模型中步长为 300 之内新能源乘用汽车技术体制完全占领市场的阈值，市场价格低于 13 万元时（如图 10-6 中价格为 6 万元），新能源汽车技术体制对市场占领情况更好，当市场价格高于 13 万元时（如图 10-6、图 10-7 中的其他所有价格），均未在步长为 300 之前完全占领市场，仅当价格为 20 万元和 26 万元时接近完全占领市场的状态。结合图 10-5，当新能源乘用汽车产业的产品市场价格过高的时候，尽管市场扩散的增长率很高，步长为 300 之内仍无法取得完全的市场优势，可能会在系统外力的作用下被干扰，形成新能源乘用汽车产业发展的威胁。

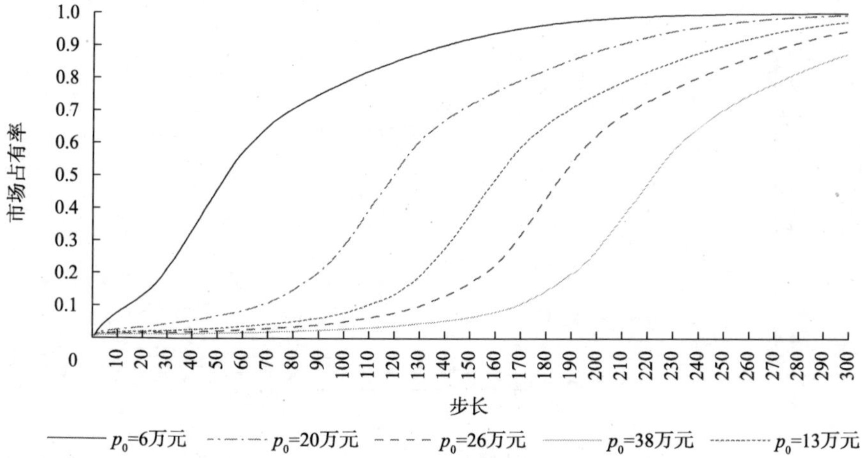

图 10-6　不同价格下市场占有率变化情况

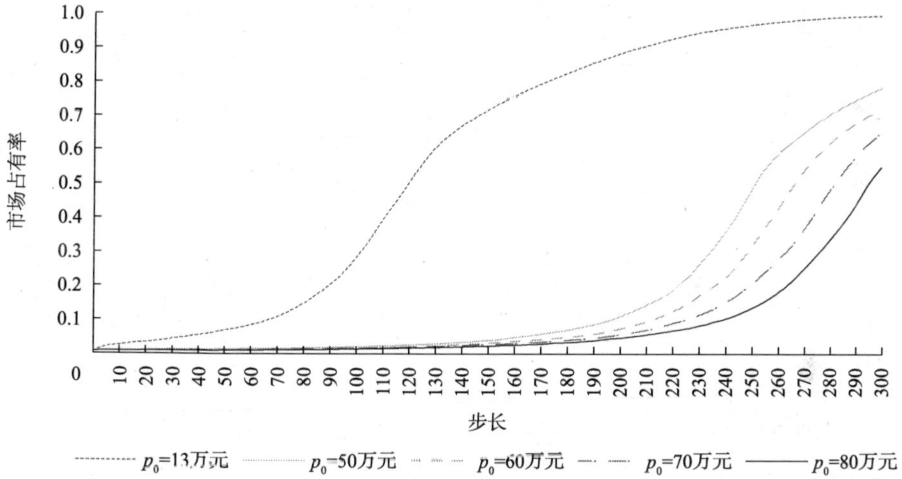

图 10-7　价格调高后市场占有率变化情况

（三）学习参数变化

保有量比例仍然设定为中位数 1.0%，价格为销量加权平均水平 13 万元，在此条件下分别将学习系数调整为 0.05、0.10 和 0.15，并进行仿真对比，如图 10-8 和图 10-9 所示。

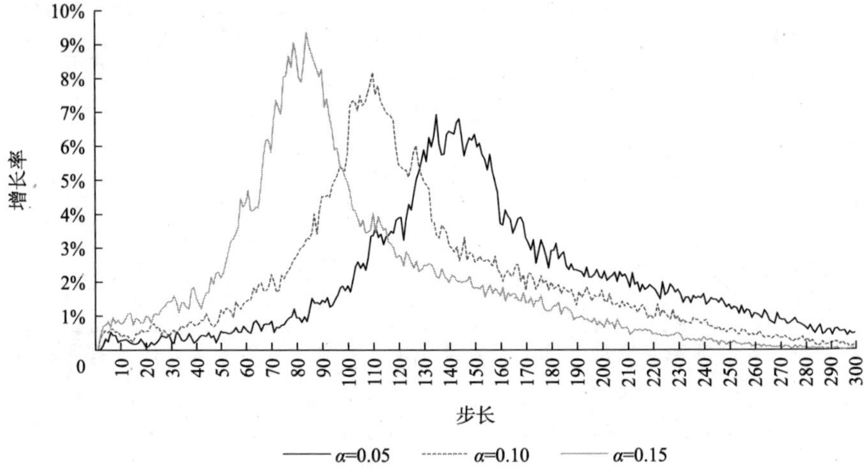

图 10-8　不同学习系数下市场扩散的增长率变化情况

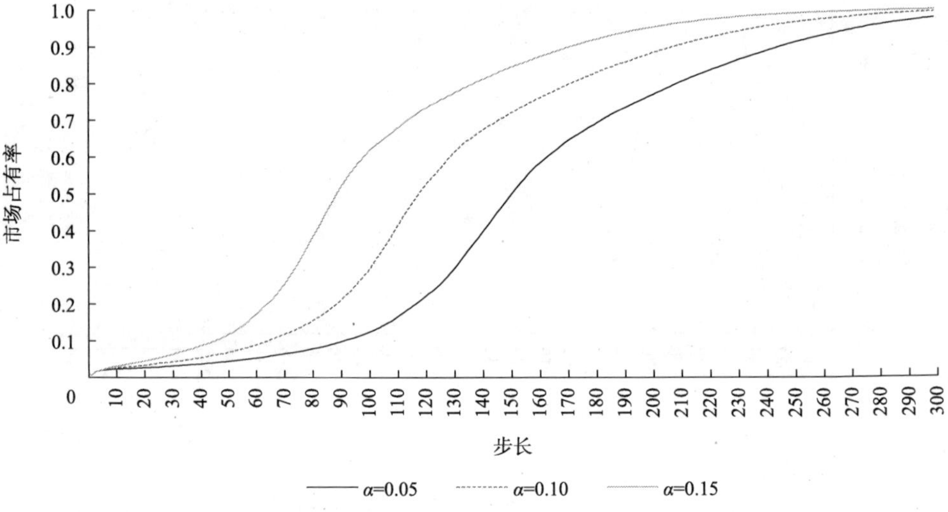

图 10-9　不同学习系数下市场占有率变化情况

由图 10-8 可以看出，由于学习系数主要作用在价格方面，对市场扩散的增长率变化影响较大，主要表现在同时对变化曲线的偏度和峰度起作用。当学习系数较低（0.05）时，变化曲线的峰度较低，整体形态相比学习系数较高的情况向右偏，即市场扩散的整体速度较低，发展较为平稳；当学习系数逐渐升高时，变化曲线的峰度较高，且形态向左偏，即市场扩散在前期由于价格下降较快而增长速度较高，平均增长率也较其他学习系数的情况更高，且达到最高的增长率之后迅速下降进入动态稳定的发展阶段。

图 10-9 结果显示，市场占有率并没有随着学习系数的变化而发生如图 10-3、图 10-6 和图 10-7 的明显形态变化，学习系数并不会过多地影响新能源乘用汽车技术体制最终占领市场，唯一的影响就在于不同步长节点上市场占有率的偏差较大，学习系数越高则达到理想市场占有率越快。

图 10-8、图 10-9 相对简单的结果却同时说明，尽管学习系数越高对新能源乘用汽车技术迅速占领市场更有保障，但过快的成本下降能够带来市场的不确定性风险，同时过高的市场增长率会导致配套设施不完善、相应管理制度不规范等一系列社会与管理问题。事实上，学习曲线或“熟能生巧”曲线在产业层面可控的因素并不多。就目前而言，我国新能源乘用汽车市场中形成的该技术体制学习系数（0.1）较为合理。

（四）补贴退坡

保有量比例设定为中位数 1.0%，学习系数为 0.1，价格为销量加权水平 13 万元时，调整补贴水平观测新能源乘用汽车技术体制在市场中的扩散情况。本书仅关注新能源乘用汽车的市场扩散问题，因此采取私人需求机理的补贴视角而非公共需求激励的补贴视角进行仿真实验。我国目前采取的补贴政策较为复杂，其体系包括考虑续航里程、电池能量密度、车辆能耗调整、燃料消耗等单车补贴策略，以及直接补贴、免征购置税等措施。为简化补贴输入过程，本书的研究将平均补贴水平测算为价格比例进行仿真参数输入。

图 10-10 显示为不同补贴强度（用 s 表示）下市场扩散的增长率变化情况。由图 10-10 可知，至少在新能源乘用汽车技术被市场接受方面，补贴强度并不能造成明显的影响，仅能够对市场接受的早晚起到一定作用。但如果考虑到逐渐增加的销量，每多 0.1 单位要付出的补贴成本可能加剧全市场消费补贴的负担。以仿真结果而言，排除其他补贴形式的作用，消费补贴如果在某一阶段退坡，对于整体市场接受新能源乘用汽车技术并不会产生扭转预期结果的影响，尤其是在发展后期市场越趋于饱和时，消费补贴的效果越不明显。

图 10-11 的结果进一步验证了以上观点，尽管同一步长下（尤其是步长在 70~150 时），市场占有率仍然会在不同补贴强度的作用下有所差距，但这种差距并不如图 10-3、图 10-6、图 10-9 的差距能够产生明显的市场形态区分和竞争压力。尤其当市场扩散到一定程度（仿真中显示步长为 150 以后），市场占有率的差距逐渐缩小并消失。

以上关于补贴强度的仿真结果说明，针对私人消费激励的消费补贴强度大小并不能够导致新能源乘用汽车技术体制在市场中扩散结果的本质性改变。消费补贴的作用在前期市场扩展的时候更为突出，但后期可能会在补贴支出方面造成过

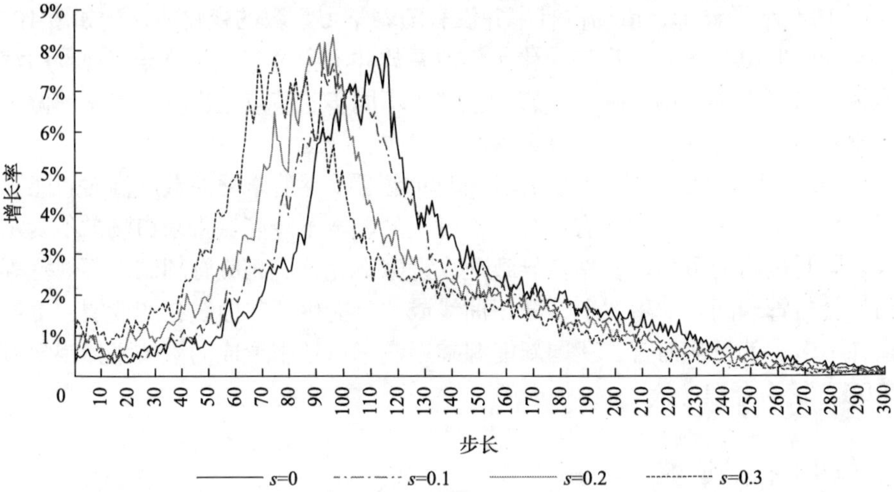

图 10-10　不同补贴强度下市场扩散的增长率变化情况

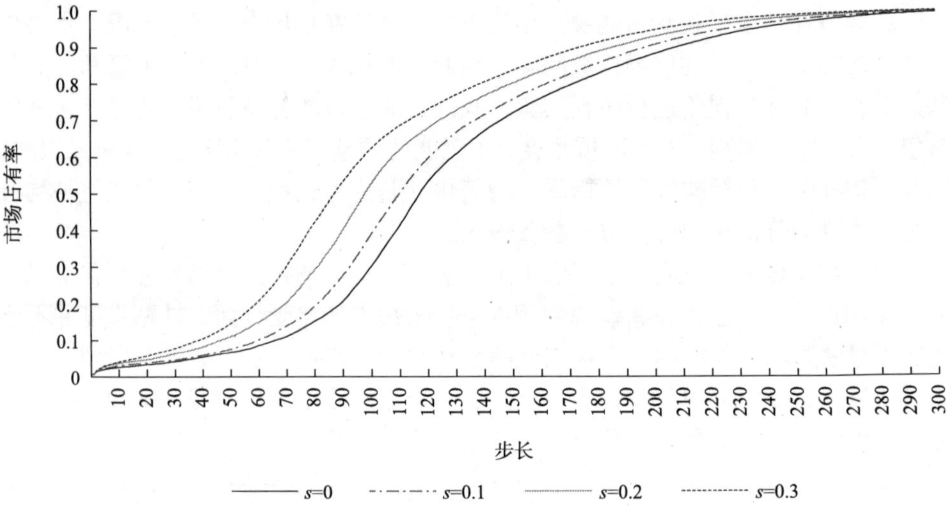

图 10-11　不同补贴强度下市场占有率变化情况

重负担。仿真结果与马亮等（2018a）和熊勇清等（2018）的研究结果相一致，即补贴退坡尤其是消费补贴退坡在市场逐渐成熟后可以逐渐施行，并不会影响新能源乘用汽车产业的整体发展，也同时验证了方创琳（2014）对于补贴在新能源汽车市场拓展方面不起决定性作用的观点。

第四节　逾渗模型下的扩散选择决策

本部分基于逾渗原理构建低碳技术体制在市场中扩散的模型，采用不同地区的新能源汽车产业数据进行仿真输入。研究结果表明，作为目前市场中技术生态位的以新能源汽车为代表技术的各低碳技术体制在扩张市场的过程中将遇到各种要素的干扰，本部分研究从当前市场保有量、当前市场价格、学习系数和补贴强度几个方面分别对扩散结果进行阐述，除学习系数（0.1）为产业已形成的系数无法做多余干扰之外，研究从以下三个方面进行仿真结果对实践的指导分析。

一、市场基础

低碳技术的现有市场保有量比例对技术体制的市场扩散作用并不体现在最终结果方面，而是表现在过程的波动程度上。保有量比例大的地区，其扩散过程相对稳定，市场占有率比例增加过程平稳；保有量比例小的地区，其扩散过程出现斜率较大的 S 形趋势。无论初始保有量比例过大或过小，仿真结果在后期都趋向一致。

以上结论简单地证明了，由于消费者期望设定相差不多，政策背景基本相同，市场完全接受低碳技术的时间是基本一致的，不同市场基础的区域几乎同时完全转变技术体制。目前，我国一些城市推广新能源乘用汽车已经取得了较大的成效，如上海、深圳、杭州、北京、天津、青岛和广州，在未来持续发展新能源乘用汽车时具有较大的优势，尤其配合以一线城市的市场规模和示范效应，其发展过程较为平稳，技术体制过渡能够较顺利完成。但是，仍然有一些城市目前在新能源汽车领域具有较差的市场基础，如石家庄、东莞和佛山，若不施以其他手段干扰，市场基础较差的地区将可能在未来呈现较快速发展，威胁整体汽车市场的稳定性，导致基础设施等一系列市场问题频发，需要进行密切的关注与控制。

另外一些市场基础仍未得到发展的典型城市，如东北三省城市，沈阳和长春的保有量比例居 30 个重点城市末位，其他一些北方重要城市在发展该领域的基础则更弱。原因在于北方地区的市场开发面临高寒环境电池续航能力较弱的关键技术瓶颈，致使南方和北方的新能源乘用汽车市场发展极为不均衡。北方市场需在攻克该技术瓶颈后才能得到市场认可并具有市场基础，就目前而言并不具备发展条件。一旦该技术环节问题得到解决，北方市场尤其是东北市场将进入如上所述的基础较差阶段，在发展中仍然需要进行严密的监控，防止市场迅速扩大引致的基础设施不足、信息不对称、灰色市场等一系列潜在风险。

二、定价区间

低碳技术体制的定价区间对技术在市场中扩散的影响程度较大，除决定市场扩散出现的早晚之外，还影响到该低碳技术体制是否能够扩散成功，但与市场扩散的速率并无关系。值得一提的是，本书中的定价水平为市场中参考销量情况下的加权平均价格，而非单独产品的定价，仿真中参照单独产品价格进行的参数输入仅为借鉴，并不代表实践水平。

仿真结果说明，目前市场的新能源乘用汽车定价水平较为理想，能够达到稳定的增长状态，当市场价格水平最高在 20 万元左右时，就现有市场基础而言，并不会导致销量太大波动。该定价水平在不计算补贴与优惠政策的前提下，基本与普通汽车市场定价水平一致。然而，新能源乘用汽车市场甚至是低碳技术体制的其他市场需注意用户偏好带来的市场平均加权价格水平差异。具体而言，若消费者对新能源乘用汽车的预期价格普遍较高，则购买量可能多集中于价格较高的产品种类中，将会导致市场价格水平升高，市场扩散曲线右移，当市场价格水平足够高时，理想的市场扩散情况消失或严重推迟，无法达到低碳技术体制取代传统技术体制的目标。

为了防止以上情况出现，将低碳技术体制较好地进行扩散，市场应加强对低碳技术体制的“大众化”“平价化”宣传，而非沿“个性化”“奢侈化”路线发展，保证低碳技术体制的价格与现有技术体制的价格基本持平，才能够最终达到技术完整替代的结果。此外，新能源乘用汽车技术目前存在很大缺陷，仍然需要控制电池等成本，否则价格过高会导致很难成长为稳定的技术体制。该结论完善了技术变迁研究体系（Geels and Schot，2007；Geels et al.，2016），首次对技术替代中新旧技术定价比较进行分析并进行仿真实验和讨论，能够对低碳技术管理起到一定的借鉴作用。

三、补贴退坡

本书的研究基于消费补贴视角分析补贴对新能源乘用汽车市场的影响，仿真结果表明，与其他要素相比，不同补贴强度的市场扩散效果并无过大区别，仅在市场的起步阶段发挥一定作用，帮助该低碳技术体制打开市场。

仿真结果说明，作用于私人消费激励角度的补贴并不能起到关键性的、长期的作用，仅可以作用于短期的市场拓展。因此，结合以往的研究，适应于能源大环境变迁的低碳技术体制推广不能依赖于私人方面的补贴，而应该在度过初期的市场拓展阶段后逐渐减少补贴手段，降低保护力度，使低碳技术体制“正常化”，接受整体市场的检验。仿真过程首次从市场效果角度证明了消费补贴在支持低碳技术体制方面的低效性，说明了市场认可度提升后补贴退坡的可行性。该结论运用实际数据输入的仿真实验，具体证明了早期技术变迁研究中（如 Hommels et al., 2007）关于技术生态位先进行技术保护、后放开接受市场价格机制调整观点的可行性。

第五节　本章小结

本章的研究运用逾渗模型实验证明与完善了以往技术变迁研究中关于技术体制扩散的相关理论观点，仿真过程力求统计数据的全面性和完整性，对以新能源乘用汽车产业技术为代表的各低碳技术体制在市场中扩散提供了市场基础、营销定价、政策补贴等方面的理论依据和政策制定基础，对低碳技术体制的推广和管理具有一定的普遍适用性。

第十一章　产业技术生态位综合发展建议：网络结构模型

本章的大部分工作在智能体仿真模型的环境支持下完成，然而，所提出的技术生态位网络的研究视角和演化模式是否能够对产业实践中的创新活动产生管理学意义，是本章最后要解决的问题。鉴于此，本章的研究以新能源汽车产业为背景，选择黑龙江省为研究对象进行实证分析，致力于从网络关系的视角分析黑龙江省新能源汽车产业演化模式，通过收集 2012 年和 2019 年黑龙江省所有新能源汽车产业企业相关信息，结合复杂网络理论在前十章研究描述的基础上，在各演化模式中界定智能体规则，分别构建 2012 年和 2019 年的黑龙江省新能源汽车产业技术生态位网络，并进行分析，通过结果描述黑龙江省新能源汽车产业的演化模型，以对本章的研究内容进行综合检验和整理。进一步地，本章的研究增加政策干预来进行对策分析，提出促进新能源汽车产业动态发展的相关对策，能够作为有效的研究范式和研究模型为新能源汽车产业的研究提供有益借鉴，并拓展技术生态位理论在产业创新实践中的应用。

第一节　黑龙江省新能源汽车产业状况及其演化模式

《2010 年黑龙江省人民政府工作报告》中指出要大力开发“新能源汽车及新能源动力装备的生产制造”。之后，各类相关政策、意见等相继推出，黑龙江省将新能源汽车产业作为重点推进的战略性新兴产业，相关部门在招商引资、项目建设、产业规划、政策环境等方面做了大量的投入性工作。现阶段，黑龙江省在新能源汽车产业，尤其是整车和零部件配套企业得到了快速发展，新能源汽车产业已经初具规模。

一、黑龙江省新能源汽车产业压力维度发展分析

转型意味着从现行的社会—技术领域转化为另一种领域，但现行领域具有一定的稳定性，因此对于转型会产生一定的压力。压力维度主要由外部环境构成，代表最深层次的结构关系，如空间结构、意识形态、社会价值观、宏观经济趋势、环境问题等。压力维度一旦发生变化，便会对现行域产生压力，扰乱内部要素的连贯性，弱化内部的稳定性，同时还会促使其激进式创新的出现。

压力维度是指整体社会—技术的环境，因此，黑龙江省面临的压力维度也是全国乃至全球的能源问题及产业转型问题。黑龙江省乃至全国现行汽车域是以传统内燃机汽车为主导，外部环境本身的变化发展会对现行汽车域造成压力，从而促进我国汽车产业向新能源汽车转型。

（一）能源问题

近年来，我国汽车保有量增长迅猛，2019 年底已达到 2.5 亿辆，同时汽车的能源消耗问题也日趋严峻。2019 年，我国汽车的年油耗量已经接近全国成品油总量的 60%，“十一五”期间新增的 1 亿吨炼油能力，几乎全部被新增汽车消耗。国际能源署和国务院发展研究中心于 2019 年估计，2020 年和 2030 年我国汽车用油将分别达到 2.8 亿吨和 5 亿吨。持续增长的汽车油耗与我国石油资源的匮乏形成对比，目前我国的石油消耗大量来自进口。我国油气对外依存度持续上升，中国石油企业协会发布的《中国油气产业发展分析与展望报告蓝皮书（2018–2019）》显示，2018 年我国油气对外依存度双创新高，其中石油对外依存度逼近 70%，天然气对外依存度升至 45.3%。同时，国际原油价格近年来不断攀升，国际社会普遍认为相对于不断增长的石油需求，石油的供给在未来将面临诸多约束。因此，我国必须考虑能源战略安全，拓展新的车用能源，逐步减少对石油的依赖。

黑龙江省是一个能源大省，作为我国传统能源的重要生产基地，在过去的几十年中通过资源的开采和输出，为我国的经济建设做出了巨大的贡献。黑龙江省传统的能源主要包括天然气、石油和煤炭，占全国主要能源生产总量的 90%以上。2017 年，其煤炭产量为 5 440.4 万吨，石油产量为 3 420.3 万吨，天然气产量为 40.5 亿立方米。但这些传统能源都是不可再生能源。经过多年的开采，这些能源都面临着数量减少、质量下降的状况。大庆油田是黑龙江省重点产油区，2017 年剩余的石油约 1.97 亿吨可采储量，根据目前的开采速度计算的话，还够开采约 5 年。

（二）环境压力

汽车尾气中含有上百种不同的化合物，主要污染物为碳氢化合物、氮氧化合物、一氧化碳、二氧化硫、含铅化合物、苯并芘及固体颗粒物等。研究表明，一辆轿车一年排出的有害废气的质量比自身质量大 3 倍。可以说，汽车是一个流动的污染源。随着汽车数量越来越多、使用范围越来越广，其对环境的负面效应也越来越大。汽车尾气多集中在离地面 1 米左右的低层面，正处于人的呼吸带附近，对人体健康危害极大，主要体现在对人体细胞造成损伤、降低人体免疫力，容易引发呼吸道和心血管系统疾病，对儿童的影响最大。同时，汽车是我国二氧化碳的主要排放源，是我国实现 2020 年单位 GDP（gross domestic product，国内生产总值）二氧化碳减排目标的最主要障碍之一。随着绿色经济、低碳经济等概念的深入发展，人们的环保意识逐渐增强。在此背景下，传统汽车对环境造成的压力受到越来越多关注，传统汽车的大量使用造成空气质量的恶化和温室气体排放的增多。

随着城镇化建设的发展，黑龙江省汽车保有量逐年增加，2010 年黑龙江省民用汽车拥有量达到 194.79 万辆，其中私人汽车拥有量为 139.65 万辆。截至 2017 年末，黑龙江省民用汽车拥有量达到 435.32 万辆，其中私人汽车拥有量为 385.96 万辆（数据来源于国家统计局，华经产业研究院整理）。从数据可以看出，黑龙江省汽车保有量数量较多，即使排放的尾气经过净化处理后污染量排放很低，但基数大也会造成非常严重的大气污染。在此背景下发展新能源汽车对于减轻环境压力具有重要意义。

（三）汽车产业转型升级

21 世纪以来我国汽车产业迅速发展，2019 年汽车产销量突破 2 576.9 万辆，居世界首位。作为国民经济的支柱产业，2019 年汽车产业为国家税收和 GDP 增长做出了 13%和 6.13%的贡献，同时汽车产业的发展带动了上游、中游、下游 100 多个相关产业，国内与汽车相关产业的就业人数，已占到社会就业总人数的 1/6。汽车产业对社会经济发展所起到的重要作用决定了其现在及未来的战略地位。

黑龙江省从 2010 年开始将关注点放在新能源汽车发展上，受多方面因素影响，2018 年黑龙江省新能源汽车产销量大幅度下降，全年仅生产新能源汽车 113 辆。2018 年黑龙江省共推广应用节能与新能源汽车 4 876 辆，其中，纯电动客车 2 986 辆，纯电动乘用车 703 辆，插电式混合动力乘用车 945 辆，纯电动厢式运输车 242 辆。而依据黑龙江省 2019 年汽车保有量 500 多万辆来看，新能源需求量远远大于产销量，因此，现阶段黑龙江省汽车产业转型还处于初级阶段，尚未成功，且面临多重困难。

二、黑龙江省新能源汽车产业惯力维度发展分析

第一辆电动汽车诞生于 1834 年，比内燃机汽车早了半个多世纪。第一辆电动汽车是由安德森在 1832~1839 年发明的。这辆电动汽车所用的蓄电池比较简单，是不可再充电的。随后，斯特町应用法拉第电磁感应原理组装了一台电动三轮车，电磁感应原理在这辆电动汽车上的应用开启了新技术在电动汽车的应用之门。

电动汽车的使用比现代的内燃机汽车早半个世纪，但当时环境下地球燃料充足且价格便宜，整体性价比较高和电池容量有限等，导致燃料汽车在汽车技术的演化模式中长期居于主导设计的地位，并成为全市场认可的技术体制。

在我国现行汽车行业中，消费者在汽车的购买和使用方面已形成较为固定的路径，这些路径反映了消费者的偏好及习惯，属于认知规则。这些既定的认知规则对消费者行为起引导作用，影响其对新能源汽车的购买决策。黑龙江省新能源汽车产业所面临的惯力主要是中观层面上以燃料汽车为主导的技术体制，该技术体制的稳定对新技术体制的发展造成了一定阻力。Geels（2004；2005a；2011）、Geels 和 Schot（2007）将技术生态位视角下 TIS 结构分为三层，其中体制一层包含六个方面，即文化、政策、技术、科学、产业及市场和用户偏好。一般来讲，惯力就是从这六个方面产生的。本书根据这六个方面结合黑龙江省新能源汽车产业状况对黑龙江省新能源汽车产业所具有的惯力维度进行分析。

（一）产业投入成本高

新能源汽车产业目前仍处于创新的初级阶段，还需要较长的市场培育期，技术研发对企业未来发展起到至关重要的作用，现阶段，生产企业需要投入大量的资金用于研发、技术改进和传统设备改造。研发活动不仅需要投入大量的资金，而且具有一定的风险性。此外，研发活动周期长，就算技术研发成功，还需要一定时间的试验及研发成果的技术转换。通常情况下，企业的研发活动主要包括新能源汽车的核心技术，如动力电池、电动部件、电子控制技术等，已经远远超越传统汽车的范畴，需要建立在重大技术突破的基础上。另外，技术水平、规模经济、兼容性等使得新能源汽车生产成本远高于传统汽车，导致其市场价格高于传统燃料汽车。因此，价格导向使得消费者偏向于选择传统燃料汽车。

（二）用户偏好心理

根据创新扩散理论，在扩散初期只有小部分创新者会购买新产品，大部分消费者对创新持观望态度；在扩散初期新产品往往不能向市场有效地证明其价值，因此，消费者对新产品的感知风险会影响其购买意愿。当消费者对某种产品的喜爱程度增加时，该产品的需要量会有所增加；反之，则降低。偏好的改变会影响新能源汽车的销售量，而影响消费者的偏好向新能源汽车转变的因素有两个。一是配套设置的不健全及电池核心技术发展不成熟，新能源汽车的大力推广需要完善基础配套设施的布局。我国现阶段新能源汽车充电设施的布局较窄，且充电基础设施大多应用于公共交通领域，而私人用车领域的铺设少之又少。考虑到便利问题，消费者可能会更加偏向传统汽车。二是电池的续航问题，目前我国新能源电池技术研发水平还落后于世界一流水平。受制于电池的技术和电池的材质，新能源汽车行驶路程大多约为 300 千米，路程较短，续航困难。这也大大影响了消费者的购买期望，甚至影响了购买者的消费体验。受技术水平、基础配套设施及宣传教育的限制，大部分消费者对新能源汽车的安全性、售后服务便利性和维修服务成本均表示担忧，这些消费者会由于怀疑和不确定而放弃购买新能源汽车。

（三）市场设备缺失

众所周知，对于新能源汽车而言，基础配套设施的建设是非常重要的。中国电动汽车充电技术与产业联盟数据显示，2018 年底全国已累计推广充电桩近 90 万台，其中公共类充电桩达到 30 万台，比 2017 年的 21.4 万台的数字增加了 8.6 万台，增长速度同比增加了 40.2%；私人充电桩也近 60 万台，配件率接近 70%。虽然与之前相比已经取得了很大的进步，但是，2015~2018 年，我国新能源汽车的保有量已经达到 200 万辆，这一配比是远远不够的。而且，公共充电桩中，交流慢充桩的比例偏多，直接导致充电效率和充电桩的使用率偏低。由此可以看出，充电桩的数量与新能源汽车的配比不足，充电设备的匮乏是制约我国新能源汽车市场发展的一个重要因素。在传统汽车路径下，消费者出行具有很强的便利性，而目前新能源汽车[特别是纯电动汽车（blade electric vehicles，BEV）]出行便利性较差，相应的配套充电设施还不普及，严重影响了汽车的便捷、快速、节约时间的性能，从而影响消费者的购买决策。

（四）技术匮乏

电动汽车是集高新技术、电子技术、新材料等一体化的高科技产品，而发展电动汽车关键技术更是一项复杂的系统工程。目前，国内外研制和小批量生产的电动汽车尚处在试验和改进阶段，因为许多没有解决的技术问题影响了电动汽车的整体性能，如电池供电系统等。而国外概念车的开发也仅仅处在实验阶段。电池作为电动汽车的动力源也成为电动汽车发展的关键。这一技术一直以来未能取得突破，功率、快速充电、环保、寿命等方面成为电动汽车发展的瓶颈，尤其像黑龙江省这样的地区，地处祖国北疆，纬度偏高，气温偏低，一年中有大半年时间处于零下严寒期，而常温电池处于低温条件下，性能会骤然降低。因此，研发技术的匮乏，大大制约着新能源汽车的发展。

三、黑龙江省新能源汽车产业动力维度发展分析

结合前述研究中动力维度相关理论所述，本书分别从创新主体、基础配套设施建立及支持性政策等方面对黑龙江省现阶段新能源汽车产业发展进行分析。研究发现，黑龙江省新能源汽车产业快速发展，部分新能源汽车产业项目陆续建成投产，新能源汽车整车及配套产品研发制造能力大幅提升，新能源汽车配套企业数量、产品数量和产能也在快速发展，相应的支持政策、保护政策陆续推出。黑龙江省新能源汽车产业动力维度不断成熟。

（一）创新主体发展迅速

黑龙江省新能源汽车产业创新主体成长速度快，如哈尔滨哈飞汽车工业集团有限公司（以下简称哈飞汽车）、黑龙江龙华汽车有限公司（以下简称黑龙江龙华汽车）、哈尔滨龙江客车制造有限公司（以下简称哈尔滨龙江客车）、黑龙江龙宇新材料有限公司等企业。其中，黑龙江龙华汽车是核心性企业之一，其隶属联孚集团，是以客车为核心，以工程机械、汽车零部件为战略业务的新兴汽车公司。该公司总投资 24 亿元，总占地面积 668 000 平方米。新能源汽车项目采取总体规划、分步实施的战略方针，分步推进。项目一期占地 25 700 平方米，设计生产能力为 1 500 台传统公交客车、客车及专用车；规划二期立项生产 100 万台套电动汽车专用电机及控制器，规划三期立项生产 100 兆瓦太阳能光伏组件，并在原传统汽车产品生产公告基础上，申请新能源汽车生产公告，将太阳能与传统电池的电—电混合动力新能

源电动客车、公交车产能扩大到 10 000 台。哈尔滨龙江客车前身是 1951 年建厂的黑龙江客车厂，哈尔滨龙江客车于 1997 年启动新能源客车的研发工作，主要生产开发适合寒冷地区使用的新型中低档城市新能源公交客车、城市环保客车，长途、短途新能源旅游客车，已陆续生产出超级电容电动客车、纯电动客车和插电式混合动力客车样车。2017 年，哈尔滨龙江客车证实，适用于中国北方高寒地区的首台新能源客车——龙江牌插电式混联气电混合动力城市客车正式研制成功。

除生产制造型企业之外，还有一些高校、科研院所也在不断迅猛发展，并在整体创新网络发展中扮演着必不可少的角色。例如，黑龙江电力科学院、哈尔滨理工大学、哈尔滨工业大学、哈尔滨交通集团、黑龙江工程学院等，表 11-1 列出部分科研院所的合作情况。

表11-1　部分科研院所的合作情况

名称	主要合作企业
哈尔滨工业大学	阿城继电器股份有限公司 1)、哈尔滨传能科技有限公司、哈尔滨冠拓电源设备有限公司 3) 等
哈尔滨电工仪表研究所有限公司	哈尔滨通联客车有限公司 2)、中科众瑞（哈尔滨）清洁能源股份有限公司 4) 等
东北电力大学	阿城继电器
哈尔滨理工大学	广东奥美格传导科技股份有限公司、哈飞汽车、哈尔滨东安汽车动力股份有限公司等

1）简称阿城继电器；2）简称哈尔滨通联客车；3）简称哈尔滨冠拓电源（现已注销）；4）简称中科众瑞

（二）基础配套设施逐渐增加

黑龙江省新能源汽车产业配套设施虽然数量上仍处于稀缺状态，但随着政策力度的不断增强，其基础配套设施数量也在不断完善。截至 2017 年底，黑龙江省 13 个城市充电桩保有量共 1 622 台，其中慢充桩 1 177 台，快充桩 445 台，具体结果如表 11-2 所示。

表11-2　黑龙江省13个城市充电桩保有量情况（2017年）

序号	城市名称	慢充桩/台	快充桩/台
1	哈尔滨市	295	178
2	齐齐哈尔市	203	91
3	牡丹江市	76	21
4	佳木斯市	128	53
5	大庆市	15	4
6	鸡西市	6	3
7	鹤岗市	3	1
8	双鸭山市	65	5

续表

序号	城市名称	慢充桩/台	快充桩/台
9	七台河市	133	36
10	伊春市	141	23
11	黑河市	23	6
12	绥化市	69	16
13	大兴安岭市	20	8
合计		1 177	445

资料来源：作者收集整理

（三）支持性政策的不断完善

黑龙江省从2010年开始推出新能源汽车产业政策，涵盖国家政策及黑龙江省内政策，2012年以前共推出相应政策29项，截至2019年，涵盖国家政策及黑龙江省内政策累计达到107项。随着政策的逐步完善，黑龙江省新能源汽车产业相应配套设施不断完善，相应的动力维度也逐渐成熟，如表11-3所示。

表11-3　黑龙江省相应政策统计结果

时间	战略面/项	供给面/项	需求面/项	环境面/项	评估面/项	总计/项
2010~2012年	4	7	3	10	5	29
2013~2019年	20	12	3	31	12	78
总计	24	19	6	41	17	107

资料来源：作者收集整理

四、黑龙江省新能源汽车产业技术演化模式分析及相应假设

由上述分析可知，黑龙江省新能源汽车产业现阶段具有多样型压力维度、惯力维度高、动力维度较为成熟的特点。依据第四章中三种演化模式维度理论基础，对比2012年黑龙江省新能源汽车产业技术生态位的态势处于胚胎期，因此，本书推断现阶段黑龙江省新能源汽车产业处于转变路径向技术替代路径变迁中。

陈晶（2014）借鉴Geels和Schot（2007）研究中的五种转型路径，将技术替代路径描述为，大环境层面出现颠覆性变化或冲击，打破了现行体制的稳定，形成了机会窗口，若生态位创新也已经获得了充分发展，那么将会突破现有体制的阻力并形成新的体制取而代之。因此，在演化的技术替代路径下，网络形态较为成熟，初始阶段已经产生了对新技术体制的共同愿景，且由于创新较稳定，力量

机制也达到了一定程度，能够出现技术创新网络的核心行动者，对整体网络的掌握情况较好，基本属于技术生态位发展的原型期。但由于新的生态位创新遭到体制行动者的抵制，且配套建设并未完全成熟，整体网络各类型行动者之间的合作关系并未完全建立，学习与试验活动并不理想，积极的外部效应仍需良好的协同演化过程来产生。从复杂网络角度而言，技术创新网络的生态位行动者之间应已形成无标度网络和小世界网络特征，凝聚子群能够初步显现。

基于此，本书对黑龙江省新能源汽车产业网络形态提出如下假设。

假设 11-1：技术替代路径下，黑龙江省新能源汽车产业创新网络中已形成网络核心主体。

假设 11-2：技术替代路径下，黑龙江省新能源汽车产业创新网络已形成无标度网络特征。

假设 11-3：技术替代路径下，黑龙江省新能源汽车产业创新网络已形成小世界网络特征。

假设 11-4：技术替代路径下，黑龙江省新能源汽车产业创新网络路径已从最初的胚胎期发展到原型期，具备网络特征。

第二节　技术生态位网络形态描绘及其结构参数分析

本书通过收集到的黑龙江省新能源汽车产业创新网络主体之间的联系，分别构建 2012 年和 2019 年黑龙江省新能源汽车产业创新网络，并对两个网络进行形态描绘及其结构参数分析，结构参数将从网络密度与网络规模、网络中心性、网络生态位态势三个方面进行分析。其分析结果将为进行网络深入分析提供基础。

一、数据收集

（一）数据收集过程

本部分利用社会网络分析法（social network analysis，SNA），通过确定节点关系矩阵从而构建技术生态位网络关系模型。由于所需数据为关系型数据，故采用基于提名法的滚雪球抽样法，这是一种概率抽样方法。该方法结合了广度搜索和深度搜索的方式，“在滚雪球抽样中，行动者提名其他行动者，这些行动者构成了一阶网络域（first order zone of the network），研究者在此基础上得到二阶网络域、三阶网络域等”。网络分析的第一个前提条件就是要明确分析的主体，本书以黑龙江省新能源汽车产业的技术生态位主体为分析单位，所研究的主体包括研发机构、关键零部件生产企业和整车装配企业，其中研发机构包括各高校及科研院所。收集过程如下：首先，通过查询我国关于发展新能源汽车产业的政府文件和《节能与新能源汽车年鉴》，初步确定哈飞、黑龙华、龙宇等黑龙江省新能源汽车产业中的重点企业机构；其次，通过收集、整理互联网上关于网络中各个主体的相应信息，根据第一步整理出的相应信息加上国家知识产权局专利数据库、中国新能源汽车产业联盟、近几年《节能与新能源汽车年鉴》、CNKI 数据库，以及网上收集到的有关技术生态位主体的相关新闻等，从中获取技术生态位主体间的合作关系；再次，通过对选择的企业的管理层或技术部门负责人发放调查问卷和进行实地访谈，确定该企业存在技术合作关系的其他企业、科研机构、高校、金融机构等组织并进行重要性排位，再对这些相关组织发放调查问卷，重复如上的工作；最后，制定出黑龙江省技术生态位网络。

（二）描述性统计分析

本书收集到的研究主体主要以黑龙江省本土企业为边界，其中，由于沃尔沃集团公司所采用的技术、资源及上下游合作企业等均不在黑龙江省，经专家讨论和评估之后未将其列入本章研究范围。由于黑龙江省新能源汽车产业技术创新网络中技术生态位主体合作关系中包含大量外省主体，研究所用数据将与之合作的外省企业同样纳入网络中。2012 年数据源自孙冰等（2013a）研究中收集的数据信息，其中包含 18 个创新主体，其中技术研发高校 5 所，包括哈尔滨理工大学、黑龙江科技大学、哈尔滨工程大学、哈尔滨工业大学、齐齐哈尔大学；整车装配企业 2 家，包括哈飞、黑龙江龙华汽车。

本书一共收集到 53 个 2019 年相关主体，其中，技术研发企业、机构有 8 家（所），包括黑龙江电力科学院、清华大学、哈尔滨理工大学、哈尔滨工业大学、北京理工大学、哈尔滨交通集团、黑龙江工程学院、东北电力大学。整车装配企业有 5 家，包括哈尔滨龙江客车、哈飞汽车、烟台舒驰客车有限责任公司、黑龙江龙华汽车、哈尔滨通联客车。

相关网络主体中包含 6 所大学，其中 3 所为 985 工程院校。有关新能源汽车的文章发表数量：清华大学发表 59 篇，哈尔滨工业大学发表 34 篇，北京理工大学发表 125 篇，哈尔滨理工大学发表 49 篇，黑龙江工程学院发表 1 篇，东北电力大学发表 2 篇。

哈飞汽车隶属于中国长安汽车集团有限公司，为中国微型车制造和研发的奠基者和先行者，是中国汽车骨干生产企业和研发基地。该公司曾入选《中国 500 最具价值品牌》排行榜，2018 年微型汽车出口量近两万辆，居全国首位。烟台舒驰客车有限责任公司注册资本 5 898 万元，占地面积 13 万平方米，建筑面积 5.8 万平方米，在莱阳市工业园落成了年产 6 000 辆中高档客车生产线，进入全国客车生产企业先进行列。哈尔滨通联客车的经营范围包括汽车整车生产、汽车销售、汽车技术开发及技术咨询等，注册资本 1.87 亿元。

二、技术生态位网络构建

（一）网络构建方法与构建规则

社会网络拓扑模型中节点和连接是最基本的元素，其中，主体用节点（node）表示，连接表示主体间存在着关系，主体间关系主要有以下几种情况：①研发机构与研发机构之间存在技术交流合作关系；②研发机构为生产企业提供技术支持；③零部件企业为整车装配企业提供产品。

本书采用关系矩阵和社会网络图构建模型，社会网络图将节点间的关系实现可视化，利用节点和连接来表征关系路径，关系矩阵用元素之间的值表征关系间的联系。若关系矩阵中两个元素间的值为 1，说明该两个元素之间存在合作关系；若关系矩阵中两元素之间的值为 0，则可以说明该两个元素之间不存在合作关系。

（二）网络形态描绘

将所收集的数据导入 Gephi 软件，为使社会网络图更加形象直观，采用 Fruchterman-Reingold 布局方式（刘玉琴和彭茂祥，2012），节点的大小根据节点度的大小进行线性渐变，节点形状分为三角形、四边形、五边形和六边形，其中科研院所为三角形，研发生产企业为四边形，整车装配企业为五边形，从而得到黑龙江省 2012 年和 2019 年新能源技术生态位的网络图，如图 11-1[2012 年数据借鉴孙冰等（2013b），由于本书所构建网络为无向网络，与所借鉴原文构建网络有所不同]和图 11-2 所示。

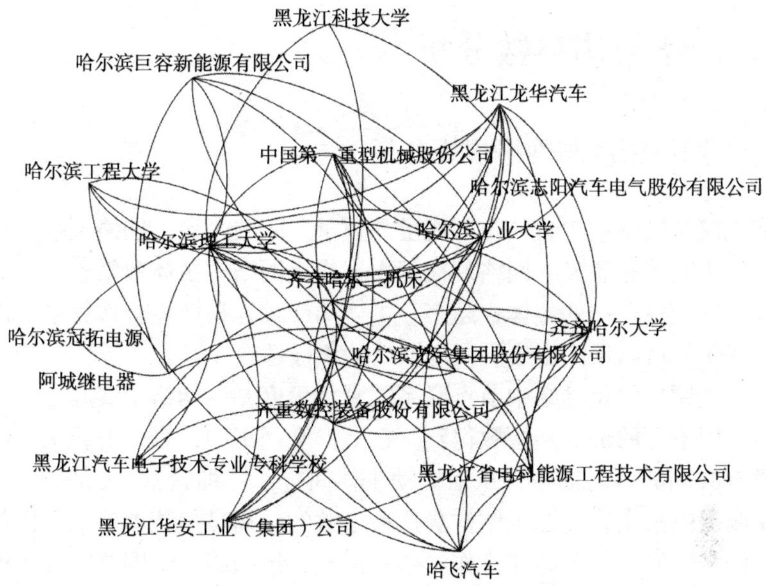

图 11-1　2012 年黑龙江新能源技术生态位的网络图

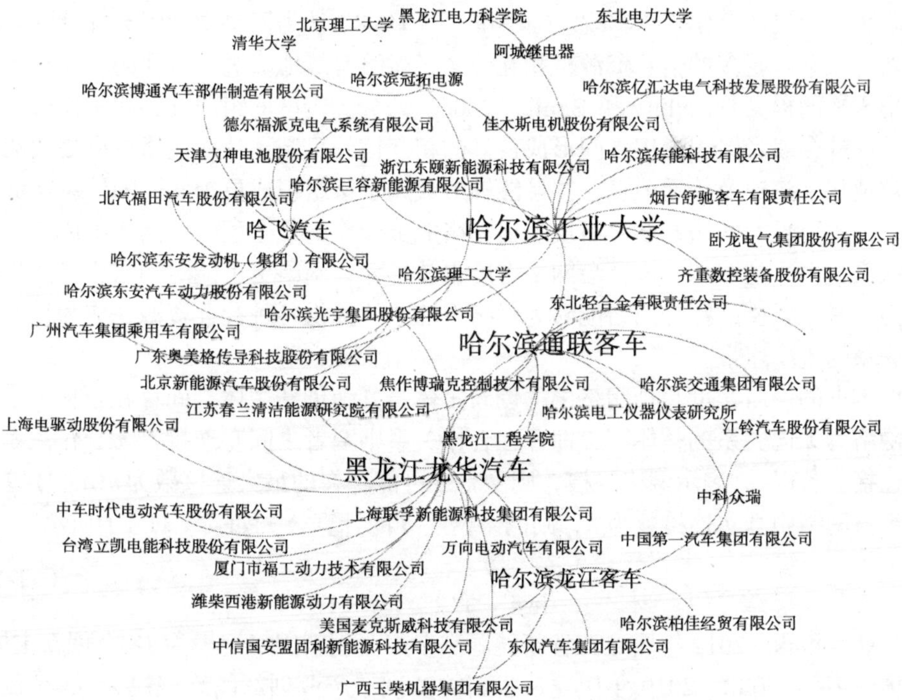

图 11-2　2019 年黑龙江新能源技术生态位的网络图

三、网络结构参数分析

（一）网络密度与网络规模分析

网络规模是网络中包含的全部成员的数量。一般来说，网络规模只有达到一定数目时，研究才有意义。网络规模越大，代表网络中主体数量越多，对于某个主体来说可以选择合作的主体也越多，主体间就越容易产生合作关系。因此，网络规模的变化，可以反映出成员参与网络的积极性。

网络密度用来度量网络中节点联系的紧密程度，由网络中实际存在的连接数除以网络在理论上的最大连接数得到。在高密度网络中，合作的相关主体之间更有可能具有共同的行为期望，从而推动主体间合作更加紧密。Coleman（1988）在其研究成果中指出，类似于结构洞这种松散的结构虽然能够为处于优势位置的成员获取许多异质性的资源和合作机会，但是，组织结构中网络密度较低，组织中各个成员之间缺乏稳固的、信任的伙伴关系，这使得成员之间的信息交流及资源互享受到限制。进一步地，这种稀疏的网络结构让组织成员之间更大的规模和更高水平的资源合作难以实现。Larsson 等（1998）认为网络中各组成部分联系越密切，就会有越多的信息资源被相互分享，能够有效地促进成员间的合作和知识共享水平的提高。Collins 和 Smith（2006）认为高密度的组织社会网络能够有效地推动社会或者组织群体之间形成良好的相互信任机制，从而网络成员之间能够有效地相互沟通及传递消息，并且能够形成属于该组织成员的共同的信息交流方式。由此可见，网络密度可以反映出网络成员合作的紧密程度，网络中成员之间的联系越多、越密切，该社会网络密度也就越大，网络更可能对网络成员产生影响力。联系紧密的社会网络能够为网络中的个体提供各种社会资源，成为彼此之间联系的重要纽带。

本书的网络密度是指网络中的创新主体与其他创新主体之间存在合作关系，其网络为无向关系的整体网，即存在合作关系则两者之间有连接，无合作关系则无连接。若以 n 表示网络规模，则网络中可能存在的最大连接数为 $n(n-1)/2$，如果该网络中真实连接数为 h，则网络密度 d 的计算公式如式（11-1）所示。

$$d=\frac{h}{n(n-1)/2}=\frac{2h}{n(n-1)} \tag{11-1}$$

计算可得，2012 年黑龙江省新能源汽车产业创新网络规模为 18 个创新主体，整体密度为 0.088；2019 年黑龙江省新能源汽车产业创新网络规模为 53 个创新主体，整体密度为 0.048。以结果而言，经过 7 年的发展，黑龙江省创新主体规模从 18 个扩大到 53 个，显而易见，这与政府的政策支持密不可分。2008 年之前，新能源汽车相关国家政策较少，整个行业处于技术研发阶段，政策工具以激励研发投入的供给面政策和对产业进行整体规划、制定产品准入管理等环境面政策为主。2009 年，财政部和科学技术部发布《关于开展节能与新能源汽车示范推广试点工作的通知》，正式开启新能源汽车全国示范推广的序幕，以政府采购、购车补贴为主的需求面政策和充电桩基础设施建设、税收减免等环境面政策成为这一阶段的主导。2013 年，财政部、科学技术部等四部委发布《关于继续开展新能源汽车推广应用工作的通知》，开启新能源汽车全国第二轮示范推广工作，并且随着新能源汽车市场的逐步扩大，国家从研发激励、金融支持、目标规划、标准制定、基础设施建设等方面开启了对新能源汽车产业从供给面、需求面与环境面政策的全面指导。随着相关政策的不断颁布，越来越多的企业开始拓展新能源汽车方面的业务。

对于黑龙江省新能源汽车产业创新网络而言，整体密度越大说明整体网络对网络中各创新主体的影响就越大。随着时间的推移，网络整体密度呈下降趋势，其原因可以解释如下：①由式（11-1）及分析可知，网络密度不仅由网络规模决定，还与网络实际连接数量有关。可以说明，虽然随着时间的推移，黑龙江省新能源汽车网络主体的相对数量增加了，网络整体连接数量却增加较少，因此导致整个网络的整体密度呈下降趋势。②2012 年黑龙江省新能源汽车产业处于起步阶段，结合 Lopolito 等（2011a）对技术生态位状况的实证研究中关于愿景机制的描写可以解释为，当网络中相关主体刚刚接触新能源汽车行业时，对这一新鲜事物所具有的好奇心及一定的好感，使其具有强烈的共同愿景，各节点主体之间互动的积极性就会增强，各相关创新主体之间联系较为紧密，相应的网络整体密度就大。但随着时间的推移，新鲜感逐渐消失，加上技术差异化逐渐显现，导致主体间合作终止，网络整体密度随之变小。③通常来说，随着网络规模的增大，网络密度会相应减小，大规模网络密度要比小规模网络密度小。

（二）网络中心性分析

“中心性”（centrality）指标是描述网络属性的重要指标群，是社会网络分析中的重要参数之一。中心性是对网络中个体成员权力的量化研究，即研究个体成员可以多大程度上对其他成员施加影响力，或是其他成员多大程度上依赖该个体成员。其最早由 Freeman（1987）提出，后逐步被研究者完善。中心性由中心度和中心势两种指标构成。中心度描述的是某个行动者在社会网络中具有怎样的权利或居于怎样的中心地位，测量的是个体处于网络中心的程度，反映该节点在网络中的重要性程度。中心势特指网络图的中心度，测量的是整个社会网络所具有的中心趋势，刻画整个网络中各节点的差异性程度。常用的中心度和中心势指数包括点度中心度（point centrality）、中间中心度（betweenness centrality）、接近中心度（closeness centrality），以及与之相应的多种中心势指数。

1. 节点的点度中心度

点度中心度表征社会网络中一个节点和其他节点存在直接关系的数量，数量越多，节点的点度中心度越大，越处于网络的中心地位，对网络中其他节点的影响力越大。

若以 n 表示网络规模，A 表示网络中的一个节点，以点 $D_i\left(1\leqslant i\leqslant n-1\right)$ 表示网络中的除 A 以外的节点，C_{AD_i} 表示节点 A 与节点 D_i 之间是否有连接，有 C_{AD_i} 则取值 1，没有 C_{AD_i} 则取值 0。那么，节点的点度中心度 C_A 可以由式（11-2）计算得出：

$$C_A=\sum_{1}^{n-1}C_{AD_i} \tag{11-2}$$

根据式（11-2），将点度中心度按照大小进行排名，2012 年的网络创新主体点度中心度和 2019 年的网络创新主体点度中心度各取前五名，结果如表 11-4 所示。

表11-4　创新主体点度中心度

创新主体（2019 年）	点度中心度	创新主体（2012 年）	点度中心度
黑龙江龙华汽车	15	哈尔滨理工大学	17
哈尔滨工业大学	13	哈尔滨工业大学	10
哈尔滨通联客车	12	黑龙江龙华汽车	10
哈飞汽车	8	齐齐哈尔大学	10
哈尔滨冠拓电源	6	齐齐哈尔二机床（集团）有限责任公司[1)]	10
哈尔滨龙江客车	6		

1）简称齐齐哈尔二机床

点度中心度越高代表这个创新主体与其他创新主体连接越多，该值越大说明该创新主体与其他创新主体合作联系越多，也就表明点度中心度高的节点处于网络核心位置。由表 11-4 结果分析可知，2012 年哈尔滨理工大学、哈尔滨工业大学、黑龙江龙华汽车、齐齐哈尔滨大学、齐齐哈尔二机床等创新主体点度中心度值相对较高。2019 年黑龙江龙华汽车、哈尔滨工业大学、哈尔滨通联客车、哈飞汽车、哈尔滨龙江客车、哈尔滨冠拓电源等创新主体点度中心度值相对较高。这说明这些创新主体在整个关联关系网络中处于战略性中心位置，在网络中拥有较大的权力，对其他创新主体有较大的控制力和影响力，其影响力高于其他创新主体。

2. 节点的中间中心度

当网络中的两个节点 i 和节点 j，不论经过多少个中间节点总能找到通路时，称该两个节点之间可以进行通信。网络中的节点进行通信时，为了提高效率一般都会选择捷径通路。当从节点 i 到节点 j 的所有捷径通路都必须经过节点 k 时，节点 k 对节点 i 和节点 j 之间的通信就拥有绝对的控制能力。节点的中间中心度就是用来测量一个节点在多大程度上处于其他节点对的“中间”，它衡量了该节点对网络中资源的控制程度。

如果用 g_{ij} 表示从节点 i 到节点 j 的所有捷径通路数目，用 $g_{ij}(k)$ 表示从节点 i 到节点 j 的所有捷径通路中必须经过节点 k 的数目，则节点 k 控制节点 i 和节点 j 进行通信的能力 $b_{ij}(k)$ ，可以用从节点 i 到节点 j 的所有捷径通路中包含节点 k 的比率来表示，即 $b_{ij}(k)=g_{ij}(k)/g_{ij}$ ，而节点 k 在整个网络中的中间中心度，就是将节点 k 对网络中所有节点进行通信的能力加总在一起，记为 C_{AB_k} ，则节点 k 的中间中心度 C_{AB_k} 的计算式（11-3）为

$$C_{AB_k}=\sum_{i}^{n}\sum_{j}^{n}b_{ij}(k) \tag{11-3}$$

将收集的数据代入公式，所得结果如表 11-5 所示。

表11-5　创新主体中间中心度

创新主体（2019 年）	中间中心度	创新主体（2012 年）	中间中心度
黑龙江龙华汽车	1 187.450	哈尔滨理工大学	47.575
哈尔滨工业大学	1 159.900	哈尔滨工业大学	7.358
哈尔滨通联客车	1 108.717	齐齐哈尔大学	5.058
哈尔滨光宇集团股份有限公司 1)	601.200	齐齐哈尔二机床	4.250
哈飞汽车	524.667	黑龙江省电科能源工程技术有限公司	4.125
哈尔滨龙江客车	355.000	哈飞汽车	3.733
哈尔滨理工大学	302.400	黑龙江龙华汽车	2.908
中科众瑞	284.050	哈尔滨冠拓电源	2.750

1）简称哈尔滨光宇

分析中间中心度的结果可得，2012 年哈尔滨理工大学、哈尔滨工业大学、齐齐哈尔大学、齐齐哈尔二机床等创新主体中间中心度值较高；2019 年黑龙江龙华汽车、哈尔滨工业大学、哈尔滨通联客车、哈尔滨光宇、哈飞汽车、哈尔滨龙江客车、哈尔滨理工大学等创新主体中间中心度值远远高于均值水平，说明这些创新主体是处于创新知识流通位置的关键节点，起到了创新主体与创新主体相互沟

通的桥梁作用。中间中心度高的创新主体掌握着信息流的方向及获取知识的机会，可以在创新主体群体中协调创新主体之间的矛盾，在控制知识共享程度中起到举足轻重的作用。

3. 节点的接近中心度

接近中心度测量的是单一节点不受其他节点的控制程度，一般通过距离指标来衡量。某个节点越是与其他节点接近，那么它的信息就越容易被传递出去，相应地接近中心度就越低，这样的节点往往位于网络的中间位置。距离越长的节点往往在资源控制和影响力方面较弱，处于网络的边缘。接近中心度公式如式（11-4）所示。

$$C_{AP_i}^{-1} = \sum_{j=1}^{n} d_{ij} \tag{11-4}$$

其中，d_{ij}是节点i和节点j之间的距离。

将收集的数据代入公式，所得结果如表 11-6 所示。

表11-6　创新主体接近中心度

创新主体（2019 年）	接近中心度	创新主体（2012 年）	接近中心度
哈尔滨通联客车	49.057	哈尔滨理工大学	100.000
哈尔滨工业大学	47.273	哈尔滨工业大学	70.833
黑龙江龙华汽车	43.697	黑龙江龙华汽车	70.833
哈尔滨光宇	43.333	齐齐哈尔大学	70.833
哈尔滨理工大学	40.625	齐齐哈尔二机床	70.833
哈飞汽车	39.695	哈飞汽车	68.000
焦作博瑞克控制技术有限公司	36.364	齐重数控装备股份有限公司	68.000
上海联孚新能源科技集团有限公司	36.364	黑龙江华安工业（集团）公司[1]	65.385

1）现已注销

就接近中心度而言，无论是 2012 年还是 2019 年，哈尔滨工业大学、黑龙江龙华汽车等创新主体接近中心度值都处于重要位置，说明在整个网络中具有绝对的控制权。哈尔滨通联客车 2019 年的接近中心度值占据首位，说明其在网络中扮演中心行动者的角色，在网络中处于核心位置，起到“桥梁”作用。而排名位于末端的创新主体，如 2012 年的哈尔滨志阳汽车电气股份有限公司，2019 年的中国第一汽车集团有限公司，都属于边缘行动者，与其他创新主体之间的关联性较小。

4. 网络中心性的整体分析

综合分析而言，2012 年哈尔滨理工大学、哈尔滨工业大学、齐齐哈尔大学无论是点度中心度还是中间中心度，抑或是接近中心度都排在前四的位置；2019年从三种中心度综合而言，黑龙江龙华汽车、哈尔滨工业大学和哈尔滨通联客车始终位于前三位。这表明，虽然网络随着时间在不断演化，但是哈尔滨工业大学始终在整个网络中占据着主要的位置。分析哈尔滨工业大学对新能源汽车产业的研究可知，从新能源汽车产业刚兴起的时候，哈尔滨工业大学就一直涉猎这一领域，培养具备新能源科学与工程这一强交叉学科宽厚扎实的基础理论的专业人员，系统掌握可再生与新型能源的高效低成本存储、转换、传递和梯级利用等方面的专业知识，了解新能源科学与工程及交叉学科的科学前沿、发展状况与趋势，系统地掌握该专业的基础理论、专业技能和工程实践能力，具备该专业领域相关装备与系统的创新设计能力。哈尔滨工业大学设立了新能源汽车研究课题组，由郑萍、崔淑梅两位教授及陈清泉院士带领。哈尔滨工业大学还成立了哈工大（威海）新能源车辆研究所，其中包括哈工大新能源车辆研究所电驱动系统课题组、哈工大新能源车辆研究所“电机控制”课题组等。哈尔滨工业大学还与清华大学等多所国内高校合作，致力于新能源汽车产业的研究。哈尔滨工业大学不仅自身一直在新能源领域不断进步，也一直在带动其他创新主体，2010年与阿城继电器、哈尔滨冠拓电源、黑龙江省电力科学研究院、哈尔滨光宇、哈尔滨巨容新能源有限公司、哈尔滨理工大学六所创新主体成立了黑龙江省高纬度地区电动汽车产业技术创新战略联盟。

2012年，哈尔滨理工大学和齐齐哈尔大学占据网络较为中心的位置，但发展到2019年，位置被黑龙江龙华汽车和哈尔滨通联客车取代。原因分析如下：①无法取代哈尔滨工业大学的位置。哈尔滨理工大学、齐齐哈尔大学与哈尔滨工业大学相比同为大学类研发企业，但学校整体研发水平无论从师资力量还是投入设施等条件方面都与哈尔滨工业大学存在一定差距，因此在网络中无法捍卫其位置。②整车装配企业位置的凸显。随着时间的推移，整车装配企业逐渐在网络中占据主要位置，网络中心性提升的重要原因在于网络中连接数量的多少，整车装配企业需要与涉及新能源汽车产业的各种主体合作，因此连接数量自然占据优势。

（三）网络生态位态势分析

生态位理论认为，生态系统中的任一个体均具有“态”和“势”两个方面的属性。前者代表个体的状态，是过去累积的结果；后者代表个体目前的形势，是对现状的影响力与支配力。关于“态势”在社会科学领域的研究多见于对企业生态位的分析和区域经济协调发展方面。结合 Lopolito 等（2011a）对技术生态位状况的实证研究，本书引入态势的观点，用以整体解释技术生态位的发展状况，该观点既代表了过去积累的结果，又蕴涵了现在存在的状态，更包含了一种未来的发展潜力。

Lopolito 等（2011a）在关于技术创新发展水平的研究中，用愿景机制、力量机制和知识机制来表示建立期望、形成网络和产生知识这三个过程，并应用社会网络分析方法分别测度愿景机制、力量机制、知识机制这三方面的指标来界定技术创新发展的阶段。Lopolito 等（2011a）将愿景机制通过“共享关系的网络密度”指标来衡量，愿景机制反映了各创新主体通过交互产生一致的创新愿景，在网络中呈现出动态扩散形式。本书选取“强成分所占比例”作为愿景机制指标，“强成分”代表两节点间建立了严格的双向联系，客观上反映了具备相同创新愿景的两者建立关联的情况。其计算公式如式（11-5）所示。

$$\mathrm{EI}=\frac{N_{\mathrm{IC}}}{N} \tag{11-5}$$

其中，N_{IC} 表示整体网络中“强成分”的数量；N 代表整个网络中“强成分”和“弱成分”的总和。本书的强成分界定为点度中心度大于均值的创新主体。

Lopolito 等（2011a）的研究中应用“网络的点度中心势”指标来衡量权力机制。为了能够描述网络中的“明星行动者”（即核心组织）及网络整体所达到的控制力水平，网络的度中心性（degree centrality）指标被用来衡量技术生态位网络的力量，但其仅能反映网络中一个节点与其他节点发展交往的能力，并不能表现其控制其他节点或整体网络的能力。故本书选用中间中心势（betweenness centrality）指标来衡量个体和整体网络对网络中其他节点交往的控制水平。

知识机制在另一个层面上隐含了“创新扩散”的内涵，即技术生态位形成的网络中知识流动在整体上表现为新技术在不同组织之间的扩散，该扩散具有方向性。Lopolito 等（2011a）选用知识流动密度作为衡量知识机制的指标，本书将延续该指标。

在本书的实证研究中，为了方便分析技术生态位态势所处阶段，三个方面机制均经过标准化处理，因此其取值为 0~1。本书将取值在 0.1~1 的定为该机制存在（即为 1），而取值在 0~0.1 的定为该机制缺失（即为 0）。基于三个机制的技术生态位态势阶段，本书借鉴孙冰等（2013b）的观点，如表 11-7 所示，黑龙江省技术生态位态势阶段状态态势如表 11-8 所示。

表11-7　基于三个机制的技术生态位态势阶段

机制	缺失期	胚胎期	原型期		填满期
			原型期Ⅰ期	原型期Ⅱ期	
愿景机制	0	1	1	1	1
力量机制	0	0	1	0	1
知识机制	0	0	0	1	1

表11-8　黑龙江省技术生态位态势阶段状态态势

年份	愿景机制	力量机制	知识机制
2012 年	0.315	0.014	0.088
2019 年	0.226	0.410	0.048

可以看出，2012 年黑龙江省新能源汽车产业为胚胎期，2019 年为原型期Ⅰ期。2012 年，新能源汽车产业刚刚进入黑龙江省，各方面的技术抑或是政策都不完善，但政府部门的宣传及人们对新事物的新鲜感致使愿景机制较高，因此，黑龙江省新能源汽车产业在初期为胚胎期。发展到 2019 年，力量机制有所提高，但知识机制仍然比较薄弱，因为随着能源危机的到来，国家层面对于新能源汽车的重视程度不断增加，相应政策不断提出，力量机制变大，但黑龙江省受地理位置等因素的影响，有关新能源汽车产业的技术还不成熟，导致知识机制进步较小，因此，2019 年黑龙江省新能源汽车产业处于原型期Ⅰ期。

从图 11-3 可以对比看出，与 2012 年相比，2019 年的力量机制有了大幅度提升，但愿景机制与知识机制都有所下降，因为随着时间的推移，市场中消费者最初的新鲜感逐步退却，加之黑龙江省地理条件的限制，以及相应技术困难无法突破，消费者对目标的一致性有所下降，知识机制和愿景机制减小。知识机制的衡量标准为知识流动密度，虽然 2012~2019 年有关新能源汽车的技术有所增加，但其增加速度远远没有网络规模增加得多，因此，从整体看来，知识机制有所减少。

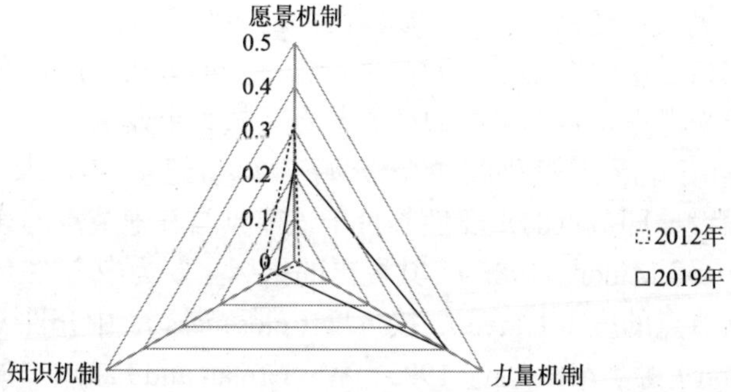

图 11-3　2012 年、2019 年黑龙江省新能源汽车产业技术生态位态势阶段雷达图

第三节　演化模式下技术生态位网络的结构特征分析

通过对网络核心组织及结构洞风险的识别，可以了解到为促使网络具有鲁棒性而应该着重保护的主体。通过对网络无标度形态及小世界特征的分析，可以了解网络中各创新主体间相应技术、信息等传播能力情况。因此，本节将在前述研究的基础上深入对黑龙江省新能源汽车产业技术生态位创新网络的结构特征进行分析。为之后提出的黑龙江省新能源汽车产业技术生态位网络发展建议提供支撑性基础。

一、基于社会网络的核心组织分析

（一）核心组织识别

核心组织的界定有多种方式，但基本上围绕着组织在组织网络中的地位和作用的角度进行界定（Langen，2003），Lorenzoni 和 Baden-Fuller（1995）把核心组织定义为“战略中心”，认为其有较高的协调能力，能够领导其他组织创新，为它们提供新的增长机会，确保整个产业集群网络的生存和发展。

识别网络的核心组织有助于对网络进行进一步的分析。以往学者主要从两个方面的研究思路来考虑识别网络中的核心节点（核心企业）。

（1）社会网络分析对这一问题的研究始于 20 世纪 40 年代末，其主流方法均基于这样一个假设，即节点的重要性等价于该节点与其他节点的连接而使其具有的显著性（Burt and Minor，1983）。其提出的指标主要为中心性（centrality），度量方法主要包括节点的度（degree）、接近度（closeness）、中介性（betweenness）、信息（information）等（Altmann，1993；Wasserman and Faust，1994）。其中，度指标利用的是与节点相邻接的边数；接近度指标反映了节点在网络中的居中程度，因为它的定义是该节点到其他所有节点距离之和的倒数；中介性指标反映了节点对其他节点之间联络的控制作用；信息指标则考虑了所有路径中传递的信息流。Freeman 较早提出利用中介性来研究网络的核心节点，并在此基础上结合最大流（maximum flow）的概念进一步提出了更为复杂的流动中介性（flow betweenness）。

Noh 和 Rieger（2002）从不同于最短路径（the shortest-path）的角度，即随机路径（random-walk）出发研究了核心节点，讨论了信息从一个节点沿任意路径到达另一个节点的速度。Newman（2005）提出了随机路径中介性（random-walk betweenness）的概念，他分析了两个节点之间的任意路径通过某一节点的次数，以次数的多少来识别核心节点。Borgatti（2005）总结了以往对核心节点识别的方法后，提出了网络传播的路径和方式两个概念，认为不同的网络有不同的传播路径和方式，因此在识别核心节点时，所采用的方法也应该是不一样的，并予以量化。Poulin 等（2000）在对 Bonacichi 求解特征向量的映射迭代方法改进的基础上，提出了收敛速度更快、更稳定且适用于大网络和多分支网络的累计提名指标。该类方法是在保证网络整体性的前提下进行指标研究的，而且通常都不考虑节点集的重要性。

（2）基于节点删除的方法，其主要研究成果就是系统的“核与核度”理论。该理论将系统抽象成网络，定义系统的“核”为那些对系统功能来讲具有重要的或支配性作用的，且一旦遭到破坏会使整个系统瘫痪或造成重大损失的节点或节点的集合，而“核度”的计算方法则采用点断集和连通分支数来定义。这种研究节点（集）重要性的思路是通过度量节点（集）被删除后对网络连通的破坏程度来定义其重要性的。显然，对网络连通的破坏程度越大，说明被删除的节点（集）越重要，因为网络连通（或系统功能）的维持依赖于它们的存在。点断集的运用使我们能够方便地考虑节点（集）的重要性，囊括了对系统进行破坏的所有可能的形式。

但是，要对节点删除的思想进行量化以获得节点（集）重要性的度量值标，仅仅考虑连通分支的个数和点断集还不能细致地描述网络结构上的差异。因为不同连通分支所包含的节点数目有多有少，连通分支的形状各种各样，如果不考虑连通分支的大小和形状就不能充分反映出不同节点或不同网络之间在结构和位置特性上的差异。席西民和唐方成（2002）提出了立体多核网络的定义，在节点（集）重要性的度量问题上基本上沿用了“破坏性等价于重要性”的思路，将核度定义为立体多核网络中核的拓扑势的测度，但没有给出核度的数学表达式或拓扑势测度的具体方法。总之，节点（集）删除的研究方法，将节点的“重要性等价为该节点（集）被删除后对网络的破坏性”，指标的研究实际上考虑的是节点删除前后网络图的连通状况的变化情况。但目前这一思想并没有得到真正意义上的量化，如果不考虑连通分支的大小和形状，就不能很好地反映出不同节点或不同网络之间在结构和位置特性上的差异。因此，本书核心组织的识别主要从社会网络的中间中心性角度考虑，个人或组织在其社会网络中具有怎样的权力，或者说居于怎样的中心地位可以用中心性衡量。

中间中心性主要测量的是创新主体对资源信息的控制程度。如果一个创新主体处在许多网络的路径上，表明该创新主体具有控制其他创新主体之间合作的能力。因此，节点的中间中心度越高，处于该节点的创新主体所掌控的信息与资源越多，对于沟通其他创新主体越起到重要的桥梁作用，在整个网络中扮演的角色也就越重要。接近中心度考察的是一个节点不受其他节点控制的程度。如果一个节点与其他节点的距离都很短，那么它在信息传播的过程中对其他节点的依赖程度就低。因此，在社会网络中社会行动者的接近中心度越高，则受他人控制越少，在整个网络中扮演的角色也就越重要。

结合之前的分析可知，2019 年黑龙江龙华汽车、哈尔滨工业大学、哈飞汽车为网络中的核心企业。2012 年哈尔滨理工大学、哈尔滨工业大学、黑龙江龙华汽车、齐齐哈尔大学、齐齐哈尔二机床为网络中的核心企业。

推论 11-1：现阶段，黑龙江省新能源汽车产业创新网络中已形成网络核心主体。

（二）核心组织在网络中的作用分析

识别社会网络中的核心组织是网络科学的重要研究内容之一，在很多领域具有实际意义。例如，在谣言传播网络中，通过定位关键的传播节点，或者依靠领袖的领导能力引导公众认知，有效阻断谣言的扩散；在电信客户流失预测分析中，找出高呼叫量流失客户，将与其连接强度大的客户看作可能流失的客户。此外，由于网络具有鲁棒性和脆弱性，一方面，可以通过保护核心节点来维持网络的可靠性；另一方面，也可以通过删除核心节点达到破坏网络的目的。由此可见，核心节点对网络具有至关重要的作用。在本书中，核心节点会掌握大量的新能源汽车创新技术及资源，在整个网络中起到至关重要的作用，识别出核心企业，大力鼓励核心企业的发展，有利于促进黑龙江省新能源汽车企业整体网络的发展。

为证明核心组织在网络中占据重要位置，本书采取有目的地攻击网络中核心节点的方法，即去掉网络中两个核心节点并与未去掉核心节点之前的网络进行对比。以 2019 年网络图为例，图 11-4 为去掉核心节点哈尔滨工业大学和哈尔滨通联客车时 2019 年黑龙江省新能源技术生态位的网络图。

如图 11-4 所示，当去掉网络中核心节点时，网络中出现浙江东颐新能源科技有限公司、东北轻合金有限责任公司等 11 个独立节点，以及一个由哈尔滨传能科技有限公司和哈尔滨亿汇达电气科技发展股份有限公司组成的孤岛。网络结构发生了直观的变化，节点间连接数量明显减少，说明在受到攻击后节点间的联盟被打破，降低了网络结构的稳定性。并且经计算可知，网络密度由 0.0486 降为 0.0337，说明网络中节点联系的紧密程度降低。从上述分析结果可知，核心节点在网络中起到了连接其他相关主体及促进整个网络连接更加紧密的作用。

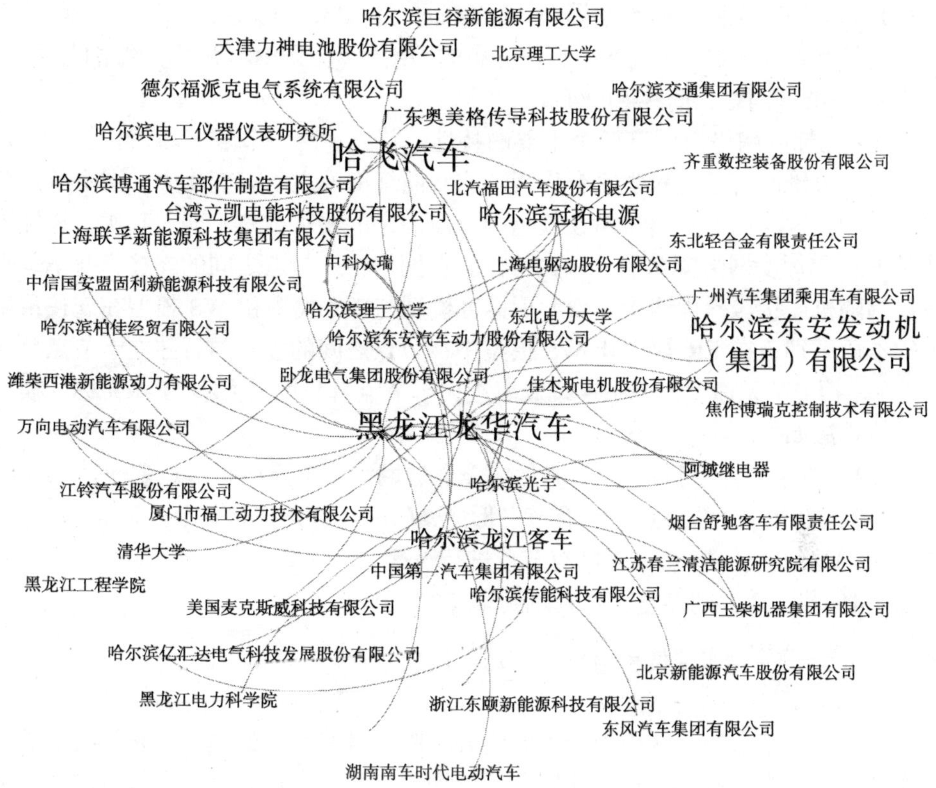

图 11-4　去掉核心节点哈尔滨工业大学和哈尔滨通联客车时
2019 年黑龙江省新能源技术生态位的网络图

企业之间的合作联系受到制约环境引导与约束，正是企业外部的制度、技术和社会环境的变化及竞争对手等因素的影响，会导致网络中机构的加入和退出及合作关系的建立和断裂。因此，为保证网络的稳定性，应保证网络外部环境处于对网络的稳定性有利的条件下，尤其保证网络核心企业的有利发展。

二、基于无标度形态的网络分析

在实际网络中绝大多数网络的节点数目总数处于动态变化中。网络结构的变化不单单是网络连接的变化，也包括网络节点的变动。随着网络可获取数据的不断增多，学者开始进行更大规模的实证研究。这些研究发现，包括互联网、万维网、蛋白质网络及科学家合作网等众多网络的度分布并非 ER 网络和 WS 网络中出现的泊松分布，而是更接近幂律分布。这一重大发现让人们明白 ER 模型和 WS

模型并非刻画真实网络的绝佳模型。Barabasi 和 Albent（1999）提出了一种基于节点增长和择优连接，又能产生幂律分布的网络模型，即 BA 无标度网络模型（也称为 scale-free 网络，简称 SF 网络）。

BA 无标度网络模型有两个重要的特性。首先，网络节点不断增长。无论是互联网、万维网，还是科学家合作网，这些网络都处在动态变化中，网络节点在不断增加。这与 ER 模型和 WS 模型中节点固定的要求截然不同。其次，择优连接是 BA 无标度网络模型的又一大特性。在网络中，节点之间的连接，并不是平等性的随机连接。择优连接是 BA 无标度模型与 ER 模型和 WS 模型在连接策略上的本质区别，在 ER 模型和 WS 模型中，节点之间的连接与否独立于节点自身的性质，而 BA 无标度模型中连接概率正比于节点自身度的大小。BA 无标度模型的具体算法如下。

（1）给定 m_0 个初始节点，并形成全连通网络，给定终止节点数 N。

（2）加入一个新节点，已有节点形成 $m(m<m_0)$ 条连接，节点数 $n \leftarrow n+1$。

（3）新节点依概率 p_i 与已有节点进行连接。

（4）若 $n=N$，则终止，否则跳到第（2）步。

其中，$p_i=\dfrac{k_i}{\sum_j k_j}$，连接概率与已有节点的度成正比。

无标度网络指的是网络中节点的度分布服从幂律分布的网络，它具有显著的异质性，即网络中各个节点的连接数量不均匀，具体表现为大多数节点的连接数量很少，而只有极少数节点的连接数量很多，这些极少数节点被称为中枢节点。其计算公式如式（11-6）所示。

$$P(k) \sim k^{-\gamma} \tag{11-6}$$

其中，k 表示网络中某节点的节点度数；γ 表示幂律指数。幂函数在双对数坐标系下是一条下降的直线，同样能够判断网络是否是一种无标度网络，具有无标度特性。

（一）无标度形态参数分析

由于本书选取的是合作的双向数据，属于无向图的范畴，在进行无标度特性检验时，节点的出度与入度相同，都是与节点的连接的边的数目，统一用度表示。因此，将节点度与节点度为 k 的节点数绘制在对数坐标轴上，得到的结果如图 11-5 和图 11-6 所示，图中 x 轴为节点度数的大小，纵轴 y 为节点度数的概率。

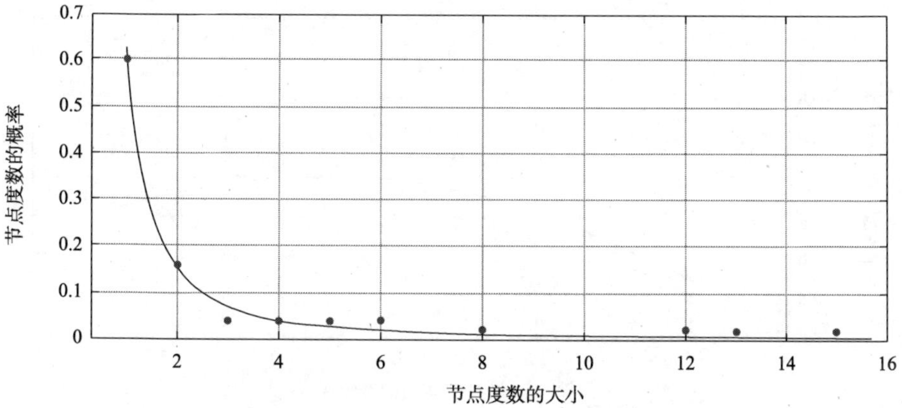

图 11-5　2019 年黑龙江省新能源技术生态位的网络度分布图（一）

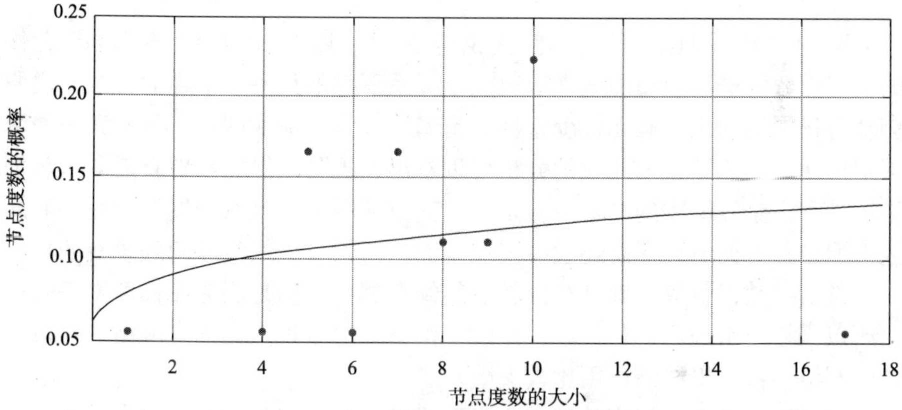

图 11-6　2012 年黑龙江省新能源技术生态位的网络度分布图（一）

在双对数坐标系中绘制网络的度概率分布曲线，结果如图 11-7 和图 11-8 所示，其中 x 轴为节点度数的对数，y 轴为节点度数概率的对数。

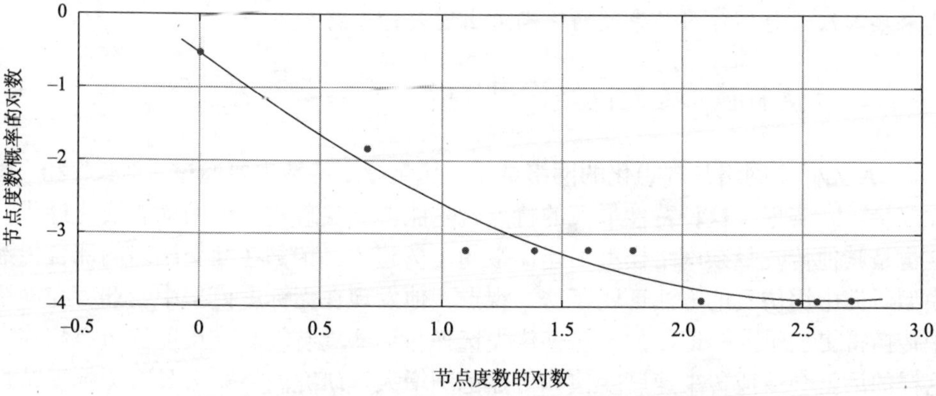

图 11-7　2019 年黑龙江省新能源技术生态位的网络度分布图（二）

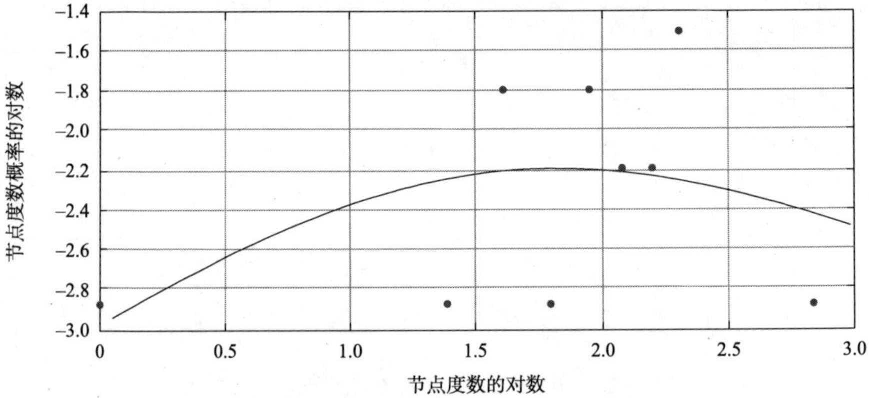

图 11-8　2012 年黑龙江省新能源技术生态位的网络度分布图（二）

从图 11-7 和图 11-8 可以看出，无论是 2019 年还是 2012 年，汽车创新合作网络的节点度数的概率分布曲线在双对数坐标系下都不是一条下降的直线，说明汽车创新合作网络尚未具有无标度特性，也尚未成为无标度网络。分析其中原因，本书给出两点：①结合前几章的分析可以看出，现阶段黑龙江省新能源汽车创新网络还处于一个发展中的非常不稳定、不完整的网络。虽然开展该产业的时间比较久，但是各方面所处形态还没有发展全面。②核心组织没有起到该有的核心作用。虽然通过数据收集能够计算出核心组织有哪些，但是因为无标度网络是择优的，所以当核心组织不具备核心作用时，网络无法呈现出无标度网络，可以看出在整个网络中核心组织的作用比较失败。

由于网络不具有无标度特性，本书可推断，黑龙江省新能源汽车创新主体之间的技术信息资源交流并不通畅，网络的信息扩散程度不高，不利于企业间长期永久合作。

推论 11-2：黑龙江省新能源技术生态位的网络虽然具有核心主体，但核心主体未起到核心引领作用，导致网络尚未出现无标度特性。

（二）无标度形态对网络作用分析

BA 无标度网络是理想化的网络结构，其无标度特性主要通过“增长”和“择优连接”来实现。这种特性最大的特点就是能够反映现实系统的动态演化过程，这也是其他传统复杂网络模型不能比拟的。杨超（2019）在社交网络的谣言传播模型研究中用仿真的方法证明了这一观点，他发现在无标度模型中，谣言在网络中传播得更加迅速，即新的节点会优先选择与那些具有较高连接度的节点相连，这样的话就会造成传染速度变快和传播范围增大。研究网络是否具有无标度特性具有重要的现实意义：如果网络具有无标度特性，说明该网络中存在中枢节点，即存在极少数的创新企业拥有大量的连接数，这使得网络中信息的扩散更加容易，同时把握了网络的中枢节点企业，就可以通过集中、有针对性地管理这些企业，从而达到对整个创新网络的有效管理。通过上述分析发现，黑龙江省新能源汽车产业尚不具备无标度网络形态。这说明整个网络形态发展较差，并不符合正常技术变迁路径的发展趋势。网络中的技术信息传递能力较为缺乏，不利于整个新能源汽车产业的发展，网络中的核心企业作用还需要提高。

三、基于小世界特征的网络分析

（一）特征路径长度的基本原理

特征路径长度（characteristic path length）指的是网络中所有节点对路径长度的平均值，它描述了网络中节点的分离程度，是衡量网络整体性质的一种测度。特征路径长度越大，网络中节点的分离程度就越高。

设网络中任意两个节点并不一定直接相连，两个非连接的节点 i 和节点 j 可以通过 m 条边 $(i,k_i),(k_1,k_2),\cdots,(k_{m-1},k_j)$ 联系起来，其中这 $m-1$ 个节点各不相同，则称这条连接为节点 i 和节点 j 的路径，称 m 为节点 i 和节点 j 的路径长度。则特征路径长度的计算公式如式（11-7）所示。

$$L=\frac{1}{1/2\,N(N+1)}\sum_{i>j}d_{ij} \tag{11-7}$$

其中，L 为特征路径长度，表示节点 i 和节点 j 之间的最短路径长度；N 表示网络中节点数；$\sum_{i>j}d_{ij}$ 表示所有点之间的距离之和。

（二）集聚系数

集聚系数，也称为簇系数，是衡量网络分组程度的重要参数，也就是说用来表示连接在一起的节点拥有的最近邻的邻居中有多少是共同的邻居。简单来说，就是节点 i 分别与节点 j 和节点 z 连接，但是节点 j 和节点 z 之间也是连接在一起的，那么节点 i、节点 j、节点 z 三个节点相互为另外两个节点的共同邻居。如果节点 i 的连接的边数为 k_i，即节点 i 具有 k_i 个邻居，则这些邻居中可能存在的最大连接数为 $k_i(k_i-1)/2$ 条，但实际存在的连接数为 E_i 条，则 i 点的集聚系数被定义为

$$C_i = \frac{E_i}{k_i(k_i - 1)/2} = \frac{2E_i}{k_i(k_i - 1)} \tag{11-8}$$

如果网络中有 N 个节点，对所有节点的集聚系数 C_i 取平均值，就得到整体网络的集聚系数：

$$C = \frac{1}{N}\sum_i C_i \tag{11-9}$$

越大的 C 代表着在网络中节点与节点集结成团的趋势越明显，现实世界中的“小世界”现象就是节点集结成团的现象，并且之前的研究结果表明现实网络往往是具有较高的集聚系数的（Newman，2003），也就是社会网络中的“物以类聚，人以群分”。

（三）计算结果与分析

对所构建的网络进行特征路径长度分析并计算网络集聚系数，计算结果如表 11-9 所示。

表11-9　特征路径长度分析

网络名称	特征路径长度	主体数量/个	集聚系数
2012 年网络	1.549	18	0.728
2019 年网络	3.186	53	0.368

从表 11-9 的数据中可以看出，无论是 2012 年还是 2019 年，创新主体合作网络的特征路径长度远小于创新主体数量，满足集聚系数小于 1 且远大于 $1/N$（N 表示网络中创新主体数量）的条件，说明网络具有很明显的集聚效应。因此，网络的特征路径长度 L 相对较小，集聚系数 C 相对较大，符合小世界特征，从而证明了该网络是一个小世界网络，具有小世界特征。这一特征可以说明合作网络中各创新主体之间的交流便捷且高效，且合作网络中各主体之间的集聚效应较高，有着较高的合作热情和合作期望时，各合作主体能够实现充分的交流与互动，从而可以碰撞出更多智慧的火花，提高创新成果的产出。

虽然从数据上可以得出，黑龙江省新能源汽车产业具备小世界特征，但从表 11-9 中数据同样可以看出，整个创新网络从 2012 年发展到 2019 年，特征路径长度变大了，集聚系数变小了。特征路径长度变大，说明整个网络中获取和整合资源的效率降低，获取可持续方面的知识、技术资源等的成本增高。网络的集聚系数变小，说明网络中不同节点间的交流频繁度下降，节点间实现了有效的资源共享和合作交流的能力减弱。因此，综合分析看来，黑龙江省新能源汽车创新网络在这 7 年的发展中，虽然网络节点数在增加，但整体网络中相关主体交流合作能力的提高速度低于节点增加速度，各相关主体从网络中获取资源的能力还不成熟。

推论 11-3：现阶段，黑龙江省新能源汽车产业创新网络具备小世界特征。

四、基于结构洞特征的风险分析

创新主体之间的协同是一种“社会协同”，而不是单纯的“自然协同”，因而需要多元主体的力量来推动实现协同创新目标。倘若不能，则会引发与原目标的偏离，产生风险。多元主体参与协同创新联盟后，协同创新联盟成为一种高级组织，具有组织内部主体多元化、主体协同复杂、关系演变非线性、动态性等特点，协同过程风险问题复杂。协同创新联盟主体之间关系实质为：①基于资源依赖的权力依赖关系；②基于创新效应的既竞争又合作的关系；③基于自组织系统的“你中有我，我中有你”彼此包容的共生关系。在协同过程中，创新主体之间关系交错，关系风险突出。而且，协同创新联盟已经形成网状结盟的形式，网络结构中风险的传播可以犹如病毒的传导一般，关系风险一旦形成极易在网络中以发散的形式传导。因而，如何有效识别创新联盟关系风险影响因素，根据识别结果进行后续风险管理，对于多元主体协同创新联盟关系风险管理具有重要意义，对提升协同创新效率也有极大的现实意义。

（一）基于结构洞的风险识别

结构洞主要通过有效规模和限制度来测量，总体测量个体在整个网络中的受限制程度。对于新能源创新网络而言，具有较多的结构洞的创新主体在整个网络中处于主导地位，并且与其合作的其他创新主体之间很少具有联系。事实上，结构洞起着一个缓冲器的作用。一旦具有较多的结构洞的企业发生破产或退出整个网络的风险，其风险信息可能会很快传播至网络中的其他多家企业。这有可能导致其他创新主体信息技术等资源的中断，导致风险在网络中积聚爆发。

有效规模可通过 Borgatti 和 Martin（1997）给出的方法简化计算，即目标节点的冗余度等于该节点的直接邻居节点的平均节点度（计算邻居节点的节点度时，将到目标节点的连接排除在外），因此，目标节点的有效规模即目标节点的节点度减去其冗余度：

$$\mathrm{ES}_i = [D_i] - \frac{2t}{[D_i]} \qquad (11\text{-}10)$$

其中，$[D_i]$是目标节点 i 的直接邻居节点集合；t 为目标节点的邻居节点之间的连接数。

限制度的计算根据 Burt（2004）的定义，从概念上讲，限制度是指目标节点在多大程度上具有利用或开发网络中潜在结构洞的能力。对限制度的度量由两部分组成：目标节点的直接邻居的部分；目标节点与直接邻居间经其他直接邻居传递的部分。计算方法如式（11-11）所示。

$$C_{ij} = \left(p_{ij} + \sum_{q \in D_i, q \neq j} p_{iq} p_{qj} \right)^2 \tag{11-11}$$

其中，p_{ij} 为直接邻居 j 对目标节点 i 的约束水平，在无权重网络中等于节点 i 的节点度的倒数，即$1/[D_i]$；p_{iq} 为直接邻居 q 对目标节点 i 的限制度，等于$1/[D_i]$；p_{qj} 为节点 j 对节点 q 的限制度，其值等于$1/[D_q]$。因此，式（11-12）在无权重网络中可以简化表达为

$$C_{ij} = \left(\frac{1}{[D_i]} + \sum_{q \in D_i, q \neq j} \frac{1}{[D_i][D_q]} \right)^2 \tag{11-12}$$

（二）技术生态位网络供应链风险评估

应用社会网络分析软件可得到创新网络主体的有效规模及限制度，具体如表 11-10、表 11-11 所示。

表11-10　2019年创新主体结构洞分析

创新主体（2019 年）	有效规模	限制度
阿城继电器	3.500	0.406
哈尔滨冠拓电源	5.333	0.293
哈尔滨理工大学	4.600	0.300
哈飞汽车	7.250	0.235
哈尔滨工业大学	12.385	0.133
哈尔滨东安汽车动力股份有限公司	1.667	0.840
哈尔滨光宇	4.600	0.300
黑龙江龙华汽车	14.600	0.098
广西玉柴机器集团有限公司	2.000	0.500
美国麦克斯威科技有限公司	2.000	0.500
万向电动汽车有限公司	2.000	0.500
哈尔滨东安发动机（集团）有限公司	2.333	0.611
哈尔滨通联客车	11.500	0.132
哈尔滨龙江客车	6.000	0.167
中科众瑞	4.000	0.250

表11-11　2012年创新主体结构洞分析

创新主体（2012年）	有效规模	限制度
黑龙江龙华汽车	4.647	0.220
阿城继电器	2.692	0.283
哈尔滨冠拓电源	2.692	0.283
哈尔滨光宇	1.200	0.360
哈尔滨巨容新能源有限公司	1.400	0.360
哈飞汽车	4.250	0.234
哈尔滨志阳汽车电气股份有限公司	1.222	0.396
哈尔滨工业大学	3.875	0.233
哈尔滨理工大学	4.647	0.220
黑龙江省电科能源工程技术有限公司	4.250	0.234
黑龙江汽车电子技术专业专科学校	2.333	0.305
哈尔滨工程大学	2.429	0.264
黑龙江科技大学	4.647	0.220
齐齐哈尔大学	0.250	0.233
中国第一重型机械股份公司	1.333	0.306
齐重数控装备股份有限公司	1.333	0.306
齐齐哈尔二机床	1.333	0.306
黑龙江华安工业（集团）公司	1.333	0.306

通过表11-10中数据可知，2019年，黑龙江龙华汽车的有效规模为14.600，在整个网络中最大。其限制度为0.098，是整个网络中最小的。因此，黑龙江龙华汽车在网络中受其他创新主体的限制较小，其具有较多的结构洞。由图11-2可知，黑龙江龙华汽车在整个新能源汽车供应链中处于中间位置，既连接着上游企业又连接着下游企业，一旦黑龙江龙华汽车退出整个网络，其结构洞的结构会遭到破坏，失去缓冲器的作用，会导致整个创新网络供应链面临巨大风险，因此黑龙江龙华汽车可被视为整个创新网络的关键风险点。除黑龙江龙华汽车以外，哈尔滨工业大学、哈尔滨通联客车、哈飞汽车也同样处于供应链中游位置，在供应链中占据着至关重要的位置，可视为整个创新网络的关键风险点。同理可知，2012年，黑龙江龙华汽车、哈尔滨理工大学、黑龙江科技大学、哈飞汽车可被视为整个创新网络的关键风险点。

由图11-1、图11-2分析可以知道，2019年黑龙江龙华汽车、哈尔滨工业大学、哈飞汽车为网络中核心企业；2012年哈尔滨理工大学、哈尔滨工业大学、黑龙江龙华汽车、齐齐哈尔大学、齐齐哈尔二机床为核心企业。由表11-10、表11-11可知，2019年黑龙江龙华汽车、哈尔滨工业大学、哈尔滨通联客车、哈飞汽车可被视为整个创新网络的关键风险点；2012年，黑龙江龙华汽车、哈尔滨理工大学、黑龙江科技大学、哈飞汽车可被视为整个创新网络的关键风险点。对核心企业及关键风险企业的识别，有助于对整个网络的管理，同时有助于第四节对相关政策的提出。

推论11-4：现阶段，黑龙江省新能源汽车产业创新网络虽然已从最初的胚胎期发展到原型期Ⅰ期，但是网络整体形态并不匹配技术变迁路径的发展趋势。

第四节　黑龙江省新能源汽车产业技术生态位网络发展建议

由于黑龙江省新能源汽车产业技术创新网络可以看成一个系统，为了更好地对黑龙江省新能源汽车产业相关政策进行研究，本部分研究借鉴 Bergek 等（2008a）的分析计划，结合第三章阐述的技术生态位概念，提出黑龙江省新能源汽车产业技术创新政策的设计框架，并根据本章对黑龙江省新能源汽车产业技术创新状况和网络参数分析结果对黑龙江省新能源汽车产业发展提出几点建议。

一、技术生态位网络发展建议的设计过程

新能源汽车产业技术创新政策设计的思路就是将区域中的技术创新整体看作一个演化的系统，在系统和演化的视角下对相关问题进行剖析并得出结论。本书经过研究认为，新能源汽车产业技术创新政策设计的整体框架包括六个步骤，如图 11-9 所示。

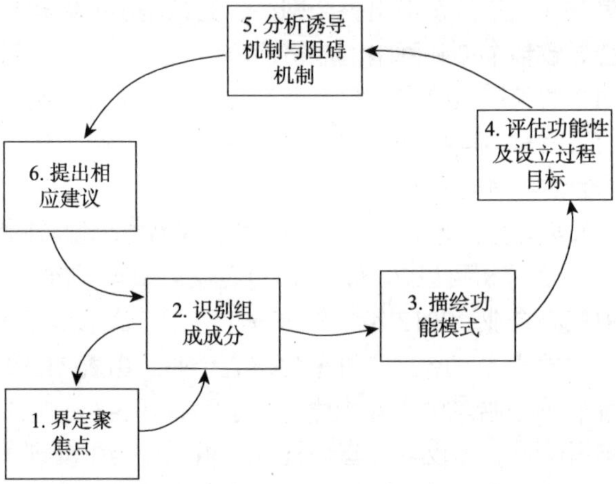

图 11-9　新能源汽车产业技术创新政策设计的整体框架

界定技术创新政策设计的聚焦点是提出建议的基础。由前文对黑龙江省新能

源汽车发展状况可以看出，黑龙江省积极发展新能源汽车产业，各项配套设施不断完善，因此聚焦点的领域较广。由此，进一步描述对黑龙江省新能源汽车产业技术创新网络的建议框架。

首先，识别组成成分。由前文收集到的2019年黑龙江省新能源创新网络相关主体数据可以知道，2019年黑龙江省新能源汽车创新网络共有53个主体，其中，技术研发企业、机构有8家（所），整车装配企业有5家。同时，黑龙江省为贯彻落实《国务院办公厅关于加快新能源汽车推广应用的指导意见》精神还建立了黑龙江省产业技术创新战略联盟，以鼓励和约束创新网络的相关主体。

其次，描绘功能模式，即从知识发展、影响研发方向、企业试验、市场形成、合理化推动、资源获取、积极的外部效应七个方面对黑龙江省新能源汽车产业状况做出评价，从而为接下来分析诱导机制与阻碍机制做铺垫。通过前几章的研究结果可知，黑龙江省新能源汽车产业具备技术研发、零部件生产、整车装配相应知识储备，具有较好的知识广度，但值得一提的是，其知识深度发展并不理想，电池等核心技术仍处于瓶颈期。在影响研发方向方面，黑龙江省新能源汽车产业技术创新的导向较为明显，在新能源汽车动力方面主要以混合动力研发为主。在电池技术方面，主要以提升耐寒性为主。在企业试验方面，大多相关创新技术也不断投入试验力度。在市场形成方面存在一定问题，通过黑龙江省新能源汽车产业技术演化路径的分析与假设可知，现阶段处于技术替代路径下，惯力维度较高，网络状态初显。因此，在推动市场占有率方面仍需提高。在合理化推动和资源获取方面，从技术替代路径下网络的结构特征的分析结果可知，网络还不具备无标度网络形态，网络虽具有小世界特征，但整个网络的信息传递能力还较为缺乏，网络中不同节点间的交流频繁度较小，节点间实现有效的资源共享和合作交流的能力较差。在积极的外部效应方面，虽然新能源汽车产业的发展带动了高校、研发机构、整车装配及零部件制造主体的生产研发，但由于技术的相应缺乏，零部件的需求仍然很大限度地依赖区域外技术，积极的外部效应并未充分发挥。

综合上述七种功能路径分析，黑龙江省新能源汽车产业技术创新功能路径的某些方面较好，但有些方面仍存在不足之处，可能导致整个技术创新网络发展的瓶颈问题。

二、黑龙江省新能源汽车产业技术创新中诱导机制与阻碍机制

建议的提出需根据过程目标对新能源汽车产业技术创新演化各阶段的诱导机

制与阻碍机制进行分析。Bergek 等（2008a）的研究体系认为，这些机制主要作用于上述七种功能路径上，而由于最后一种路径，即积极的外部效应的发展是通过其他功能路径起作用的，本书在此忽略该路径的作用过程。从以上分析可知，黑龙江省新能源汽车产业中的技术创新演化状况存在几点相关的诱导机制与阻碍机制，归纳总结如图 11-10 所示。

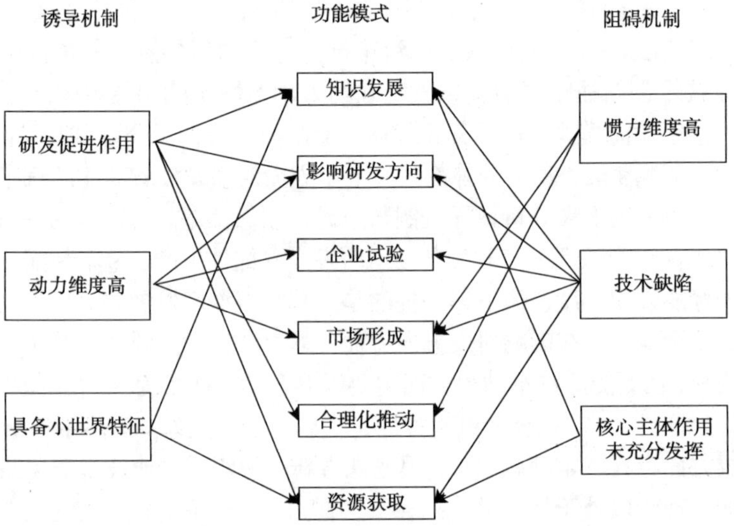

图 11-10　黑龙江省新能源汽车产业技术创新演化相关建议设计中的相关要素

（一）诱导机制

1. 研发促进作用

黑龙江省相关部门高度重视新能源汽车产业发展，不断支持及督促黑龙江省新能源汽车产业中创新主体的研发活动，且研发主体间的研发方向较为集中，整个区域都致力于某几个领域的技术研究，自主研发程度极高，知识基础较好，研发人员水平较高。因此，黑龙江省新能源汽车创新网络具有良好的研发促进作用。

2. 动力维度高

由之前研究中对黑龙江省新能源汽车产业现阶段动力维度发展分析可知，网络中创新主体数量不断增加，且相应研发能力较强，网络中创新主体间研发活动也较为频繁。随着政策力度的不断增强，新能源汽车相应配套设施不断完善。黑龙江省积极响应国家政策，产业地方支持性政策陆续颁布，数量不断增加。

3. 具备小世界特征

由之前研究中对网络特征路径长度和集聚系数计算结果可知，现阶段黑龙江省新能源汽车创新网络具备小世界特征。根据小世界网络特征可知，黑龙江省新能源汽车创新网络技术信息传播速度快，相关主体之间具有较高的合作热情，因此，有利于网络整体研发成果的产出。

（二）阻碍机制

1. 惯力维度高

由之前研究中对黑龙江省新能源汽车产业现阶段惯力维度的发展分析可知，新能源汽车产业与传统汽车产业区别较大，在技术研发等方面需要投入大量资金，且资金回收期较长，加之配套设施、技术缺陷、地理位置等因素使得消费者更偏向于传统燃油汽车。

2. 技术缺陷

我国新能源汽车起步相对较晚，因此，在新能源汽车相关核心技术方面，从全国范围看都较为匮乏。尤其是黑龙江省位于高寒地区，对电池、发电机等核心技术要求更高，这大大制约了黑龙江省新能源汽车产业的发展。

3. 核心主体作用未充分发挥

从之前的分析结果可知，黑龙江省新能源汽车创新网络中具有核心主体，但网络并未形成无标度形态。结合对黑龙江省新能源汽车产业状况的分析，研究认为，网络中虽存在核心主体，但其未充分发挥核心主体的带头作用，致使网络整体合作沟通能力低，网络发展尚不成熟。

三、黑龙江省新能源汽车产业技术生态位网络的发展建议

通过对黑龙江省新能源汽车产业技术创新中诱导机制与阻碍机制的描述，并结合前文网络参数分析，本书从以下几个方面对黑龙江省新能源汽车产业技术创新提出几点建议。

（一）完善基础配套设施并加强宣传力度

新能源汽车能否推广成功关键要看是否拥有健全的配套设施和先进的运营模式。黑龙江省新能源汽车虽然起步时间不晚，但是由于技术落后、政策发布不及时等各方面原因，目前该行业的配套设施建设整体而言与汽车生产发展并不匹配，黑龙江省新能源汽车相应的配套设施还处于稀缺状态，各种类型充电桩没有达到普及状态，与传统燃油汽车的加油站数量相比具有巨大差距，使用上的不方便大大降低了消费者的购买意愿，阻碍着新能源汽车的推广和运营。为此，加强基础配套设施建设变得很有必要。

同时，加大新能源汽车的宣传力度，组织新能源产业专题培训，使领导层面高度重视发展新能源产业，深入了解发展新能源产业与发展传统能源产业的差异；编印《新能源产业知识手册》，使黑龙江省上下及时转变观念、调整思路；在重要媒体上有计划、有重点地宣传黑龙江省发展新能源产业的重要意义、有关政策、产业导向和产业进展情况，报道成绩显著的新能源企业和先进人物事迹，在黑龙江省营造有利于新能源产业发展的良好氛围环境。提高消费者对新能源汽车的愿景机制，让消费者充分了解新能源汽车的优点与缺点，以及明白新能源汽车的发展是汽车产业发展的必然趋势，增加消费者对新能源汽车的好感。以上做法将大大降低黑龙江省新能源汽车产业惯力维度，消除阻碍机制。

（二）开展专题招商并形成联盟的梯次结构

加强对新能源企业的分类研究，有的放矢开展招商。加快引入一批合资合作新能源企业，采取合资或并购形式，吸引跨国公司在齐齐哈尔建立新能源企业，开发利用黑龙江省新能源资源。加快引入一批国内新能源龙头企业，吸引新能源龙头企业入驻。加快培育一批本地新能源企业。鼓励黑龙江省有发展能力的新能源企业通过兼并、收购、重组、联营等方式，整合资源，优势互补，尽快做大做强。坚持大小并举，大力发展中小新能源企业，形成新能源产业和企业集群。

增强产业的联盟形式，形成产业创新联盟的梯次结构。增强整体产业联盟对技术创新及整车、零部件生产的控制作用，走出一条新能源汽车有重点地集群化合作研发与生产的道路。突出核心组织的重要作用，保持黑龙江省内目前的凝聚状态，建立黑龙江省内新能源汽车技术的梯次结构。例如，以哈尔滨工业大学、哈尔滨通联客车和黑龙江龙华汽车为第一梯次，使其作为新能源汽车产业发展的中坚力量，主导整个黑龙江省内新能源汽车产业进展；以哈尔滨理工大学、哈飞汽车、哈尔滨冠拓电源为第二批次，使其注重零部件、新能源汽车动力和锂电池的生产与研发对第一梯次的支持与促进作用，并集合第三梯次的小股力量；以其他企业与研发机构为第三梯次。

（三）提高核心企业带头作用及发挥装备制造业基础优势

通过引进和培育，形成新能源汽车产业龙头企业，带动和壮大新能源汽车企业群体。在整个网络发展中，核心主体发挥着至关重要的作用，其能带动网络中多数企业不断创新，增加整个网络的技术创新效率，促使网络创新技术发展更加快速。同样，对风险企业的管理也至关重要，一旦风险企业从网络中被剔除，网络将受到重创。对黑龙江省新能源汽车创新网络核心节点的分析可以看出，整个黑龙江省新能源汽车网络虽然具有核心主体，但核心主体的核心带头作用并没有完全发挥作用。因此，应尤其加强针对核心创新主体及网络风险点的相应政策，不断加强金融支持、法律规制等的应用及对关键技术突破等研发专项的支持，使行业规模的扩大从补贴驱动向技术驱动与市场驱动转变。

发挥装备制造业基础优势，重点进行生产端建设。现阶段，在应用端仅保持公用车市场的发展，无须强调消费者在黑龙江省市场对新能源汽车产品的认可。与之相对应地，将发展重点放在生产端的建设方面，依托黑龙江省现有的制造业生产基础与平台，发挥资源与生产优势，打造新能源汽车的生产基地与零部件研发、生产集群，通过研发合作、供应链合作的形式与全国各主要新能源汽车生产企业、研发机构建立紧密联系。也可引进国内外新能源汽车品牌的厂商在黑龙江省进行直接投资生产，并保证该生产环节的上游供应商为黑龙江省内企业所生产产品的整车和零部件可销往全国，力求成为全国新能源汽车生产链条中不可或缺的重要环节。

第五节 本章小结

本章在前十章分析的基础上，以黑龙江省新能源汽车产业为研究对象进行实证研究，旨在提供一种基于技术生态位网络的研究思路，以指导产业实践中的创新管理过程，使得技术生态位的理论研究能够“落地”。本章的研究将黑龙江省新能源汽车产业 2012 年的技术生态位网络形态与 2019 年进行对比，得出黑龙江省新能源汽车产业目前正处于从转变模式转为替代模式的过程中，出现了典型的原型期 I 期的生态位网络态势。但是，由于黑龙江省发展新能源汽车产业的一些制约因素，发展过程中的网络结构参数并不十分理想，出现了诸如网络中核心主体作用不突出、网络发展不均衡、创新效率不高等现实问题。本章同时主张采用 Bergek 等（2008a）提出的经典政策设计框架对黑龙江省新能源汽车产业的发展提出建议。

参 考 文 献

曹兴，李文. 2017. 创新网络结构演化对技术生态位影响的实证分析[J]. 科学学研究，35（5）：792-800.

陈飞. 2012. 我国电信产业经济系统协同演化研究[J]. 宏观经济研究，（3）：18-25.

陈劲. 1999. 国家绿色技术创新系统的构建与分析[J]. 科学学研究，（3）：37-41.

陈晶. 2014. 国有控股商业银行基层经营机构转型研究[D]. 厦门大学硕士学位论文.

陈庆江. 2017. 政府科技投入能否提高企业技术创新效率？[J]. 经济管理，39（2）：6-19.

陈悦，陈超美，刘则渊，等. 2015. CiteSpace 知识图谱的方法论功能[J]. 科学学研究，33（2）：242-253.

程永伟，穆东. 2018. 基于 SD 动态博弈的新能源汽车供应链补贴策略优化[J]. 中国人口资源与环境，（12）：29039.

董华. 2010. 技术进步、制度演化与企业多重边界[D]. 暨南大学博士学位论文.

方创琳. 2014. 中国城市群研究取得的重要进展与未来发展方向[J]. 地理学报，69（8）：1130-1144.

方荣贵，银路，王敏. 2010. 新兴技术向战略性新兴产业演化中政府政策分析[J]. 技术经济，29（12）：1-6.

傅家骥，雷家骕，程源. 2003. 技术经济学前沿问题[M]. 北京：经济科学出版社.

高新伟，闫昊本. 2018. 新能源产业补贴政策差异比较：R&D 补贴，生产补贴还是消费补贴[J]. 中国人口·资源与环境，（6）：30-40.

侯剑华，张春博，王续琨. 2018. 国际科学技术政策关键节点文献研究的可视化分析[J]. 科学学与科学技术管理，（11）：10-14.

黄辉，李启明，孙剑. 2006. 住宅房地产市场系统的协同演化模型[J]. 基建优化，（6）：50-53.

计国君，孙忠锋. 2018. 考虑参照价格效应及异质性消费者的预售决策[J]. 系统工程理论与实践，38（12）：3059-3070.

焦雨生，王春娟. 2011. 协同演化视角下产业集群动力机制研究[J]. 孝感学院学报，（6）：107-111.

焦雨生. 2012. 技术与制度协同演化的理论模型——基于 Pelikan 模型的扩展[J]. 中共四川省委党校学报，（2）：56-59.

雷雨嫣，陈关聚，刘启雷. 2018. 高技术产业创新生态系统的创新生态位适宜度及演化[J]. 系统工程，36（2）：103-111.

李柏洲，赵健宇，苏屹. 2013. 基于能级跃迁的组织学习—知识创造过程动态模型研究[J]. 科学学研究，31 （6）：913-922.
李丹丹，汪涛，魏也华，等. 2015. 中国城市尺度科学知识网络与技术知识网络结构的时空复杂性[J]. 地理研究，34（3）：525-540.
李华军，张光宇，刘贻新. 2012. 基于战略生态位管理理论的战略性新兴产业创新系统研究[J]. 科技进步与对策，29（3）：61-64.
李亮，朱庆华. 2008. 社会网络分析方法在合著分析中的实证研究[J]. 情报科学，（4）：549-555.
连远强. 2016. 国外创新网络研究述评与区域共生创新战略[J]. 人文地理，31（1）：26-32.
梁娟. 2006. 技术创新与产业集群协同演进的 Swarm 仿真[D]. 福州大学硕士学位论文.
林柯，吕想科. 2015. 路径依赖、锁定效应与产业集群发展的风险——以美国底特律汽车产业集群为例[J]. 区域经济评论，（1）：108-113.
刘军. 2004. 社会网络分析导论[M]. 北京：社会科学文献出版社.
柳麟. 2016. 基于社区结构的网络影响力传播算法研究[D]. 哈尔滨工程大学硕士学位论文.
刘新民，蔺康康，王垒. 2018. 消费者异质偏好对绿色产品定价决策的影响研究[J]. 工业工程与管理，23（4）：112-119.
刘艳，张光宇. 2014.高新区知识产权战略生态位管理研究——以广东为例[J]. 科技进步与对策，31（9）：34-37.
刘鹰. 2013. 基于战略生态位管理理论的新时期国家高新区战略提升对策研究[J]. 中国科技论坛，（7）：86-91.
刘玉琴，彭茂祥. 2012. 美国专利引证可视化系统的设计与实现[J]. 计算机工程与应用，48（22）：34-40.
刘云刚，叶清露. 2013. 区域发展中的路径创造和尺度政治——对广东惠州发展历程的解读[J]. 地理科学，33（9）：1029-1036.
卢彩梅，梁嘉骥. 2009. 产业集群协同演化模型及案例分析——以中山小榄镇五金集群为例[J]. 中国软科学，（2）：142-150.
马亮，仲伟俊，梅姝娥. 2017. “供给侧改革”背景下的新能源汽车产业补贴政策创新研究[J]. 系统工程理论与实践，37（9）：2279-2288.
马亮，仲伟俊，梅姝娥. 2018a. 基于续航能力需求的新能源汽车产业链补贴策略研究[J]. 系统工程理论与实践，（7）：1759-1767.
马亮，仲伟俊，梅姝娥. 2018b. 新能源汽车补贴政策“退坡”问题研究[J]. 软科学，（4）：26-30.
牛衍亮，黄如宝，常惠斌. 2013. 基于学习曲线的能源技术成本变化[J]. 管理工程学报，27（3）：74-80.
潘海英，郑垂勇，刘丹丹，等. 2011. 技术生态位结构特征对技术变迁影响的实证研究——基于现代生物技术专利面板数据的分析[J].科学学研究，29（6）：825-832.
闰凌州. 2012. 技术演化与战略性新兴产业选择的交互式影响研究[C]. 第六届中国科技政策与管理学术年会，北京.
尚洪涛，祝丽然. 2018. 政府环境研发补贴、环境研发投入与企业环境绩效——基于中国新能源企业产权异质性的数据分析[J]. 软科学，（5）：40-44.
邵慰，杨珂，梁杰. 2018. 政府补贴、研发激励与新能源汽车创新[J]. 科技进步与对策，（15）：69-75.

谌冬妹. 2018. 基于复杂网络的汽车供应链鲁棒性研究[D]. 燕山大学硕士学位论文.
石洪景. 2018. 基于“意愿—行为”缺口修复视角的低碳消费促进策略[J]. 资源开发与市场, 349: 1304-1309.
孙冰，袭希，姚洪涛，等. 2013a. 技术在环境中适应性演化的三层“刺激—反应”模型研究——基于 Kene 的仿真探索[J]. 科学学与科学技术管理，(4)：19-27.
孙冰，袭希，余浩. 2013b. 网络关系视角下技术生态位态势研究——基于东北三省新能源汽车产业的实证分析[J]. 科学学研究，31（4)：518-528.
孙冰，姚洪涛. 2014. 环境不确定性视角下创新网络阶段性演化研究[J]. 科学学与科学技术管理，35（12)：71-79.
孙启贵. 2009. 技术与社会的创新及其协同演化[D]. 中国科学技术大学博士学位论文.
孙晓华，秦川. 2011.产业演进中技术与制度的协同演化——以中国水电行业为例[J]. 中国地质大学学报（社会科学版)，(5)：78-85.
孙晓华，郑晖. 2010. 技术创新与产业演化研究脉络梳理与展望[J]. 外国经济与管理，(10)：20-26.
陶爱萍，马金龙，蒯鹏. 2019. R&D 资金投入结构对技术创新效率的影响研究——基于中国工业行业的实证分析[J]. 华东经济管理，33（5)：83-90.
田钢，张永安. 2010. 集群创新网络演化的动力模型及其仿真研究[J]. 科研管理，31（1)：104-115，125.
童听，王缉慈. 2000. 论全球化背景下的本地创新网络[J]. 中国软科学，(9)：81-84.
王国红，邢蕊，唐丽艳. 2012. 区域产业集成创新系统的协同演化研究[J]. 科学学与科学技术管理，(2)：74-81.
王缉慈，宋向辉，李光宇. 1996. 北京中关村高新技术企业的集聚与扩散[J]. 地理学报，(6)：481-488.
王子龙，许箫迪. 2012. 技术创新路径锁定与解锁[J]. 科学学与科学技术管理，33（4)：60-66，88.
袭希，孙冰. 2015. 群落演替观点下产业技术的演化模型[J]. 系统管理学报，24（4)：569-579，587.
席酉民，唐方成. 2002. 组织的立体多网络模型研究[J]. 西安交通大学学报，36（4)：430-435.
鲜于波，梅琳. 2009. 主体异质性、小世界网络与间接网络效应下的标准扩散——基于 agent 计算建模的研究[J]. 管理评论，21（3)：65-72.
肖明，邱小花，黄界，等. 2013. 知识图谱工具比较研究[J]. 图书馆杂志，32（3)：61-69.
熊勇清，黄恬恬，苏燕妮. 2018. 新能源汽车消费促进政策对制造商激励效果的差异性——“政府采购”与“消费补贴”比较视角[J]. 科学学与科学技术管理，(2)：33-41.
许泽浩，张光宇，廖建聪. 2016. 基于战略生态位管理视角的颠覆性技术成长过程研究[J]. 中国科技论坛，(2)：5-9.
杨爱杰. 2008. 高科技产业集群的组织生态研究[D]. 武汉理工大学博士学位论文.
杨超. 2019. 基于社交网络的谣言传播模型研究[D]. 南京邮电大学硕士学位论文.
叶芬斌，许为民. 2012. 技术生态位与技术范式变迁[J]. 科学学研究，30（3)：321-327.
曾德明，韩智奇，邹思明. 2015. 协作研发网络结构对产业技术生态位影响研究[J]. 科学学与科学技术管理，36（3）：87-95.
张光宇，刘贻新，谢卫红，等. 2012. 基于突变级数法的技术生态位评价模型[J]. 系统科学学报，20（3）：79-83.
张宇罡. 2010. 基于演化理论的组织创新与技术创新互动机理研究[D]. 哈尔滨工业大学硕士学位论文.
赵爱武，杜建国，关洪军. 2018. 消费者异质需求下企业环境创新行为演化模拟与分析[J]. 中国管理科学，（6）：124-132.
赵进，刘延平. 2010. 产业集群生态系统协同演化的环分析[J]. 科学管理研究，（2）：70-72.
郑展，韩伯棠. 2009. 基于知识流动的区域创新网络研究评述[J]. 科技管理研究，29（6）：176-178.
周潇. 2015. 基于产业经济学视角的新疆战略性新兴产业发展探析[J]. 新疆社会科学，（5）：36-41.
朱艺林，杨昕颖，石了，等. 2019. 关系填充结构洞视角下高校科技成果转化团队的隐性知识转化研究[J]. 江苏科技信息，36（33）：29-34.
Abernathy W J, Clark K B. 1985. Innovation：Mapping the winds of creative destruction[J]. Research Policy，14（1）：3-22.
Abraham B, Ledolter J. 2009. Statistical Methods for Forecasting[M]. Hoboken：John Wiley & Sons.
Adner R. 2017. Ecosystem as structure：an actionable construct for strategy[J]. Journal of Management，43（1）：39-58.
Afacan Y，Demirkan H.2011. An ontology-based universal design knowledge support system [J]. Knowledge-Based Systems，24（4）：530-541.
Afuah A. 2000. How much do your co-opetitors' capabilities matter in the face of technological change?[J]. Strategic Management Journal，21（3）：397-404.
Afuah A. 2004. Does a focal firm's technology entry timing depend on the impact of the technology on co-opetitors?[J]. Research Policy，33（8）：1231-1246.
Ahuja G. 2000. Collaboration networks，structural holes，and innovation：a longitudinal study [J]. Administrative Science Quarterly，45（3）：425-455.
Ahuja G，Lampert C M. 2001. Entrepreneurship in the large corporation：a longitudinal study of how established firms create breakthrough inventions. Strategic Management Journal，22（6/7）：521-543.
Ahuja G，Soda G，Zaheer A. 2012. The genesis and dynamics of organizational networks[J]. Organization Science，23（2）：434-448.
Aladwani A M. 2002. An integrated performance model of information systems projects [J] . Journal of Management Information Systems，19（1）：185-210.
Albert R，Barabási A L. 2002. Statistical mechanics of complex networks[J]. Reviews of Modern Physics，74（1）：47-97.
Alcácer J，Gittelman M. 2006. Patent citations as a measure of knowledge flows：the influence of examiner citations[J]. Review of Economics and Statistics，88（4）：774-779.
Almeida P，Kogut B. 1999. Localization of knowledge and the mobility of engineers in regional

networks[J]. Management Science，45（7）：905-917.

Altmann M. 1993. Reinterpreting network measures for models of disease transmission [J]. Social Networks，15：1-17.

Anderson P，Tushman M L. 1990. Technological discontinuities and dominant designs：a cyclical model of technological change[J]. Administrative science quarterly，35（4）：604-633.

Ankrah S. 2015. Universities-industry collaboration：a systematic review[J].Scandinavian Journal of Management，31（3）：387-408.

Annabelle G. 2014. Bridging differing perspectives on technological platforms：toward an integrative framework[J]. Research Policy，43（7）：1239-1249.

Arthur W B. 1989. Competing technologies，increasing returns，and lock-in by historical events [J]. The Economic Journal，99（394）：116-131.

Bae J，Gargiulo M. 2004. Partner substitutability，alliance network structure，and firm profitability in the telecommunications industry[J]. Academy of Management Journal，47（6）：843-859.

Bala V，Goyal S. 2000. A non-cooperative model of network formation [J]. Econometrica，68（5）：1181-1229.

Balland P A，Boschma R，Frenken K. 2015. Proximity and innovation：from statics to dynamics[J]. Regional Studies，49（6）：907-920.

Balland P A，Rigby D. 2017. The geography of complex knowledgc[J]. Economic Geography，93（1）：1-23.

Barabasi A L，Albert R. 1999. Emergence of scaling in random networks [J]. Science，286（5439）：509-512.

Barton L D. 1995. Wellsprings of Knowledge：Building and Sustaining the Source of Innovation [M]. Boston：HBS Press.

Bathelt H，Schuldt N. 2008. Between luminaires and meat grinders：international trade fairs as temporary clusters[J]. Regional Studies，42（6）：853-868.

Bento N，Fontes M. 2015. The construction of a new technological innovation system in a follower country：wind energy in Portual[J].Technological Forecasting and Social Change，99：197-210.

Bergek A，Jacobsson S，Carlsson B，et al. 2008a. Analyzing the functional dynamics of technological innovation systems：a scheme of analysis[J]. Research Policy，37（3）：407-429.

Bergek A，Jacobsson S，Sandén B A. 2008b. 'Legitimation' and 'development of positive externalities'：two key processes in the formation phase of technological innovation systems[J]. Technology Analysis & Strategic Management，20（5）：575-592.

Bergman N，Haxeltine A，Whitmarsh L，et al. 2008. Modelling socio-technical transition patterns and pathways[J]. Journal of Artificial Societies and Social Simulation，11（3）：1-32.

Berkhout F，Smith A，Stirling A. 2004. Socio-technological regimes and transition contexts[J]. System Innovation and the Transition to Sustainability：Theory，Evidence and Policy，44（106）：48-75.

Bijker W E. 1995. Sociohistorical Technology Studies[C]//Jasanoff S，Markle G E，Petersen J C，et al. Handbook of Science and Technology Studies. Thousand Oaks，CA：Sage：229-256.

Binz C，Truffer B，Coenen L. 2014. Why space matters in technological innovation systems—mapping global knowledge dynamics of membrane bioreactor technology[J].Research Policy，43：138-155.

Blum N U，Bening C R，Schmidt T S. 2015. An analysis of remote electric mini-grids in Laos using the technological innovation systems approach[J]. Technological Forecasting and Social Change，95：218-233.

Bollobás B，Riordan O. 2012. Asymptotic normality of the size of the giant component via a random walk [J] . Journal of Combinatorial Theory（Series B），102（1）：53-61.

Bollobás B，Rrightwell G，Morris R. 2011. Shadows of ordered graphs [J]. Journal of Combinatorial Theory （Series A），118（3）：729-747.

Borgatti S P，Martin G E. 1997. Network analysis of 2-mode data [J]. Social Networks，19：243-270.

Borgatti S P. 2005. Centrality and network flow [J]. Social Networks，27（5）：55-71.

Börner K，Sanyal S，Vespignani A. 2007. Network science [J]. Annual Review of Information Science and Technology，41（1）：537-607.

Borrás S，Edquist C. 2013. The choice of innovation policy instruments[J]. Technological Forecasting & Social Change，80：1513-1522.

Boschma R，Balland P A，Kogler D F. 2015. Relatedness and technological change in cities：the rise and fall of technological knowledge in US metropolitan areas from 1981 to 2010[J].Industrial and Corporate Change，24（1）：223-250.

Boschma R，Coenen L，Frenken K，et al. 2016. Towards a theory of regional diversification[EB/OL]. http://econ.geo.uu.nl/peeg/peeg1617.pdf.

Boschma R，Coenen L，Frenken K，et al. 2017. Towards a theory of regional diversification：combining insights from evolutionary economic geography and sition studies[J]. Regional Studies，51（1）：31-45.

Breschi S，Lissoni F. 2009. Mobility of skilled workers and co-invention networks：an anatomy of localized knowledge flows[J]. Journal of Economic Geography，9（4）：439-468.

Broekel T，Boschma R. 2012. Knowledge networks in the Dutch aviation industry：the proximity paradox[J]. Journal of Economic Geography，12（2）：409-433.

Brusoni S，Prencipe A，Pavitt K. 2001. Knowledge specialization，organizational coupling and the boundaries of the firm：why firms know more than they[J]. Administrative Science Quarterly，46（4）：597-621.

Bu Z，Xia Z Y，Wang J D，et al. 2013. A last updating evolution model for online social networks[J]. Physica A：Statistical Mechanics and Its Application，392（9）：2240-2247.

Burt R S. 2004. Structural holes and good ideas[J]. American Journal of Sociology，110（2）：349-399.

Burt R S，Minor M. 1983. Applied Network Analysis：A Methodological Introduction [M]. Beverly Hills：Sage Publications.

Calvo-Armengol A. 2004. Job contact networks [J]. Journal of Economic Theory，115（1）：191-206.

Camisón C，Villar-López A. 2014. Organizational innovation as an enabler of technological innovation capabilities and firm performance[J]. Journal of Business Research，67（1）：2891-2902.

Cantono S，Silverberg G. 2009. A percolation model of eco-innovation diffusion：the relationship between diffusion, learning economies and subsidies[J]. Technological Forecasting and Social Change, 76 (4): 487-496.

Capaldo A, Petruzzelli A M. 2014. Partner geographic and organizational proximity and the innovative performance of knowledge-creating alliances[J]. European Management Review, 11 (1): 63-84.

Carayol N, Roux P. 2009. Knowledge flows and the geography of network: a strategic model of small world formation[J]. Journal of Economic Behavior and Organization, 71 (2): 414- 427.

Carlsson B, Stankiewicz R. 1991. On the nature, function and composition of technological systems[J]. Journal of Evolutionary Economics, 1 (2): 93-118.

Carlsson B. 1997. On and off the beaten path: the evolution of four technological systems in Sweden[J].International Journal of Industrial Organization, 15 (6): 775-799.

Carnabuci G, Operti E. 2013. Where do firms' recombinant capabilities come from? Intraorganizational networks, knowledge, and firms' ability to innovate through technological recombination[J]. Strategic Management Journal, 34 (13): 1591-1613.

Carroll G R. 1985. Concentration and specialization: dynamics of niche width in populations of organizations[J]. American Journal of Sociology, 90 (6): 1262-1283.

Carroll M, Swatman P A. 2000. Structured-case: a methodological framework for building theory in information systems research[J]. European Journal of Information Systems, 9 (4): 235-242.

Cassar A. 2007. Coordination and cooperation in local random and small world networks: experimental evidence [J]. Games and Economic Behavior, 58 (2): 209-230.

Cassiman B, Veugelers R, Arts S. 2012. How to capture value from linking to science-driven basic research: boundary crossing inventors and partnerships[C]. 2012 IEEE International Conference on Management of Innovation & Technology (ICMIT), Bail.

Castaldi C, Frenken K, Los B. 2015. Related variety, unrelated variety and technological breakthroughs: an analysis of US state-level patenting[J]. Regional Studies, 49 (5): 767-781.

Castellani B, Hafferty F W. 2009. Sociology and Complexity Science: A New Field of Inquiry[M]. New York: Springer.

Chaminade C, Vang J. 2008. Globalisation of knowledge production and regional innovation policy: supporting specialized hubs in the Bangalore software industry[J]. Research Policy, 37 (10): 1684-1696.

Chen C M. 2004. Searching for intellectual turning points: progressive knowledge domain visualization[J]. Proceedings of the National Academy of Sciences, 101 (Supplement 1), 5303-5310.

Chen C M . 2005. The centrality of pivotal points in the evolution of scientific networks[C]. The 10th International Conference. New York: ACM: 98-105.

Chen C M. 2006. CiteSpace Ⅱ: detecting and visualizing emerging trends and transient patterns in scientific literature[J]. Journal of the American Society for Information Science and Technology, 57 (3): 359-377.

Chesbrough H W. 2003. Open Innovation: The New Imperative for Creating and Profiting From Technology[M]. Boston: Harvard Business Press.

Childerhouse P，Hermiz R，Mason-Jones R，et al. 2003. Information flow in automotive supply chains-identifying and learning to overcome barriers to change [J]. Industrial Management & Data Systems，103（7）：491-502.

Choi H，Kim S H，Lee J. 2010. Role of network structure and structure and network effects in diffusion of innovations[J]. Induetrial Marketing Management，39（1）：170-177.

Choi J. 2020. Mitigating the challenges of partner knowledge diversity while enhancing research & development（R&D）alliance performance：the role of alliance governance mechanisms[J]. Journal of Product Innovation Management，37（1）：26-47.

Choung J Y，Hameed T，Ji L. 2011. Role of formal standards in transition to the technology frontier：Korean ICT systems [J]. Telecommunications Policy，35（3）：269-287.

Clarysse B，Wright M，Bruneel J，etal. 2014. Creating value in ecosystems：crossing the chasm between knowledge and business ecosystems[J]. Research policy，43（7）：1164-1176.

Coenen L，Benneworth P. 2012. Truffer B. Toward a spatial perspective on sustainability transitions[J]. Research Policy，41（6）：968-979.

Cohen R，Haclin S. 2010. Complex Networks：Structure，Robustness and Function[M]. Cambridge：Cambridge University Press.

Coleman J S. 1988. Social capital in the creation of human capital[J]. American Journal of Sociology，94：95-120.

Collins C J，Smith K G. 2006. Knowledge exchange and combination：the role of human resource practices in the performance of high-technology firms[J]. Academy of Management Journal，49（3）：544-560.

Cooke P. 1996. The new wave of regional innovation networks：analysis，characteristics and strategy[J]. Small Business Economics，8：159-171.

Corey C，Phelps A. 2017. Longitudinal study of the influence of alliance network structure and composition on firm exploratory innovation[J]. Academy of Management Journal，53（4）：890-913.

Cowan R. 2004. Network structure and the diffusion of knowledge [J]. Journal of Economic Dynamic and Control，28（8）：1557-1575.

Crespo J，Suire R，Vicente J. 2014. Lock-in or lock-out? How structural properties of knowledge networks affect regional resilience[J]. Journal of Economic Geography，14（1）：199-219.

Cui A S，O'Connor G. 2012. Alliance portfolio resource diversity and firm innovation[J]. Journal of Marketing，76（4）：24-43.

Dai H W，Gao S G，Yang Y，et al. 2010. Effects of "rich-gets-richer" rule on small-world networks [J]. Neurocomputing，73（10/12）：2286-2289.

Daneke G A. 1989. Technological entrepreneurship as a focal point of economic development policy：a conceptual re-assessment[J]. Policy Studies Journal，17（3）：643-655.

David P A. 1985. Clio and the economics of qwerty [J]. The American Economic Review，75（2）：332-337.

David P，Foray D. 2002. An introduction to the economy of the knowledge society [J]. International

Social Science Journal, 54 (171): 9-23.

Deroian F. 2002. Formation of social networks and diffusion of innovations [J]. Research Policy, 31 (5): 835-846.

DiMaggio P, Powell W. 1983. The iron cage revisited: institutional isomorphism and collective rationality in organizational fields[J]. American Sociological Review, 48 (2): 147-160.

Dobrev S, Kim T, Hannan M T. 2001. Dynamics of niche width and resource partitioning[J]. American Journal of Sociology, 106 (5): 1299-1337.

Dolfsma W, Leydesdorff L. 2009. Lock-in and break-out from technological trajectories: modeling and policy implications[J]. Technological Forecasting and Social Change, 76 (7): 932-941.

Dosi G. 1982. Technological paradigms and technological trajectories: a suggested interpretation of the determinants and directions of technical change [J]. Research Policy, 11 (3): 147-162.

Duarte N C, Becker S A, Jamshidi N, et al. 2007. Global reconstruction of the human metabolic network based on genomic and bibliomic data[J]. Behavior Theory Firm, 104 (6): 1777-1782.

Duysters G, Lokshin B. 2011. Determinants of alliance portfolio complexity and its effect on innovative performance of companies[J]. Journal of Product Innovation Management, 28 (4): 570-585.

Dyer J H, Nobeoka K. 2000. Creating and managing a high-performance knowledge-sharing network: the Toyota case[J]. Strategic Management Journal, 21 (3): 345-367.

Edquist C. 2005. Systems of National Innovation[J].Oxford: Oxford University Press.

Eisenhardt K M, Graebner M E. 2007. Theory building from cases: opportunities and challenges[J]. Academy of Management Journal, 50 (1): 25-32.

Elzen B, Geels F W, Green K. 2004. System Innovation and the Transition to Sustainability: Theory, Evidence and Policy [M]. London: Edward Elgar Publishing.

Esparcia J. 2014. Innovation and networks in rural areas. An analysis from European innovative projects[J]. Journal of Rural Studies, 34: 1-14.

Faems D, Janssens M, Madhok A, et al. 2008. Toward an integrative perspective on alliance governance: connecting contract design, trust dynamics, and contract application[J]. Academy of Management Journal, 51 (6): 1053-1078.

Fagerberg J, Mowery D C, Nelson R R. 2004. The Oxford Handbook of Innovation [M]. Oxford: Oxford University Press.

Flanagan K, Uyarra E, Laranja M. 2011. Reconceptualising the "policy mix" for innovation[J]. Research Policy, 40 (5): 702-713.

Fleming L, Marx M. 2006. Managing creativity in small worlds [J]. California Management Review, 48 (4): 6-27.

Fouquet R. 2010. The slow search for solutions: lessons from historical energy transitions by sector and service[J]. Energy Policy, 38 (11): 6586-6596.

Foxon T J, Hammond G P, Pearson P J G. 2010. Developing transition pathways for a low carbon electricity system in the UK [J]. Technological Forecasting and Social Change, 77 (8): 1203-1213.

Foxon T. 2011. A coevolutionary framework for analysing a transition to a sustainable low carbon economy[J]. Ecological Economics，79（12）：2258-2267.

Freeman C C. 1987. Technology，Policy，and Economic Performance：Lessons From Japan[M]. London：Pinter Publishers.

Freeman J，Hannan M T. 1983. Niche width and the dynamics of organizational populations[J]. American Journal of Sociology，88（6）：1116-1145.

Freeman L C. 1978. Centrality in social networks conceptual clarification[J]. Social Networks，1（3）：215-239.

Freeman L C，Borgatti S P，White D R. 1991. Centrality in valued graphs：a measure of betweenness based on network flow[J]. Social Networks，13（2）：141-154.

Freeman L C，Romney A K，Freeman S C. 1987. Cognitive structure and informant accuracy[J]. American Anthropologist，89（2）：310-325.

Fu H，Xu Y，Wong D W K，et al. 2016. Retinal vessel segmentation via deep learning network and fully-connected conditional random fields[C]. 2016 IEEE 13th international symposium on biomedical imaging （ISBI）. IEEE：698-701.

Fuenfschilling L，Truffer B. 2014. The structuration of socio-technical regimes—conceptual foundations from institutional theory [J]. Research Policy，43（4）：772-791.

Funk J L. 2009. The emerging value network in the mobile phone industry：the case of Japan and its implications for the rest of the world[J]. Telecommunications Policy，33（1）：4-18.

Funk R J. 2014. Making the most of where you are：geography，networks，and innovation in organizations[J]. Academy of Management Journal，57（1）：193-222.

Garavaglia C. 2010. Modelling industrial namics with "History-friendly" simulations[J].Structural Change and Economic Dynamics，21（4）：258-275.

Garcia C Q，Velasco C A B. 2002. Co-opetition and performance：evidence from European biotechnology industry[C]. Second European Academy of Management Annual Conference，Stockholm.

Gawer A. 2014. Bridging differing perspectives on technological platforms：toward an integrative framework[J]. Research Policy，43（7）：1239-1249.

Gawer A，Cusumano M A. 2014. Industry platforms and ecosystem innovation[J]. Journal of Product Innovation Management，31（3）：417-433.

Geels F W. 2002. Technological transitions as evolutionary reconfiguration processes：a multi-level perspective and a case-study[J]. Research Policy，31（8/9）：1257-1274.

Geels F W. 2004. From sectoral systems of innovation to socio-technical systems：insights about dynamics and change from sociology and institutional theory [J]. Research Policy，33（6/7）：897-920.

Geels F W. 2005a. The dynamics of transitions in socio-technical systems：a multi-level analysis of the transition pathway from horse-drawn carriages to automobiles（1860–1930）[J]. Technology Analysis & Strategic Management，17：445-476.

Geels F W. 2005b. Technological Transitions and System Innovations：A Co-Evolutionary and

Socio-Technical Analysis[M]. London：Edward Elgar Publishing.
Geels F W. 2005c. Processes and patterns in transitions and system innovations：refining the co-evolutionary multi-level perspective[J]. Technological Forecasting and Social Change，72（6）：681-696.
Geels F W. 2010. Ontologies，socio-technical transitions （to sustainability），and the multi-level perspective[J]. Research Policy，39（4）：495-510.
Geels F W. 2011. The multi-level perspective on sustainability transitions：responses to seven criticisms [J]. Environmental Innovation and Societal Transitions，1（1）：24-40.
Geels F W. 2014. Regime resistance against low-carbon transitions：introducing politics and power into the multi-level perspective[J]. Theory，Culture & Society，31（5）：21-40.
Geels F W，Kern F，Fuchs G，et al. 2016. The enactment of socio-technical transition pathways：a reformulated typology and a comparative multi-level analysis of the German and UK low-carbon electricity transitions （1990—2014）[J]. Research Policy，45（4）：896-913.
Geels F W，Raven R. 2006. Non-linearity and expectations in niche-development trajectories：ups and downs in Dutch biogas development（1973–2003）[J]. Technology Analysis & Strategic Management，18（3/4）：375-392.
Geels F W，Schot J. 2007. Typology of sociotechnical transition pathways[J]. Research Policy，36（3）：399-417.
Genus A，Coles A M. 2008. Rethinking the multi-level perspective of technological transitions[J]. Research Policy，37（9）：1436-1445.
Gilbert N，Ahrweiler P，Pyka A. 2007. Learning in innovation networks：some simulation experiments[J]. Physica A：Statistical Mechanics and Its Applications，378：100-109.
Gilsing V，Nooteboom B，Vanhaverbeke W，et al. 2008. Network embeddedness and the exploration of novel technologies：technological distance，betweenness centrality and density[J]. Research policy，37（10）：1717-1731.
Gnyawali D R，Park B J. 2011. Co-opetition between giants：collaboration with competitors for technological innovation[J]. Research Policy，40（5）：650-663.
Goyal S，Joshi S. 2003. Networks of collaboration in oligopoly [J]. Games and Economic Behavior，43（1）：57-85.
Grajek M，Röller L H. 2012. Regulation and investment in network industries：evidence from European telecoms[J]. The Journal of Law and Economics，55（1）：189-216.
Grin J，Rotmans J，Schot J. 2010. Transitions to Sustainable Development：New Directions in the Study of Long Term Transformative Change[M]. London：Routledge.
Guan J C，Liu N. 2016. Exploitative and exploratory innovations in knowledge network and collaboration network：a patent analysis in the technological field of nano-energy[J]. Research Policy，45（1）：97-112.
Gulati R，Singh H. 1998. The architecture of cooperation：managing coordination costs and appropriation concerns in strategic alliances[J]. Administrative Science Quarterly，43（4）：781-814.

Gupta A K, Stauffer D. 2000. Social percolation on inhomogeneous spanning network[J]. International Journal of Modern Physics C, 11（4）: 695-705.

Gurzki H, Woisetschlager D M. 2017. Mapping the luxury research landscape: a bibliometric citation analysis[J]. Journal of Business Research, 77: 147-166.

Haans R F J, Pieters C, He Z L. 2016. Thinking about U: theorizing and testing U-and inverted U-shaped relationships in strategy research[J]. Strategic Management Journal, 37（7）: 1177-1195.

Hafferty F W, Castellani B. 2009. The hidden curriculum: a theory of medical education[C]//Brosnan C, Turner B S. Handbook of the Sociology of Medical Education. Oxon/New York: Routledge: 15.

Hage J. 2001. Adaptive costs: a new institutional paradigm of rules for the competitive game[J]. Current Sociology, 49（4）: 45-66.

Hall P H. 1994. Innovation, Economics and Evolution: The Oretical Perspectives on Changing Technology in Economic Systems[M]. New York: Harvester Wheatsheaf.

Hallen B L. 2008. The causes and consequences of the initial network positions of new organizations: from whom do enterpreneurs receive investments? [J]. Administrative Science Quarterly, 53（4）: 685-718.

Hannan M T, Freeman J H. 1977. The population ecology of organizations[J]. The American Journal of Sociology, 82（5）: 929-964.

Hannan M T, Freeman J. 1984. Structural inertia and organizational change[J]. American Sociological Review, 49（2）: 149-164.

Hannan M T, Freemen J H. 1989. Organizational Ecology[M]. Boston: Harvard University Press.

Hargreaves T, Hielscher S, Seyfang G, et al. 2013. Grassroots innovations in community energy: the role of intermediaries in niche development[J]. Global Environmental Change, 23（5）: 868-880.

Harrison B, Kelley M R, Gant J. 1996. Innovative firm behavior and local milieu: exploring the intersection of agglomeration, firm effects, and technological change[J]. Economic Geography, 72（3）: 233-258.

Hekkert M P, Suurs R A A, Negro S O, et al. 2007. Functions of innovation systems: a new approach for analysing technological change[J]. Technological Forecasting and Social Change, 74（4）: 413-432.

Hellsmark H. 2010. Unfolding the Formative Phase of Gasified Biomass in the European Union: The Role of System Builders in Realising the Potential of Second-Generation Transportation Fuels From Biomass[M]. Sweden: Chalmers University of Technology.

Hellsmark H, Jacobsson S. 2009. Opportunities for and limits to academics as system builders—the case of realizing the potential of gasified biomass in Austria[J]. Energy Policy, 37（12）: 5597-5611.

Henderson R M, Clark K B. 1990. Architectural innovation: the reconfiguration of existing product technologies and the failure of established firms[J]. Administrative Science Quarterly, 35（1）: 9-30.

Hermans F，van Apeldoorn D，Stuiverd M，et al. 2013. Niches and networks：explaining network evolution through niche formation processes[J]. Research Policy，42（3）：613-623 .

Hoang D T，Niyato D，Wang P，et al. 2014. Opportunistic channel access and RF energy harvesting in cognitive radio networks[J]. IEEE Journal on Selected Areas in Communications，32（11）：2039-2052.

Hodgson G M. 1998. The approach of institutional economics[J]. Journal of Economic Literature，36（1）：166-192.

Hohnisch M，Pittnauer S，Stauffer D. 2006. A percolation-based model explaining delayed take-off in new-product diffusion[J]. Industrial and Corporate Change，17（5）：1001-1017.

Holland J H. 1992. Complex adaptive systems[J]. Daedalus，121（1）：17-30.

Holsapple C W，Singh M. 2001. The knowledge chain model：activities for competitiveness[J]. Expert Systems With Applications，20（1）：77-98.

Hommels A，Peters P，Bijker W E. 2007. Techno therapy or nurtured niches? Technology studies and the evaluation of radical innovations [J]. Research Policy，36（7）：1088-1099.

Hood W，Wilson C. 2001. The literature of bibliometrics，scientometrics，and informetrics[J]. Scientometircs，52（2）：291-314.

Hoogma R，Kemp R，Schot J，et al. 2002. Experimenting for Sustainable Transport：The Approach of Strategic Niche Management [M]. London/New York：Spon Press.

Jackson M O，Wolinsky A. 1996. A Strategic model of social and economic networks[J]. Journal of Economic Theory，71（1）：44-74.

Jacobsson S，Bergek A. 2011. Innovation system analyses and sustainability transitions：contributions and suggestions for research[J]. Environmental Innovation and Societal Transitions，1（1）：41-57.

Jacobsson S，Vico P E. 2010. Towards a systemic framework for capturing and explaining the effects of academic R&D[J]. Technology Analysis & Strategic Management，22（7）：765-787.

Javier E. 2014. Innovation and networks in rural areas. An analysis from European innovative projects[J]. Journal of Rural Studies，34：1-14.

Jiang S Y，Cao Z Q. 2010. Ultralow-fouling，functionalizable，and hydrolyzable zwitterionic materials and their derivatives for biological applications[J]. Strategic Management Journal，22（9）：920-932.

Juanola-Feliu E，Colomer-Farrarons J，Miribel Català P，et al. 2012. Market challenges facing academic research in commercializing nano-enabled implantable devices for in-vivo biomedical analysis[J]. Technovation，32（3/4）：193-204.

Kanai Y，Abe K，Seki Y. 2015. Price percolation model [J]. Physica A：Statistical Mechanics and Its Applications，427（1）：226-233.

Kemp R，Schot J，Hoogma R. 1998. Regime shifts to sustainability through processes of niche formation：the approach of strategic niche management[J]. Technology Analysis & Strategic Management，10（2）：175-195.

Kemp R，Rip A，Schot J. 2001. Constructing transition paths through the management of niches[C]//Garud R，Karnoe P. Path Dependence and Creation. London：Lawrence Erlbaum：

269-299.

Kern M L，Waters L E，Adler A，et al. 2015. A multidimensional approach to measuring well-being in students：application of the PERMA framework[J]. The Journal of Positive Psychology，10（3）：262-271.

Kim H，Park Y T. 2009. Structural effects of R&D collaboration network on knowledge diffusion performance [J]. Expert Systems with Applications，36（5）：8986-8992.

Kivimaa P，Kern F. 2016. Creative destruction or mere niche support? Innovation policy mixes for sustainability transitions[J]. Research Policy，45（1）：205-217.

Knoedler，Janet T. 1993. Market structure，industrial research，and consumers of innovation：forging backward linkages to research in the turn-of-the-century U.S. steel industry[J]. Business History Review，67（1）：98-139.

Kogut B，Walker G. 2001. The small world of Germany and the durability of national networks[J]. American Sociological Review，66（3）：317-335.

Kothari T，Kotabe M，Murphy P. 2013. Rules of the game for emerging market multinational companies from China and India[J]. Journal of International Management，19（3）：276-299.

Kranton R，Minehart D. 2000. Competition for goods in buyer-seller networks[J]. Review of Economic Design，5（3）：301-331.

Langen P W. 2003. The performance of seaport clusters-a framework to analyze cluster performance and an application to the seaport cluster of Durban，Rotterdam and the Lower Mississippi [D]. Ph. D. Thesis，Erasmus University Rotterdam.

Langlois R N. 2003. The vanishing hand：the changing dynamics of industrial capitalism[J]. Industrial and Corporate Change，12（2）：351-385.

Larsson R，Bengtsson L，Henriksson K，et al. 1998. Development in strategic alliances inter organizational learning dilemma：collective knowledge development in strategic alliances[J]. Organization Science，9（3）：285-305.

Laursen K，Foss N J. 2014. Human resource management practices and innovation[J]. The Oxford Handbook of Innovation Management，43（2）：505-529.

Laursen K，Salter A J. 2006. Open for innovation：the role of openness in explaining innovation performance among UK manufacturing firms[J]. Strategic Management Journal，27（2）：131-150.

Laursen K，Salter A J. 2014. The paradox of openness：appropriability，external search and collaboration[J]. Strategic Management Journal，43（5）：867-878.

Lee Y，Kim S，Lee H. 2011. The impact of service R&D on the performance of Korean information communication technology small and medium enterprises[J]. Journal of Engineering and Technology Management，28（1）：77-92.

Levinthal D A. 1998. The slow pace of rapid technological change：gradualism and punctuation in technological change [J]. Industrial and Corporate Change，7（2）：217-247.

Ling J S，Chen Y Y，Wang T Y. 2011. Emerging firms in an emerging field：an analysis of patent citations in electronic-paper display technology [J]. Scientometrics，89（1）：259-272.

Linton J D, Walsh S T. 2008. A theory of innovation for process-based innovations such as nanotechnology[J]. Technological Forecasting and Social Change, 75（5）: 583-594.

Liu D R, Lin C W. 2012. Modeling the knowledge-flow view for collaborative knowledge support[J]. Knowledge-Based Systems, 31: 41-54.

Loch C H, Huberman B A. 1999. A punctuated-equilibrium model of technology diffusion[J]. Management Science, 45（2）: 160-177.

Loorbach D, Frantzeskaki N, Lijnis-Huffenreuter R. 2007. Transition management: taking stock from governance experimentation[J]. Transition Management,（58）: 48-66.

Lopolito A, Morone P, Sisto R. 2011b. Innovation niches and socio-technical transition: a case study of bio-refinery production[J]. Futures, 43（1）: 27-38.

Lopolito A, Morone P, Taylor R. 2011a. An agent-based model approach to innovation niche creation in socio-technical transition pathways[J]. Economics Bulletin, 31（2）: 1781-1792.

Lopolito A, Morone P, Taylor R. 2013. Emerging innovation niches: an agent based model[J]. Research Policy, 42（6/7）: 1225-1238.

Lorenzoni G, Baden-Fuller C. 1995. Creating a strategic center to manage a web of partners[J]. California Management Review, 37（3）: 146-163.

Lundvall B Å, Vang J, Joseph K J, et al. 1992. Innovation system research and developing countries[C]//Lundvall B Å, Chaminade C, Joseph K J, et al. Handbook of Innovation Systems and Developing Countries: Building Domestic Capabilities in a Global Setting. Cheltenham: Edward Elgar: 1-30.

Lynn G S, Morone J G, Paulson A S. 1996. Marketing and discontinuous innovation: the probe and learn process[J]. California Management Review, 38（3）: 8-37.

Malerba F. 2002. Sectoral systems of innovation and production[J]. Research Policy, 31（2）: 247-264.

Malerba F, Nelson R, Orsenigo L, et al. 2008. Public policies and changing boundaries of firms in a "history-friendly" model of the co-evolution of the computer and semiconductor industries[J]. Journal of Economic Behavior & Organization,（67）: 355-380.

Malerba F, Orsenigo L. 1993. Technological regimes and firm behavior[J]. Industrial and Corporate Change, 2: 45-71.

March J G. 1991. Exploration and exploitation in organizational learning [J]. Organization Science, 2（1）: 71-87.

Markard J, Raven R, Truffer B. 2012. Sustainability transitions: an emerging field of research and its prospects [J]. Research Policy, 41（6）: 955-967.

Markard J, Truffer B. 2008. Technological innovation systems and the multi-level perspective: towards an integrated framework [J]. Research Policy, 37（4）: 596-615.

Markusen J R, Venables A J. 2000. The theory of endowment, intra-industry and multi-national trade[J]. Journal of International Economics, 52（2）: 209-234.

Martin C J, Upham P, Budd L. 2015. Commercial orientation in grassroots social innovation: insights from the sharing economy[J]. Ecological Economics, 118: 240-251.

Martinelli A. 2012. An emerging paradigm or just another trajectory? Understanding the nature of technological changes using engineering heuristics in the telecommunications switching industry[J]. Research Policy，41（2）：414-429.

Martinelli A，Nordstierna L. 2012. An investigation of the sol–gel process in ionic liquid–silica gels by time resolved Raman and 1H NMR spectroscopy[J]. Physical Chemistry Chemical Physics，14（38）：13216-13223.

Martínez-Ros E，Labeaga J M. 2002. Modelling innovation activities using discrete choice panel data models[C]//Kemp R G M，Folkeringa M，de Jong J P J，et al. Innovation and Firm Performance. London：Palgrave Macmillan：150-171.

Masaru Y. 2007. Promoting green innovation or prolonging the existing technology-Regulation and technological change in the chlor-alkali industry in Japan and Europe[J]. Journal of Industrial Ecology，11（4）：117-139.

Maskell P，Malmberg A. 1999. The competitiveness of firms and regions 'Ubiquitification' and the importance of localized learning[J]. European Urban and Regional Studies，6（1）：9-25.

Massey D. 1995. Spatial Divisions of Labour：Social structures and the Geography of Production[M]. Basingstoke：Macmillan.

Masuda N，Aihara K. 2003. Spatial Prisoner's dilemma optimally played in small-word networks[J]. Physics Letters A，313（1/2）：55-61.

McCann P，Raquel O A. 2015. Smart specialization，regional growth and applications to European Union cohesion policy[J]. Regional Studies，49（8）：1291-1302.

Merton R K. 1968. Social Theory and Social Structure[M]. New York：Simon and Schuster.

Meyer K E，Mudambi R，Narula R. 2011. Multinational enterprises and local contexts：the opportunities and challenges of multiple embeddedness[J]. Journal of Management Studies，48（2）：235-252.

Millgram S. 1967. The small world problem [J]. Psychology Today，1（1）：60-67.

Monroe K B. 1990. Pricing：Making Profitable Decisions [M]. New York：MaGraw-Hil.

Mowery D C. 1988. International Collaborative Ventures in US Manufacturing[M]. Cambridge，Mass：Ballinger.

Mowery D C，Oxley J E，Silverman B S. 1996. Strategic alliances and interfirm knowledge transfer[J]. Strategic Management Journal，17（S2）：77-91.

Mprone P，Taylor R. 2004. Knowledge diffusion dynamics and network properties of face-to-face interactions [J]. Journal of Evolutionary Economic，14（3）：327-351.

Musiolik J，Markard J，Jekkert M. 2012. Networks and network resources in technological innovation sytems：towards a conceptual framework for system building[J]. Technological Forecasting and Social Change，79（6）：1032-1048.

Nelson P R，Winter S G. 1982. An Evolutionary Theory of Economic Change[M]. Cambridge，MA：Bellknap Press.

Nelson R R. 1993. National Innovation Systems：A Comparative Analysis[M]. Oxford：Oxford University Press.

Newman M E J. 2001. The structure of scientific collaboration networks[J]. Proceedings of the National Academy of Sciences，98（2）：404-409.

Newman M E J. 2003. The structure and function of complex networks[J]. SIAM Review, 47: 167-256.

Newman M E J. 2005. A measure of betweenness centrality based on random walk[J]. Social Networks, 27: 39-54.

Nguyen H L. 2020. Cultural diversity, strategic alliance configurations, and ecological innovations of MNEs[C]//Shirodkar V, Strange R, McGuire S. Non-market Strategies in International Business. Cham: Palgrave Macmillan: 231-244.

Nicolas P, Elias B S, Anthony B, et al. 2014. Combining DGE and RNA-sequencing data to identify new polyA+ non-coding transcripts in the human genome[J].Nucleic Acids Research, 42 (5): 2820-2832.

Nieto M J, Santamaría L. 2007. The importance of diverse collaborative networks for the novelty of product innovation[J]. Technovation, 27 (6/7): 367-377.

Noh J D, Rieger H. 2002. Stability of shortest paths in complex networks with random edge weights[J]. Physical Review E, 66: 66-127.

Nonaka I, Toyama R, Konno N. 2000. SECI, ba and leadership: a unified model of dynamic knowledge creation[J].Long Range Planning, 33 (1): 5-34.

Oerlemans L A G, Knoben J, Pretorius M W. 2013. Alliance portfolio diversity, radical and incremental innovation: the moderating role of technology management[J]. Technovation, 33 (6/7): 234-246.

Owen-Smith J, Powell W W. 2004. Knowledge networks as channels and conduits: the effects of spillovers in the Boston biotechnology community[J]. Organization Science, 15 (1): 5-21.

Paier M, Scherngell T. 2011. Determinants of collaboration in European R&D networks: empirical evidence from a discrete choice model[J]. Industry and innovation, 18 (1): 89-104.

Pant L P, Adhikari B, Bhattarai K K. 2015. Adaptive transition for transformations to sustainability in developing countries [J]. Current Opinion in Environmental Sustainability, 14 (6): 206-212.

Papachristos G. 2011. A system dynamics model of socio-technical regime transitions[J]. Environmental Innovation and Societal Transitions, 1 (2): 202-233.

Pavitt K. 1984. Sectoral patterns of technical change: towards a taxonomy and a theory[J]. Research Policy, 13 (6): 343-374.

Pennings J M, Harianto F. 1991. The diffusion of technological in the commercial banking industry[J]. Southern Medical Journal, 13 (1): 29-46.

Phelps C C. 2010. A longitudinal study of the influence of alliance network structure and composition on firm exploratory innovation[J]. Academy of Management Journal, 53 (4): 890-913.

Phelps C, Heidl R, Wadhwa A. 2012. Knowledge, networks, and knowledge networks: a review and research agenda[J]. Journal of Management, 38 (4): 1115-1166.

Podolny J M, Stuart T E.1995. A role-based ecology of technological change[J]. American Journal of Sociology, 100 (5): 1224-1260.

Porter M E. 1980. Industry structure and competitive strategy: keys to profitability[J]. Financial Analysts Journal, 36 (4): 30-41.

Porter M E.1990. The Competitive Advantage of Nations[M]. New York: Free Press.

Poulin R, Boily M C, Masse B R. 2000. Dynamical systems to define centrality in social networks[J]. Social Networks, 22: 187-220.

Powell W W, Koput K W, Smith-Doerr L. 1996. Interorganizational collaboration and the locus of innovation: networks of learning in biotechnology[J]. Administrative Science Quarterly: 116-145.

Quintane E, Mitch Casselman R, Reiche B S, et al. 2011. Innovation as a knowledge-based outcome[J]. Journal of Knowledge Management, 15 (6): 928-947.

Ramasco J J, Dorogovtsev S N, Pastor-Satorras R. 2004. Self-organization of collaboration networks[J]. Physical Review E, 70 (3): 1-10.

Raven R. 2005. Strategic Niche Management for biomass: A Comparative Study on the Experimental Introduction of Bioenergy Technologies in the Netherlands and Denmark [M]. Eindhoven: Eindhoven University Press.

Raven R P J M. 2006. Towards alternative trajectories? Reconfigurations in the Dutch electricity regime[J]. Research Policy, 35 (4): 581-595.

Raven R P J M, Geels F W. 2010. Socio-cognitive evolution in niche development: comparative analysis of biogas development in Denmark and the Netherlands (1973–2004) [J]. Technovation, 30 (2): 87-99.

Rip A, Kemp R. 1998. Technological change[J]. Human Choice and Climate Change, 2(2): 327-399.

Robertson P L, Langlois R N. 1995. Innovation, networks, and vertical integration[J]. Research Policy, 24: 543-562.

Rogers E M. 1995. Diffusion of Innovations[M]. New York: The Free Press.

Rogers E M, Singhal A. 2003. Empowerment and communication: lessons learned from organizing for social change[J]. Annals of the International Communication Association, 27 (1): 67-85.

Rotmans J, Kemp R, van Asselt M. 2001. More evolution than revolution: transition management in public policy[J]. Foresight, 3 (1): 15-31.

Rycroft-Malone J. 2007. Theory and knowledge translation: setting some coordinates[J]. Nursing Research, 56 (4): S78-S85.

Sampson R C. 2007. R&D alliances and firm performance: the impact of technological diversity and alliance organization on innovation[J]. Academy of Management Journal, 50 (2): 359-365.

Schilling M A, Phelps C C. 2007. Interfirm collaboration networks: the impact of large-scale network structure on firm innovation[J]. Management Science, 53 (7): 1113-1126.

Schilperoord M, Rotmans J, Bergman N. 2008. Modelling societal transitions with agent transformation[J]. Computational and Mathematical Organization Theory, 14 (4): 283-301.

Schot J W, Elzen B, Hoogma R. 1994. Strategies for shifting technological systems: the case of the automobile system [J]. Futures, 26 (10): 1060-1076.

Schot J W, Geels F W. 2007. Niches in evolutionary theories of technical change: a critical survey of the literature [J]. Journal of Evolutionary Economics, 17 (5): 605-622.

Schot J W, Geels F W. 2008. Strategic niche management and sustainable innovation journeys: theory, findings, research agenda, and policy[J]. Technology Analysis & Strategic Management,

20（5）：537-554.

Scott M，Scully T. 1995. Building Democratic Institutions：Party Systems in Latin America[M]. Stanford：Stanford University Press.

Scott W R. 1987. The adolescence of institutional theory[J]. Administrative Science Quarterly，32（4）：493-511.

Scott W R. 1995. Institutions and Organizations（Foundations for Organizational Science）[M]. London：Sage Publications.

Seyedghorban Z，Matanda M J，Laplaca P. 2015. Advancing theory and knowledge in the business-to-business branding literature[J]. Journal of Business Research，69（8）：2664-2677.

Seyfang D G，Smith D A. 2007. Grassroots innovations for sustainable development：towards a new research and policy agenda[J]. Environmental Politics，16：584-603.

Seyfang G，Haxeltine A. 2012. Growing grassroots innovations：exploring the role of community-based initiatives in governing sustainable energy transitions[J]. Environment and Planning C：Government and Policy，30：381-400.

Seyfang G，Hielscher S，Hargreaves T，et al. 2014. A grassroots sustainable energy niche? Reflections on community energy in the UK[J]. Environmental Innovation and Societal Transitions，13：21-44.

Seyfang G，Longhurst N. 2013. Desperately seeking niches：grassroots innovations and niche development in the community currency field[J]. Global Environmental Change，23（5）：881-891.

Seyfang G，Longhurst N. 2016. Growing grassroots innovations：exploring the role of community-based initiatives in governing sustainable energy transitions[J]. Technology Analysis & Strategic Management，28（1）：1-23.

Singh J. 2005. Collaborative networks as determinants of knowledge diffusion patterns[J]. Management Science，51（5）：756-770.

Smith A. 2007. Translating sustainabilities between green niches and socio-technical regimes[J]. Technology Analysis &Strategic Management，19（4）：427-450.

Smith A，Raven R. 2012. What is protective space? Reconsidering niches in transitions to sustainability[J]. Research Policy，41（6）：1025-1036.

Smith A，Stirling A，Berkhout F. 2005. The governance of sustainable socio-technical transitions[J]. Research Policy，34（10）：1491-1510.

Smith A，Voss J P，Grin J. 2010. Innovation studies and sustainability transitions：the allure of the multi-level perspective and its challenges[J]. Research Policy，39（4）：435-448.

Solomon S，Weisbuch G，de Arcangelis L，et al. 2000. Social percolation models[J]. Physica A，277：239-247.

Späth P，Rohracher H. 2010. 'Energy regions'：the transformative power of regional discourses on socio-technical futures[J]. Research Policy，39（4）：449-458.

Srivastava M K，Gnyawali D R. 2011. When do relational resources matter? Leveraging portfolio technological resources for breakthrough innovation[J]. Academy of Management Journal，54（4）：

797-810.

Steen M，Weaver T. 2017. Incumbents' diversification and cross-sectorial energy industry dynamics [J]. Research Policy，46（6）：1071-1086.

Suarez F F, Oliva R. 2005. Environmental change and organizational transformation[J]. Industrial and Corporate Change，14（6）：1017-1041.

Sun X，Zhao Y，Zhu Q. 2012. Understanding the niche strategies adopted by social commerce websites[J]. 2012 International Conference on Information Management，Innovation Management and Industrial Engineering，1：418-421.

Suurs R A A, Hekkert M P. 2009. Cumulative causation in the formation of a technological innovation system：the case of biofuels in the Netherlands[J]. Technological Forecasting & Social Change，76（8）：1003-1020.

Thompson P，Fox-Keam M. 2005. Patent citations and the geography of knowledge spillovers：a reassessment[J]. American Economic Review，95（1）：450-460.

Tidd J，Trewhella M J. 1997. Organizational and technological antecedents for knowledge acquisition and learning[J]. R&D Manage，27（4）：359-375.

Tiffin S，Adjebeng-Asem S，Afolabi O. 1987. Technological innovation and technical entrepreneurship for the development of a Nigerian agricultural machinery industry[J]. World Development，15（3）：387-398.

Turnheim B，Geels F W. 2013. The destabilisation of existing regimes：confronting a multi-dimensional framework with a case study of the British coal industry （1913–1967）[J]. Research Policy，42（10）：1749-1767.

Tushman M L，Anderson P. 1986. Technological discontinuities and organizational environments [J]. Administrative Science Quarterly，31（3）：439-465.

Unruh G C. 2000. Understanding carbon lock-in[J]. Energy Policy，28（12）：817-830.

van der Laak W W M，Raven R P J M，Verbong G P J. 2007. Strategic niche management for biofuels：analysing past experiments for developing new biofuel policies[J]. Energy Policy，35（6）：3213-3225.

van Driel H，Schot J. 2005. Radical innovation as a multi-level process：introducing floating grain elevators in the port of Rtterdam [J]. Technology and Culture，46（1）：51-76.

Vasileiadou E，Safarzyńska K. 2010. transitions：taking complexity seriously[J]. Futures，42（10）：1176-1186.

Vasudeva G，Anand J. 2011. Unpacking absorptive capacity：a study of knowledge utilization from alliance portfolios[J]. Academy of Management Journal，54（3）：611-623.

Verbong G P J，Geels F W. 2010. Exploring sustainability transitions in the electricity sector with socio-technical pathways[J]. Technological Forecasting and Social Change，77（8）：1214-1221.

Verganti R. 2008. Which kind of collaboration is right for you[J]. Harvard Business Review，86（12）：78-86.

Vonberg R P，Gastmeier P，Kenneweg B，et al. 2010. The microbiological quality of air improves when using air conditioning systems in cars[J]. BMC Infectious Diseases，10（1）：146.

Walker G，Kogut B，Shan W. 1997. Social capital，structural holes and the formation of an industry network[J]. Organization Science，8（2）：109-125.

Walrave B，Raven R. 2016. Modelling the dynamics of technological innovation systems[J]. Research Policy，45：1833-1844.

Wang C L，Chugh H. 2014. Entrepreneurial learning：past research and future challenges[J]. Academy of Management Journal，16（1）：24-61.

Wasserman S，Faust K. 1994. Social Network Analysis：Methods and Applications [M]. Cambridge：Camridge University Press.

Wassmer U. 2010. Alliance portfolios：a review and research agenda[J]. Journal of Management，36（1）：141-171.

Watts D J，Strogatz S H. 1998.Collective dynamics of "small-word" networks[J]. Nature，393（6684）：440-442.

Weber K M，Rohracher H. 2012. Legitimizing research，technology and innovation policies for transformative change：combining insights from innovation systems and multi-level perspective in a comprehensive 'failures' framework[J]. Research Policy，41（6）：1037-1047.

Weber M，Hoogma R，Lane B，et al. 1999. Experimenting for Sustainable Transport Innovations：A Work book for Strategic Niche Management [M]. Enschede：University of Twente.

West J，Bogers M. 2014. Leveraging external sources of innovation：a review of research on open innovation[J]. Journal of Product Innovation Management，31（4）：814-831.

West J，Salter A，Vanhaverbeke W，et al. 2014. Open innovation：the next decade[J]. Research Policy，43（5）：805-811.

Whittington K B，Owen-Smith J，Powell W W. 2009. Networks，propinquity，and innovation in knowledge-intensive industries[J]. Administrative Science Quarterly，54（1）：90-122.

Witkamp M J，Raven R，Royakkers L M M. 2011. Strategic niche management of social innovations：the case of social entrepreneurship[J]. Technology Analysis & Strategic Management，23（6）：667-668.

Wright T P. 1936. Factors affecting the cost of airplanes[J]. Journal of the Aeronautical Sciences，3：122-128.

Xu L，Su J. 2016. From government to market and from producer to consumer：transition of policy mix towards clean mobility in China[J]. Energy Policy，96：328-340.

Xu Y，Bernard A. 2011. Quantifying the value of knowledge within the context of product development [J]. Knowledge-Based Systems，4（1）：166-175.

Yang L J. 2012. Knowledge boundary and knowledge circle of supply chain knowledge flowage and sharing [C]. Proceedings of International Conference on Engineering and Business Management（EBM2012）.

Yeh Y C，Yeh Y L，Chen Y H. 2012. From knowledge sharing to knowledge creation：a blended knowledge-management model for improving university students' creativity [J]. Thinking Skills and Creativity，7（3）：245-257.

Yin J. 2009. Case study research：design and methods fourth edition[J]. Academy of Management

Journal，58（7）：1509-1517.

Zeppini P，Frenken K，Kupers R. 2014. Thresholds models of technological transitions [J]. Environmental Innovations and Societal Transitions，11（6）：54-70.

Zhang Y，Rajagopalan N. 2010. Once an outsider，always an outsider？ CEO origin，strategic change，and firm performance[J]. Strategic Management Journal，31（3）：334-346.

Zhuge H. 2006. Knowledge flow network planning and simulation[J]. Decision Support Systems，42（2）：571-592.

Zhukov D，Khvatova T，Lesko S，et al. 2018. Managing social networks：applying the percolation theory methodology to understand individuals' attitudes and moods[J]. Technological Forecasting & Social Change，129（4）：297-307.